江苏省医药类院校信息技术系列课程规划教材
江苏省卓越医师药师（工程师）规划教材

新编大学计算机信息技术实践教程

（第二版）

主　编　翟双灿　印志鸿
副主编　张幸华　王瑞娟　白云璐
编　委　耿丽娟　王深造
主　审　施　诚

【微信扫码】
本书导学，领你入门

南京大学出版社

内容提要

本书是在教育部高等学校医药类计算机基础课程教学指导分委员会的指导下，以《高等学校医药类计算机基础课程教学基本要求及实施方案》为依据，结合医药类院校的实际教学情况而组织编写的。

全书共分9章的实验，包括PC机的组装、操作系统、常用办公软件、计算机网络与Internet、医学多媒体应用、医学信息系统和医学数据检索与分析。全书概念清晰，理论简明，知识新颖，材料实用，既与理论教材对应，又自成体系。

本书既符合计算机等级考试要求，又增添了医药相关知识的应用练习，特别适合医药类高等院校各专业及护校各专业的大学计算机信息技术课程的实验教材，也可作为医药类研究生计算机应用基础课程的参考教材，还可供医院医护人员、制药企业职工进行计算机知识能力培训时使用。

图书在版编目(CIP)数据

新编大学计算机信息技术实践教程 / 翟双灿，印志鸿主编. —2版. —南京 : 南京大学出版社，2017.8(2019.1重印)
江苏省医药类院校信息技术系列课程规划教材
ISBN 978-7-305-19209-8

Ⅰ. ①新… Ⅱ. ①翟… ②印… Ⅲ. ①电子计算机—医学院校—教材 Ⅳ. ①TP3

中国版本图书馆CIP数据核字(2017)第188833号

出版发行 南京大学出版社
社　　址 南京市汉口路22号　　邮编 210093
出 版 人 金鑫荣

丛 书 名 江苏省医药类院校信息技术系列课程规划教材
书　　名 新编大学计算机信息技术实践教程(第2版)
主　　编 翟双灿 印志鸿
责任编辑 刘群烨 王南雁　　编辑热线 025-83597482

照　　排 南京理工大学资产经营有限公司
印　　刷 宜兴市盛世文化印刷有限公司
开　　本 787×1092 1/16 印张15.25 字数352千
版　　次 2017年8月第2版　2019年1月第3次印刷
ISBN 978-7-305-19209-8
定　　价 35.80元

网　　址:http://www.njupco.com
官方微博:http://weibo.com/njupco
官方微信号:njupress
销售咨询热线:(025)83594756

前　言

随着信息技术的飞速发展，高等院校计算机信息技术课程改革必须与时俱进。计算机信息技术课程在大学开设已经有较长的时间，相关教材也比较多。但是，适用于医药类高等院校的优秀教材仍相对欠缺。

本书是在教育部高等学校医药类计算机基础课程教学指导分委员会指导下，以《高等学校医药类计算机基础课程教学基本要求及实施方案》为蓝本，结合《全国计算机等级考试大纲》及《江苏省高等学校非计算机专业学生计算机知识与应用能力等级考试大纲》规定的一级考试的有关要求而组织编写的实验教材。医药类高等院校各专业的计算机信息技术公共课程，应该强调对学生的计算机实用知识和应用能力的培养，特别是医药信息技术相关的应用。使学生理论知识与实际操作紧密结合，为大学阶段的学习及日后的工作打好坚实的基础。

本书理论与实践有机整合，不但包含了新知识技术的应用，还提供了大量与专业融合的案例，便于教学的开展。本书共分 9 章，分别是 PC 的组装、操作系统、常用办公软件、计算机网络与 Internet、医学多媒体应用、医学信息系统、医学数据检索与分析。

本书在前一个版本的基础上进行了修订，对内容做了部分调整，增加了部分 Office 高级应用实例。本书还配套有不少网络资源，内容包括导学、视频操作、习题解答，其他资源等，覆盖各章节，能够让学习者随时随地用手机观看。这些网络资源以二维码的形式在书中呈现，无需下载与注册，只需用微信扫描即可观看。本书由翟双灿、印志鸿主编，编写组成员有白云璐、张幸华、王瑞娟、耿丽娟、王深造等。全书由中国医药信息学会（CMIA）理论与教育分会主任施诚教授主审。

本书编写得到了各级领导及专家的大力支持和帮助，编写过程中也参阅了大量的书籍，包括网络资源，书后仅列出主要参考资料，在此一并表示感谢。由于时间仓促，加上编者水平所限，教材中难免有不当之处，敬请读者批评指正。编者邮箱 zscdd@163.com。

编者

2017 年 5 月

目　录

【微信扫码】
计算机等级考试相关

第 1 章　PC 机的组装

【微信扫码】
看视频操作

一台功能完整的 PC 机通常包含主机和外设两大部分。主机中包括了 PC 机运行的核心设备，如 CPU、主板、内存、硬盘、光驱、显卡、声卡、网卡、电源等。外部设备则是为用户提供与 PC 机交互的设备，如键盘、鼠标、显示器、打印机、扫描仪等。在组装一台 PC 机时，通常先将主机组装好，再将外部设备与主机相连。在 PC 机的物理连接建立后，再安装相应的操作系统，使得 PC 机能够正常工作。

实验一　PC 机主机部件的组装

一、实验目的

1. 了解 PC 机主机内部各部件的形态与功能。
2. 掌握各部件之间的关系及安装位置。
3. 掌握 PC 机主机的安装过程。

二、实验内容与步骤

1. 认识主机部件

PC 机的主机通常是指主机箱及其内部所安装的部件，这些部件包括主板、CPU、内存、硬盘、光驱、显卡、声卡、网卡以及电源、风扇、数据线等。

(1) 主板

主板在 PC 机中起着桥梁的作用，它提供各种插槽和接口，通过这些插槽和接口与其他硬件设备进行连接，如图 1.1 所示。主板是 PC 机的中心枢纽，它性能的好坏将影响到整个 PC 机的总体性能。主板通常安装在 PC 机主机箱的底板上，通过螺丝固定如图 1.1 所示。

图 1.1　主板

(2) CPU

CPU 是 PC 机的控制和运算中心,它负责 PC 机中的各项计算和控制工作。目前,在 PC 机中主要使用由 INTEL、AMD、VIA 等公司生产的 CPU。CPU 通过引脚安装在主板的 CPU 插座中,如图 1.2 所示。由于 CPU 在运行时产生的热量很大,因此通常在 CPU 上安装 CPU 风扇来进行散热,避免 CPU 因为温度过高而烧毁。

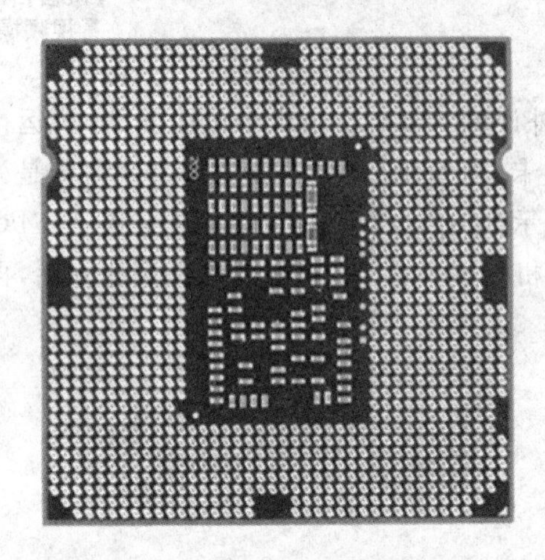

图 1.2 CPU 及 CPU 插座

(3) 内存

内存是 PC 机中的临时存储器,CPU 与其他设备间的数据交换通过内存来中转,因此内存容量的大小和运行的速度直接影响到 PC 机的总体性能。内存通常安放在主板上的内存插槽中,通过两边的卡簧固定。目前 PC 机中常用的内存类型有 DDR、DDR 2、DDR 3。不同类型的内存所对应的插槽不同,不能交换使用,如图 1.3 所示。

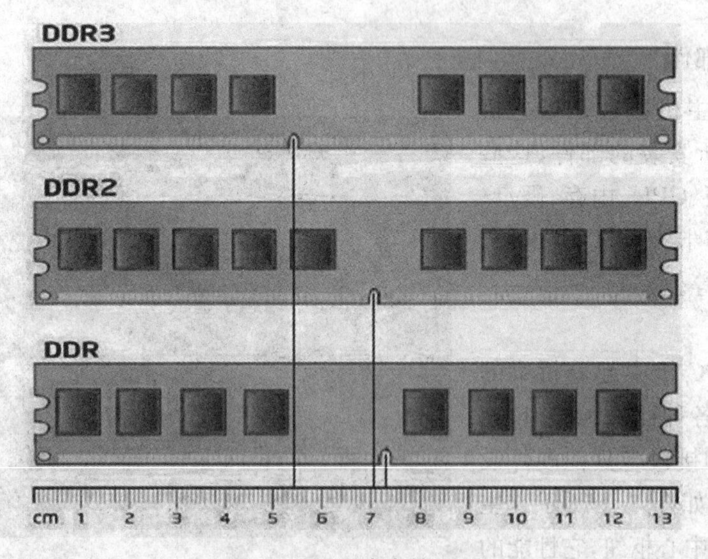

图 1.3 不同内存的区别

(4) 硬盘

硬盘是 PC 机中的永久性存储器,用来长期保存包括操作系统在内的各种软件和数据，如图1.4所示。目前，硬盘通常使用SATA、SATA II接口经数据线连接到主板上，同时通过螺丝固定在机箱中。早期的硬盘也会使用IDE、SCSI接口。

图1.4 硬盘

(5) 光驱

光驱是PC机用来读写光碟的设备，也是PC机中比较常见的配件，如图1.5所示。目前，根据读取光碟类型的不同，光驱可分为CD驱动器、DVD驱动器。每一种驱动器又可分为只读驱动器和读写驱动器(即刻录驱动器)。目前，市场上还有一种介于CD驱动器和DVD驱动器之间的产品，称为康宝(COMBO)，这种驱动器可以对CD光盘进行读写，还可以读取DVD光盘中的信息。

图1.5 光盘驱动器

(6) 显卡

显卡全称显示接口卡，是PC机的重要组成部分之一，如图1.6所示。显卡的用途是将PC机所产生的显示信息进行转换，传输给显示器进行显示，它承担着输出显示图形的任务。目前流行的显卡通常通过PCI Express插槽安装在主板上，也有一些显卡是集成在主板上的。

图1.6 显卡

(7) 声卡

声卡是将计算机产生的数字声音信号和模拟声音信号进行转换的设备,如图1.7所示。目前多数声卡是集成在主板中,也有一些高质量的声卡需要通过PCI插槽安装在主板上。

图1.7 声卡

(8) 网卡

网卡也称为网络接口卡(NIC,Network Interface Card),它是将PC机连接到计算机网络的重要设备,如图1.8所示。目前,大多数主板都集成了网卡,也可以通过PCI插槽安装在主板上。

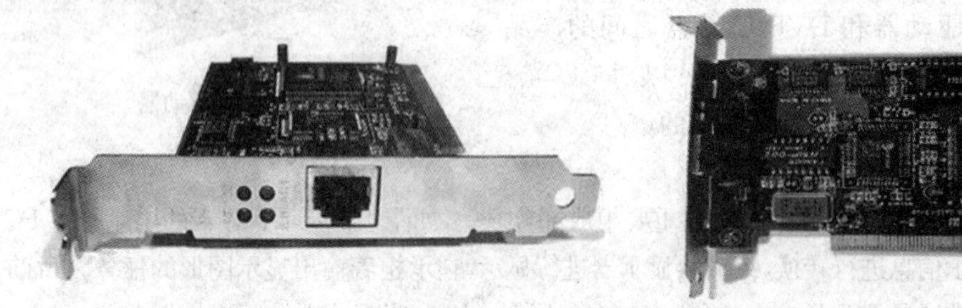

图1.8 网卡

(9) 机箱和电源

机箱的主要作用是放置和固定各种硬件部件,起到一个承托和保护作用。此外,机箱也具有屏蔽电磁辐射的作用。电源则是计算机中各个部件的动力来源,通常安装在机箱内部。

2. 组装一台主机

(1) 组装前的准备工作。将所有部件摆放在工作台上,仔细阅读各个部件的说明书。再准备好螺丝刀、螺丝、数据线等配件和工具。

(2) 用螺丝刀卸下机箱背面的螺丝,取下盖板,将机箱平放在工作台上。将电源安放在机箱中的相应位置,利用螺丝固定。

(3) 将主板平放在工作台上,将CPU安放在主板上的CPU插座中。注意CPU一角的三角形标记应对准插座中有缺口的一角。安放好CPU后,将CPU插座旁的拉杆按下,将CPU固定在插座中,如图1.9所示。在CPU背面均匀地涂抹上散热硅胶,然后将

CPU风扇安装在CPU上，利用支架固定，同时将风扇的电源线插头插在主板上的风扇电源插座中，如图1.10所示。

图1.9　CPU的安装

图1.10　CPU风扇的安装

(4) 将主板上内存插槽两边的卡子向两边打开，调整内存的位置，使得内存一边的缺口对准插槽中的凸起，用力将内存插入插槽，同时将两边卡子推进内存两边的缺口中，固定好内存，如图1.11所示。

(5) 将安装好CPU和内存的主板安放在机箱底板上，注意应将主板上的螺丝孔对准底板上的螺丝孔，同时用螺丝将主板固定在底板上。某些情况下安装了CPU和内存的主板不易放入机箱，此时可先安装主板，再安装CPU和内存。

(6) 将显卡按正确的方向插入主板上的PCI Express插槽中，同时用螺丝固定。如果需要独立安装声卡或者网卡，可将声卡或者网卡按正确的方向插入主板上的PCI插槽

图1.11　内存条的安装

中,再用螺丝固定。如有其他类型的扩展卡,也可按以上步骤安装。

(7) 将硬盘、光驱安装在机箱的相应位置,用螺丝固定。同时使用SATA数据线连接硬盘和主板,如图1.12所示,使用IDE数据线连接光驱和主板,再将电源中伸出的电源线插入硬盘和光驱的电源插座中。

图1.12　SATA硬盘与主板相连

(8) 将机箱里的按钮连接线按照主板说明书上的指示插入主板上的连接插座中,最后将电源引出的主板供电线插头插入主板上的电源插座中,如图1.13所示。

图1.13　主板电源线和控制线

至此,PC 机的主机安装完毕。为了方便调试,在没有连接外部设备和安装操作系统之前,一般不盖上机箱盖板。通常等到 PC 机软、硬件全部安装完毕后再合上盖板,安装螺丝固定。

◆ 课后练习

1. 尝试不安装 CPU 风扇看计算机能够运行?
2. 观察是否有些显卡上、主板上也带有风扇?

实验二　PC 机外部设备的连接

一、实验目的

1. 了解 PC 机常用外部设备的形态与功能。
2. 掌握常用外部设备与主机的接口类型与连接方式。

二、实验内容与步骤

1. 认识常用外部设备

(1) 键盘

键盘是 PC 机必不可少的输入设备,用于向计算机输入相关信息。目前,常用的键盘使用 PS/2、USB 接口与主板相连。如图 1.14 左图所示。

(2) 鼠标

鼠标是 PC 机常用的输入设备,通常使用 USB 接口与主板相连。如图 1.14 右图所示。

图 1.14　键盘和鼠标

(3) 显示器

显示器作为 PC 机必不可少的显示设备用来向用户显示 PC 机运行的相关信息。目前常用的是液晶显示器(LCD),如图 1.15 右图所示,对角线长度从 15 英寸到 21 英寸不等。阴极射线管显示器(CRT)已经较少使用,如图 1.15 左图所示。一种外观与 LCD 相同但是成像原理有所区别的 LED 显示器已经开始投放市场。显示器使用 VGA 接口与显卡相连。

图1.15　显示器

(4) 打印机

打印机是另一种输出设备,用来将PC机中的信息打印到纸上。常见的打印机有针式打印机、喷墨打印机、激光打印机,如图1.16所示。目前,打印机通常使用USB接口与主机相连,也有部分打印机使用并行口与主机相连。

图1.16　打印机

(5) 扫描仪

扫描仪是一种常见的输入设备,用来将现实中的图片、照片、书稿等转换成PC机内部可处理的数字信息。日常使用的扫描仪通常有平板式、手持式和胶片式,其中平板式最为常见,如图1.17所示。扫描仪通常使用USB接口与主机相连,早期的扫描仪曾采用SCSI、并行口与主机相连。

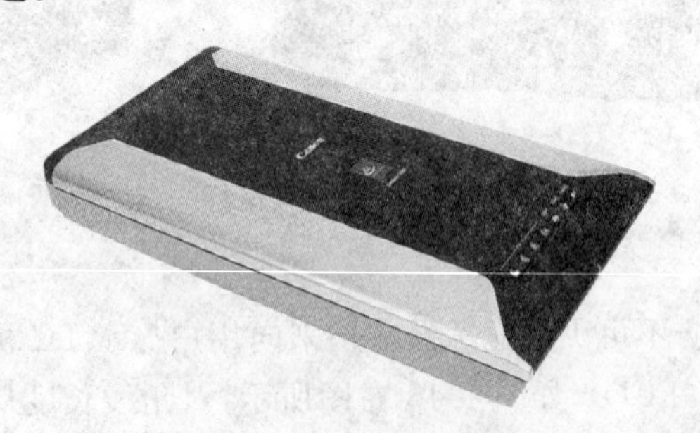

图1.17　平板式扫描仪

(6) U盘和移动硬盘

U盘和移动硬盘是目前常用的移动式存储设备,如图1.18所示。相对于光盘,U盘和移动硬盘不需要驱动器,通常使用USB接口直接与主机相连。同时具有抗磨损、易携带、容量大等优点。

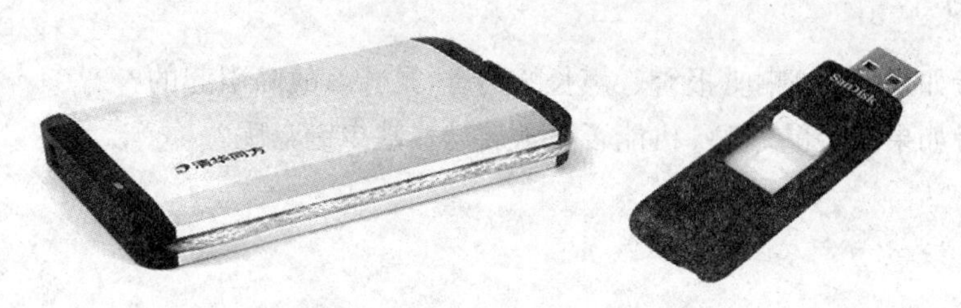

图1.18　移动硬盘和U盘

2. 连接外部设备

(1) 将键盘通过PS/2接口或者USB接口连接到PC机主机上。在使用PS/2接口时需要注意插头中的引针应与接口上的孔对应,如图1.19所示。

图1.19　PS/2接头和插座

(2) 将鼠标通过USB接口连接到主机上。

(3) 将显示器的数据线一端的VGA插头插入主机显卡上的VGA接口中,并将两边的螺丝拧紧,使之不能脱落,如图1.20所示。

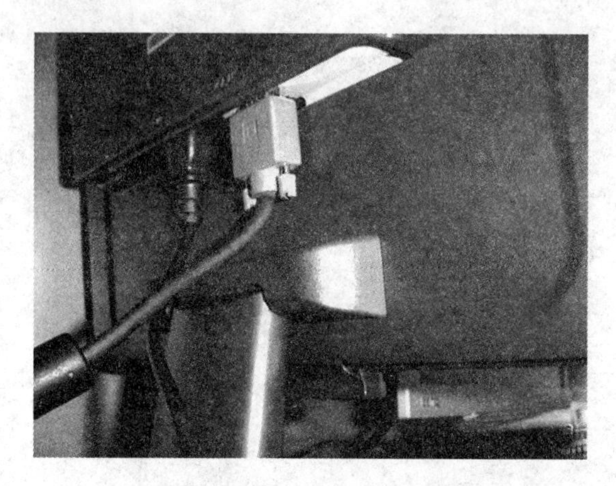

图1.20　VGA线的连接

(4) 将打印机、扫描仪等外部设备通过USB接口连接到主机。

(5) 此时已经完成一台PC机的全部硬件安装。接通电源,检测PC机是否能够启动。

(6) 当PC机能够正常启动时,可以通过键盘对PC机进行CMOS参数设置。

◆ 课后练习

1. 思考如果PC机喇叭报警三声长蜂鸣音,是什么故障引起的?
2. 思考如果缺少鼠标PC机能否正常启动?缺少键盘呢?

【微信扫码】
习题解答 & 其他资源

第 2 章　操作系统

【微信扫码】
看视频操作

操作系统是计算机系统中运行的最基本的系统软件，通过操作系统用户可以管理整个计算机的硬件、软件、文档等。目前，常用的 PC 机操作系统有 Windows、Linux 等。本单元以 Windows 7 为例介绍操作系统的安装和基本功能。

实验三　PC 机操作系统的安装与维护

一、实验目的

1. 掌握 Windows 操作系统的安装过程。
2. 掌握通过资源管理器与控制面板管理计算机软硬件资源。

二、实验内容与步骤

1. 安装 Windows 操作系统

通常 Windows 操作系统的安装文件以光盘作为存储介质，通过读取光盘来进行 Windows 系统的安装。用户也可以选择从网络上下载安装文件或是通过 U 盘来完成安装。为了便于普通用户安装 Windows 系统，整个安装过程是智能化的，并配有安装向导。用户只需要根据安装向导的提示，输入一些必要的信息即可完成系统的安装。本实验将完成 Windows 7 专业版 32 位系统的安装。

(1) 将 Windows 7 启动光盘放入光驱，在系统启动前进入 BIOS 设置界面，将光驱作为首选启动设备，重新启动计算机。

(2) 计算机启动后，会首先读取 Windows 7 安装光盘的引导信息，出现如图 2.1 的提示，按任意键进入 Windows 7 安装程序。

Press any key to boot from CD.._

图 2.1　光盘启动提示

(3) 计算机开始加载安装程序如图 2.2 所示，加载完成之后出现 Windows 7 的安装界面，依次选择为中文(简体)，中文(简体，中国)，中文(简体)-美式键盘，选择好了点击下一步，如图 2.3 所示，点击下一步后开始安装。

图 2.2 Windows 7 加载程序界面

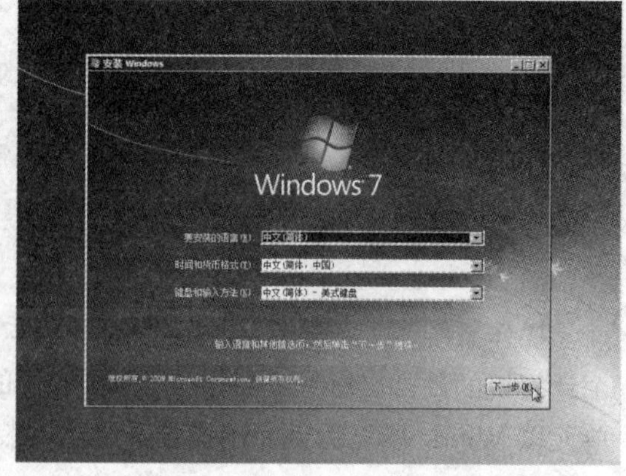

图 2.3 Windows 7 安装界面

(4) 用户可以根据需要选择直接安装 Windows 7 或进行修复计算机,没有安装过系统的机器或者是想重新安装系统的用户可以选择“现在安装”,如图 2.4 所示。

(5) 安装过程中会弹出 Windows 7 用户许可协议,如图 2.5 所示,勾选“我接受许可条款”点击下一步,弹出对话框选择用户想要进行的安装类型,选择“自定义”,如图 2.6 所示。

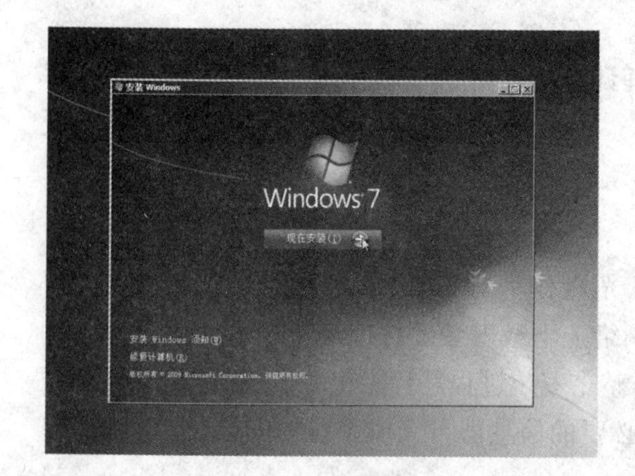

图 2.4 用户安装选择

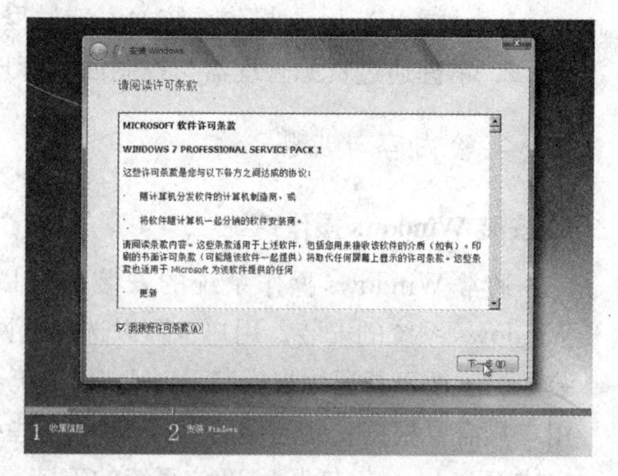

图 2.5 用户许可协议

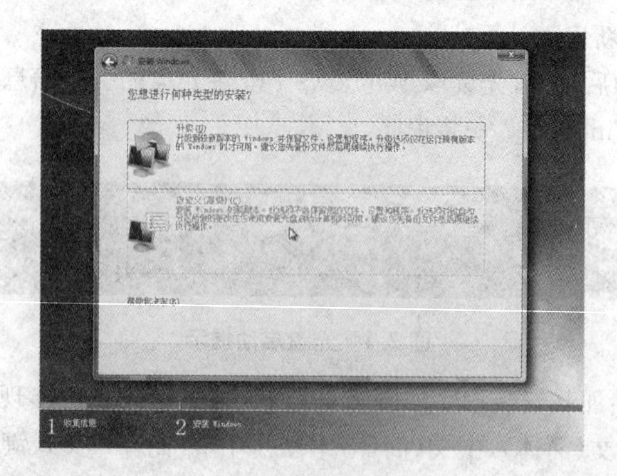

图 2.6 选择进行何种安装

(5) 安装程序将显示硬盘分区信息,用户可以根据硬盘的大小和实际的需要,改变硬盘分区和容量。安装系统的驱动盘通常分配不少于 30 GB 的容量,如图 2.7 所示,也可以先不做任何分区,系统安装完毕之后再进行分区。一般的系统中,分区的名称通常为字母形式如:C、D、E 等,也有数字形式,例如,本文中的安装过程中出现了“磁盘 0 分区 2”。设置完成之后点击“下一步”。

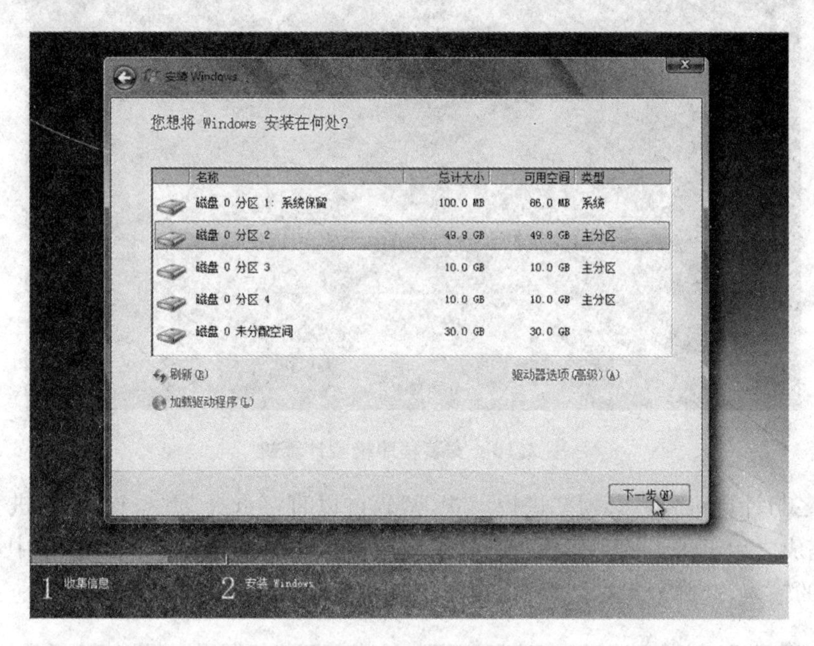

图 2.7　硬盘分区信息

(6) Windows 安装开始后会经过若干个环节,如图 2.8 所示,并且中间可能会出现多次自动重启的过程,用户只需要耐心等待即可,如图 2.9 所示。

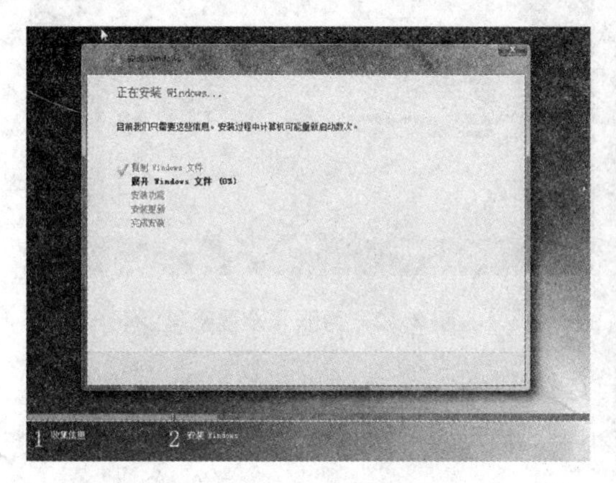

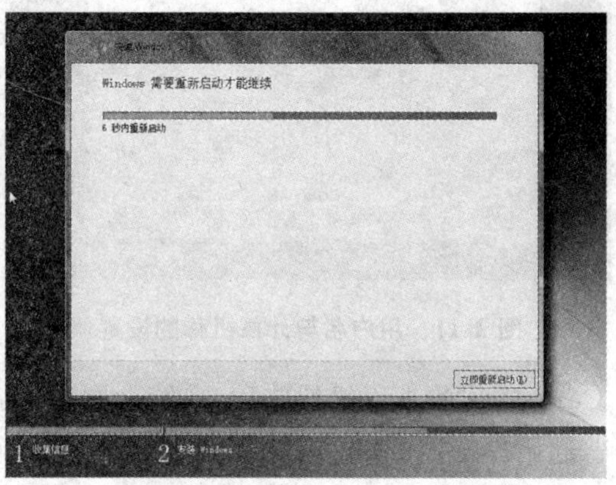

图 2.8　Windows 7 安装环节显示　　图 2.9　安装过程中的自动重启

(7) 重启之后继续 Windows 7 的安装,此处,安装程序会对主机进行一些检测,为首次使用计算机做准备,如图 2.10 所示。完成检测之后,用户将开始对安装的 Window 7 系统进行一些基本的设置,分别是用户名与计算机名称的设置、账户密码的设置以及 Windows 7 产品密钥的输入,如图 2.11、图 2.12 所示。

图 2.10　安装程序检测计算机

用户名与计算机名称必须要进行设置,密码可以直接选择“下一步”而不进行任何设置,安装完成之后再进入控制面板进行设置或更改。在 Windows 7 的有些版中可能还有产品密钥的输入,此部分也可以直接跳过,安装完成之后再进行产品的激活。

图 2.11　用户名与计算机称的设置

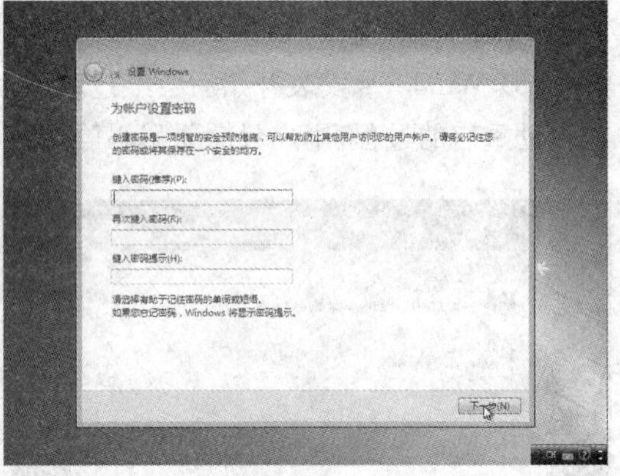

图 2.12　为账号设置密码

(8) 设置账号密码之后,系统会要求用户选择 Windows 自动更新的设置,一般建议普通用户选择“使用推荐设置”,如图 2.13 所示。之后进行时间日期与计算机所在网络的设置,如图 2.14、图 2.15 所示。

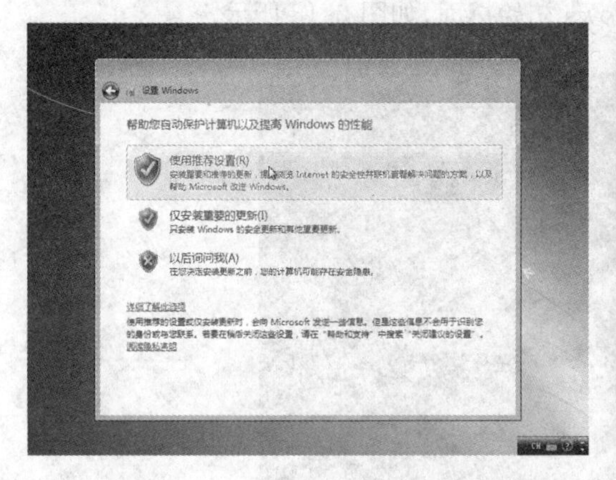

图 2.13　Windows 7 自动更新设置

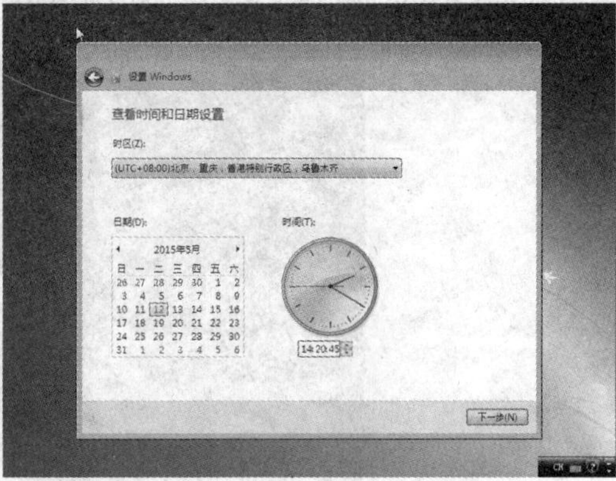

图 2.14　设置 Windows 时间

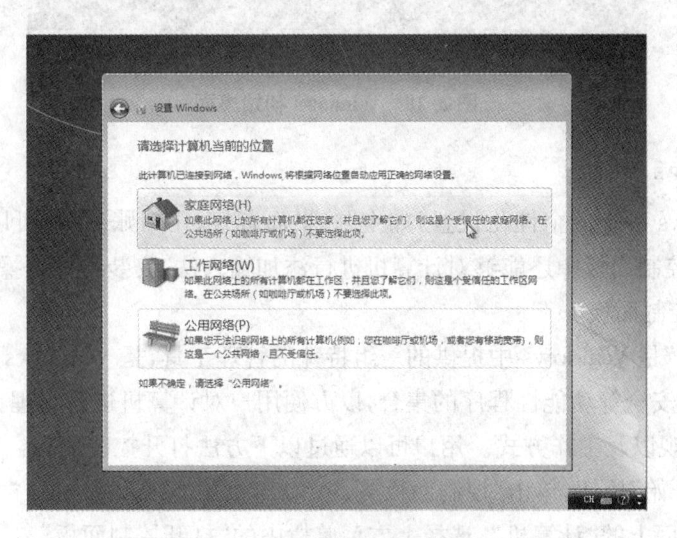

图 2.15　设置计算机当前网络

(9) Windows 基本设置完成之后就会准备首次进入桌面，如图 2.16、2.17 所示。

图 2.16　欢迎界面

图 2.17　正在准备桌面

至此,Windows 7 安装完成,出现 Windows 初始桌面,如图 2.18 所示。

图 2.18　Windows 初始桌面

2. 设置 Windows

对 Windows 系统的个性化设置,如主题、桌面背景、用户账户等,可以通过控制面板来实现,同时,控制面板中还能够对计算机进行添加输入法、安装程序等操作。

(1) 打开控制面板

“控制面板”是 Windows 中提供的一组特殊的管理工具,是 Windows 中各种软、硬件安装、配置以及安全等功能性程序的集合,以方便用户对计算机进行管理。通过它可配置 Windows 的外观以及工作方式。用户可以通过以下方法打开控制面板:

a) 单击“开始”按钮,单击“控制面板”项;

b) 打开桌面上的“计算机”,选择上方菜单栏中的“打开控制面板”。

“控制面板”有三种视图,窗口默认显示为类别视图,如图 2.19 所示。用户可以根据需要单击查看方式选择“大图标”或者“小图标”视图,如图 2.20 所示。

图 2.19　控制面板类别视图

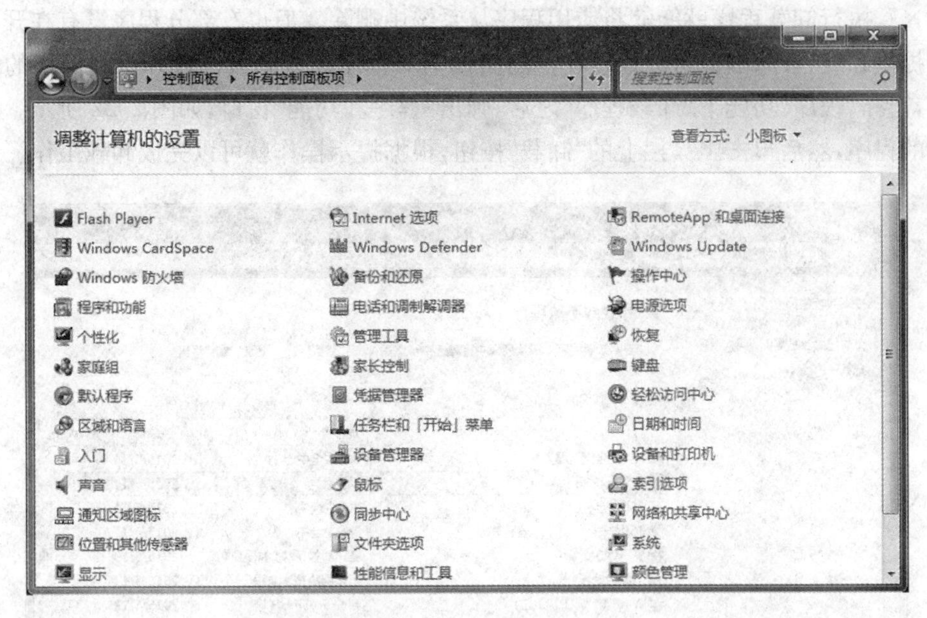

图 2.20　控制面板小图标视图

在控制面板中,可以单击相应的系统工具图标运行某个系统工具,从而设置或管理计算机系统。

(2) 查看计算机的基本信息

在控制面板小图标视图中选择“系统”或者右击“计算机”的属性,打开后出现如图 2.21所示的窗口,用户可以查看关于当前计算机的一些基本信息,如:Windows 版本、系统、计算机名称以及 Windows 激活信息等。

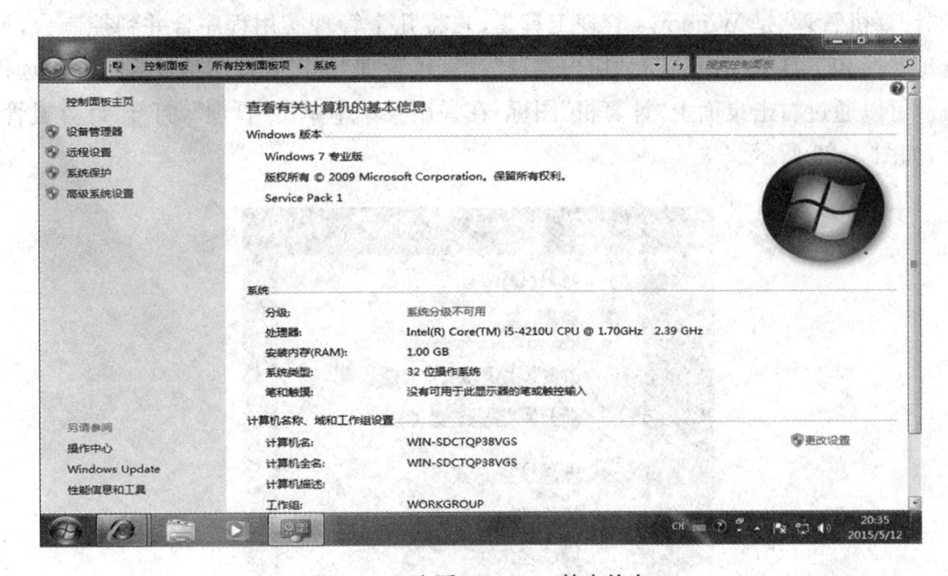

图 2.21　查看 Windows 基本信息

(3) 卸载程序

正常安装的程序,通常能够在开始菜单中找到该程序的删除程序,一般命名为“卸载

×××”,执行卸载程序就能够将应用程序从系统中删除。但也有部分程序没有在开始菜单中提供卸载程序,因此可以通过在控制面板中对程序进行卸载。打开控制面板的类别视图,选择“程序”功能下“卸载程序”之后,弹出“程序和功能”窗口,如图2.22所示。选择相应的程序,然后单击工具栏上的“卸载”按钮,根据提示操作就可以完成卸载工作。

图2.22　通过控制面板卸载程序

(4) 计算机管理控制台

“计算机管理”是Windows管理工具集,它将几个管理实用程序合并到控制台,提供对管理属性和工具的便捷访问。用户通过“计算机管理”可以管理本地计算机或是远程计算机。可以通过右击桌面上“计算机”图标,在弹出菜单中单击“管理”,打开“计算机管理”窗口,如图2.23所示。

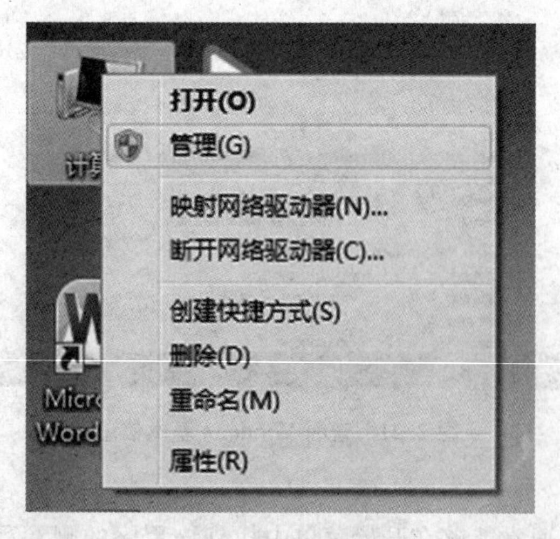

图2.23　管理计算机

“计算机管理”包含下面三个项目：系统工具、存储以及服务和应用程序，如图 2.24 所示。

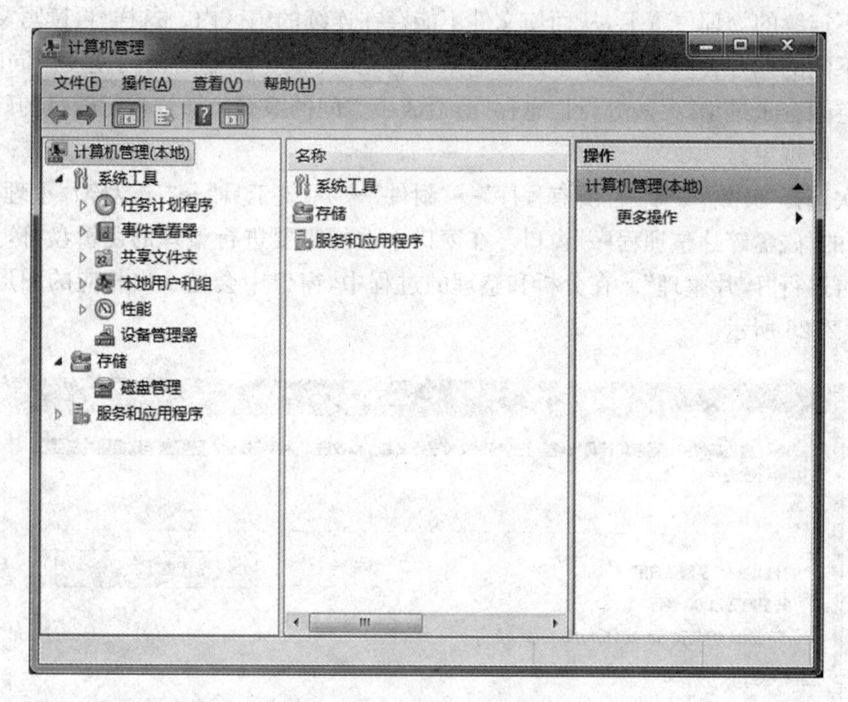

图 2.24　计算机管理窗口

选择“系统”项目中的设备管理器，在中间窗口中会显示本地计算机中所有的硬件设备及其状态如图 2.25 所示。

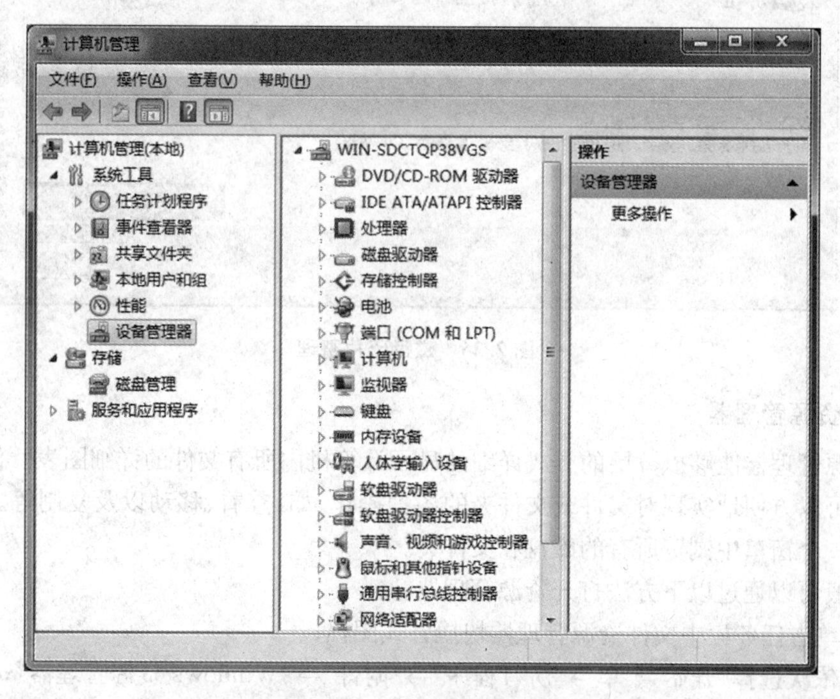

图 2.25　计算机设备管理窗口

(5) 磁盘碎片整理程序

硬盘在使用一段时间后,由于反复写入和删除文件,磁盘中的空闲扇区会分散到整个磁盘中不连续的物理位置上,从而使文件不能存在连续的扇区内。这样,再读写文件时就需要到不同的地方去读取,增加了磁头地来回移动,降低了磁盘的访问速度。同时,一些零散的空间容量过小,无法进行信息存储,造成了空间的浪费。通过进行磁盘的碎片整理可以改善此现象。

依次选择"开始"菜单→"所有程序"→"附件"→"系统工具"→"磁盘碎片整理程序"选项,打开的"磁盘碎片整理程序"窗口。在窗口中选择需要进行整理的逻辑盘符,先"分析磁盘",再进行"碎片整理"。在分析和整理的过程中,窗口中会显示出相应的图形化的信息,如图2.26所示。

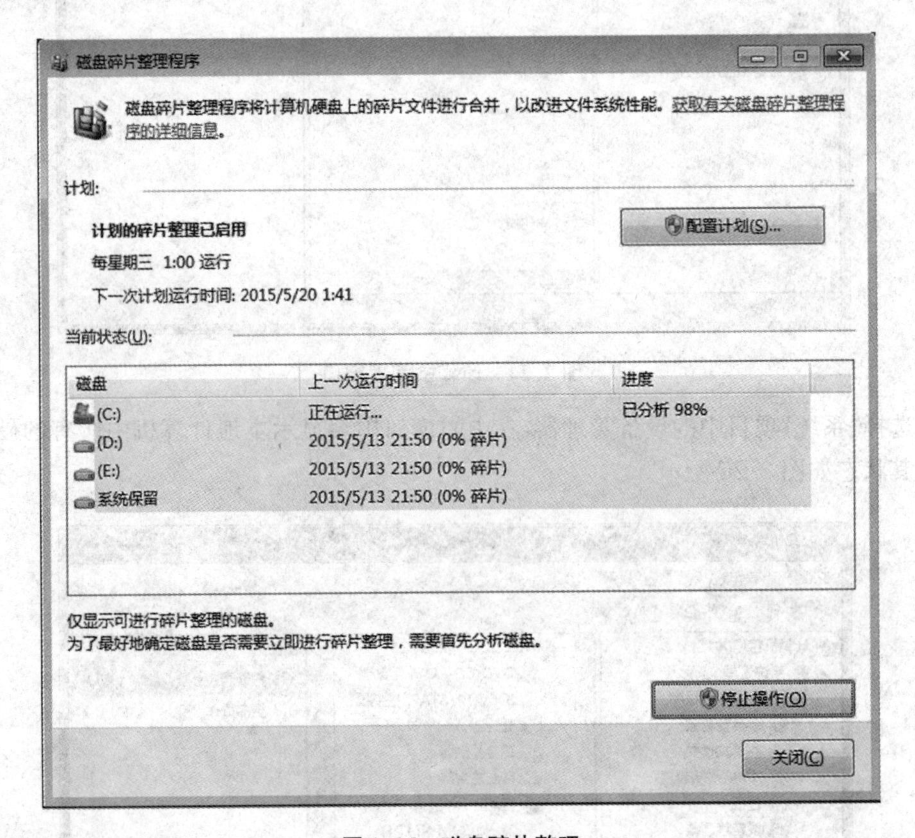

图2.26　磁盘碎片整理

3. 打开资源管理器

资源管理器能够以分层的方式详细的显示计算机内所有文件的详细图表。使用资源管理器可以方便地实现对文件或文件夹的各种操作,如:查看、移动以及复制等。用户可以只在一个窗口中浏览所有的磁盘和文件夹。

一般可以通过以下方法打开资源管理器:

a) 单击任务栏中文件资源管理器快捷方式图标;

b) 依次选择"开始"菜单→"所有程序"→"附件"→"Windows 资源管理器";

c) 右击"开始"菜单,在弹出菜单中选择"打开 Windows 资源管理器"。

除了以上方法，还有其他方法可以打开 Windows 资源管理器，读者可以自行进行了解。打开的资源管理器窗口有几个主要的组成部分，其中左侧窗格中显示文件目录树，右侧窗格中显示当前的活动文件夹中的文件夹及文件，具体如图 2.27 所示。

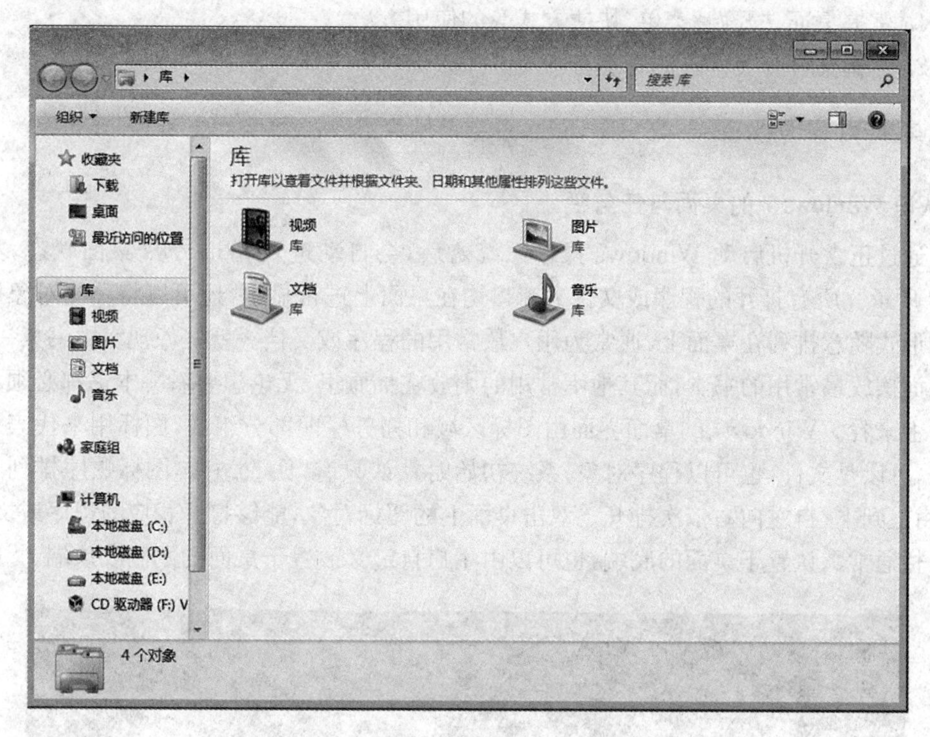

图 2.27 资源管理器窗口

在左边窗格中，若驱动器或文件夹前面标有▷，则说明该驱动器或文件夹包含有子文件夹。单击▷可展开其所包含的子文件夹，▷号变为◢号，表明该驱动器或文件夹已被展开。如果需要再折叠，则单击◢号即可。在右边窗格中显示的是当前选中的驱动器或文件夹中包含的文件夹及文件。

◆ 课后练习

1. 用 iso 镜像文件方式安装 Windows 7。
2. 用 U 盘方式安装 Windows 7。
3. 在安装类型中以“升级”方式安装 Windows 7。

实验四 Windows 基本操作

Windows 是微软基于图形界面开发的操作系统，用户对计算机资源的管理与控制都是通过各种图形画面和符号命令来操作实现的。在 Windows 系统中，大多数的工作都是以“窗口”的形式展现，每一项正在进行的工作对应桌面上打开的一个窗口；当窗口关闭，对应的工作也就结束。用户可以结合键盘与鼠标实现对操作系统的图形界面进行操作以实现对任务的运行。

一、实验目的

1. 掌握桌面、“开始”菜单、快捷方式等的使用方法。
2. 掌握文件与文件夹的管理。

二、实验内容与步骤

1. 认识 Windows 7 的桌面与任务栏

通过正常开机启动 Windows 操作系统之后，会自动进入 Windows 桌面状态，如图2.28所示。所有打开的程序或文件夹窗口均在桌面上进行显示，还可以将一些对象以图标的形式随意排列在桌面上，通常为用户最常用的程序或文档。就好像现实中书桌一样，在桌面摆放最常用的书本，而其他不常用的则放在抽屉里，无论想要看哪本书都必须拿到桌面上来看。Windows 的桌面界面由图标区域和任务栏两部分组成，图标用来代表一个对象，可以是文件，也可以程序对象，系统初始时默认只有“回收站”。图标顺序排列于桌面，由上到下、自左向右依次排开。双击桌面上的图标对象，能够打开相应的程序或文件。任务栏通常默认置于桌面的底端，也可以由用户自定义放置于桌面的两侧或顶端。

图 2.28 Windows 7 桌面

(1) 在桌面创建快捷方式

图标可以是对象本身，也可以是对象的“快捷方式”。例如，用户可以创建一个文本，同时也可以创建该文本的快捷方式。快捷方式是对象本身的一个链接，而不是对象本身，因此文件很小。快捷方式中包含了对象的详细位置信息，双击快捷方式的效果等同于双击对象本身，均能打开该对象。对象本身的图标显示与快捷方式不同，快捷方式图标左下角有一个箭头，如图2.29所示。用户既可以在桌面上，也可以在某个文件夹下建立快捷方式。

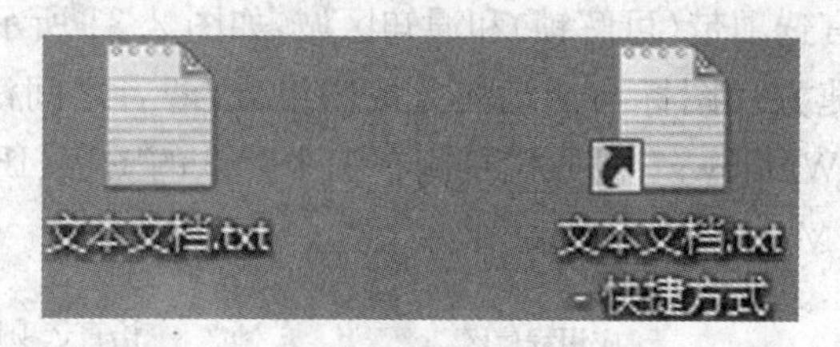

图 2.29　文本图标与文本快捷方式

创建快捷方式的方法有三种：

a) 在需要创建快捷方式的空白处右击，在弹出的快捷菜单中选择“新建”→“快捷方式(S)”，在弹出的对话框中输入对象的详细位置信息，也可以通过“浏览”按钮寻找该对象，如图2.30所示。单击“下一步”，输入快捷方式名称，最后单击 “完成”按钮，完成该对象快捷方式的创建。文件夹对象也可以通过该方式创建快捷方式。

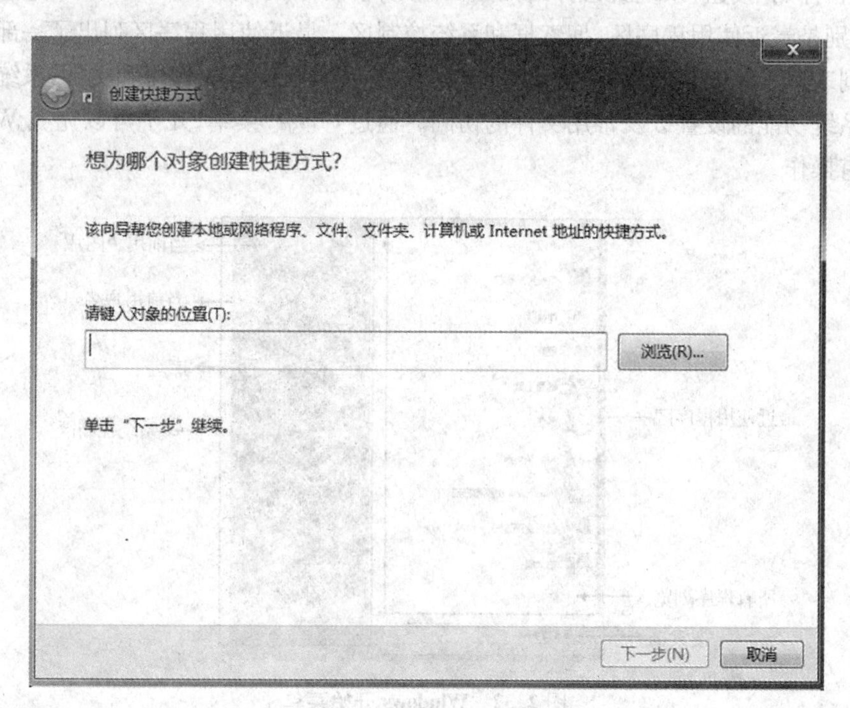

图 2.30　创建快捷方式

b) 选中需要创建快捷方式的对象(应用程序、文件或文件夹)，鼠标右键拖动到需要目标位置，松开鼠标，系统会弹出菜单选项，选择“在当前位置创建快捷方式”，完成快捷方式的创建。

c) 右击选中需要创建快捷方式的对象，在弹出的快捷菜单中选择“创建快捷方式(S)”，即可在当前对象所处的文件夹中创建快捷方式。若想改变快捷方式的存放位置，可以通过复制或剪切将快捷方式粘贴到目的位置。

(2) 查看任务栏与“开始”菜单

通常在桌面底部的灰蓝色长条状区域称为任务栏。任务栏的特点是无论桌面当前打开什么窗口,任务栏始终会显示在屏幕下方。任务栏主要由四个部分组成:主要由“开始”菜单、应用程序区、语言选项带(可解锁)和通知区域,如图 2.31 所示。其中应用程序区由固定到任务栏中的快捷方式图标与活动任务按钮组成,两者之间没有明显的区域划分。系统默认的刚启动的 Windows7 任务栏左侧有三个默认的图标(IE 浏览器、Windows 资源管理器和 Windows Media Player)。

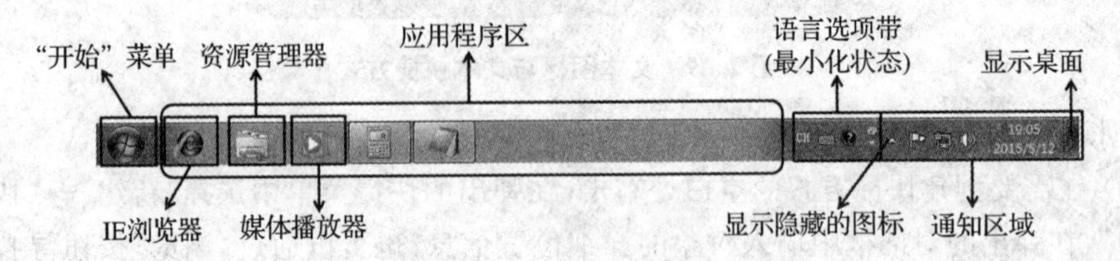

图 2.31 Windows 任务栏

单击“开始”按钮,系统就会弹出如图 2.32 所示的“开始”菜单。“开始”菜单包含三个部分,分别是最近使用程序区、搜索框和系统控制区。最近使用程序区列出了一部分常用的程序列表以及刚安装的程序,搜索框能够实现在计算机中查找程序和文件,系统控制区提供对系统功能的设置以及常用文件的访问。通过“开始”菜单,几乎可以完成 Windows 中的所有操作。

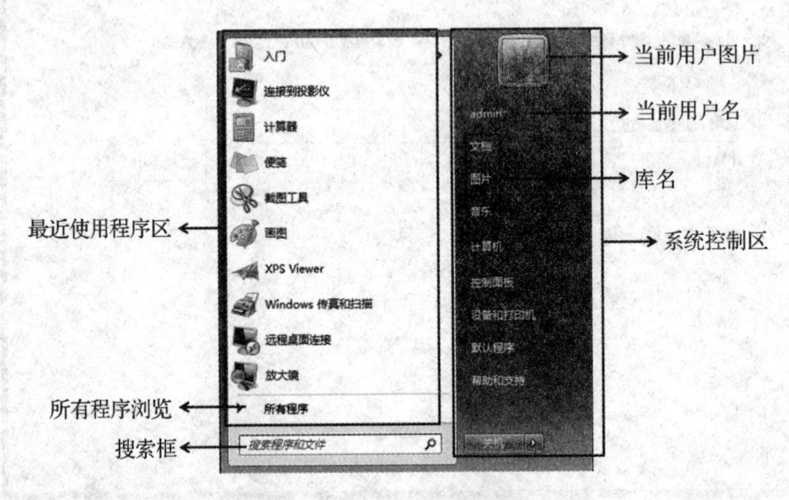

图 2.32 Windows 开始菜单

(3) 将程序锁定到任务栏

用户可以通过拖放的方式,或者右击程序对象,在弹出的菜单中选择“锁定到任务栏(K)”即可将自己常用的应用程序锁定在任务栏中,如图 2.33 所示。注意:仅可以将应用程序进行锁定,文件和文件夹对象不可,如果以拖动的方式将文件或文件夹附到任务栏中会自动将关联的默认打开的应用程序进行锁定,同时对象本身也会被锁定至该程序文档列表上部的“已固定”项目中,如图 2.34 所示。若要将列表中的对象解锁,只需要单击列表中文件对象后端的📌符号。

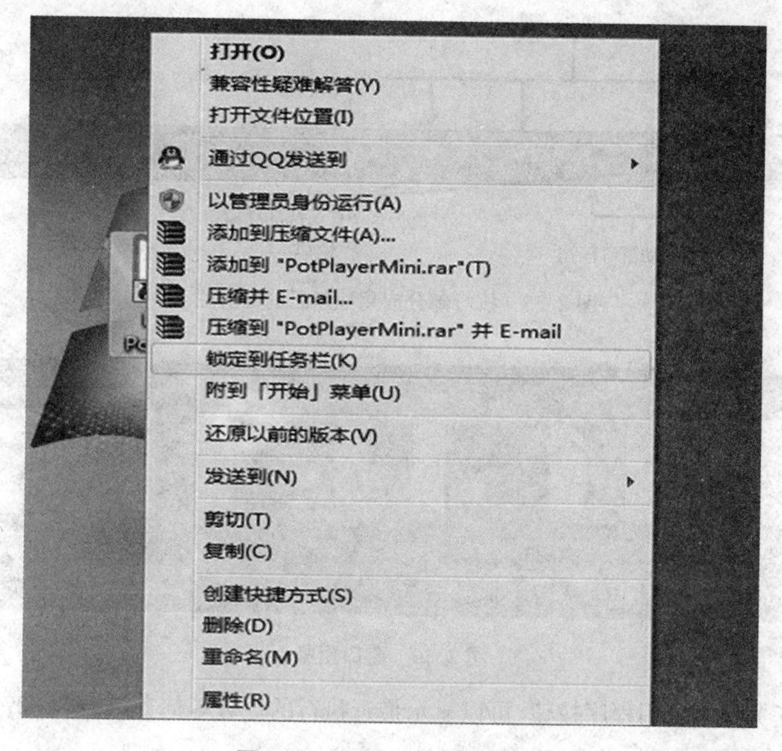

图 2.33　把程序锁定到任务栏

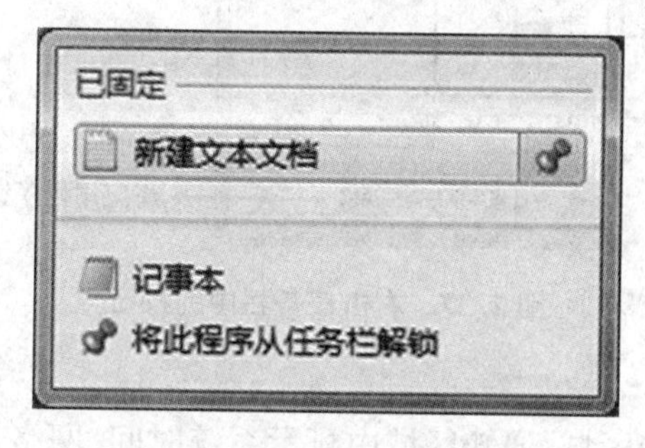

图 2.34　把文件对象锁定到列表

(4) 切换窗口与窗口预览

打开的程序、文件或文件夹对象都会在任务栏生成对应的按钮。按钮的出现说明当前该对象的作业正在执行中，每一个按钮分别对应于某个已经打开的应用程序窗口，文件对象则会创建打开该类型文件的应用程序的按钮，如图 2.35 所示是执行一些应用程序后的任务栏。由于任务栏中存在被锁定的快捷方式图标，因此为了区分当前活动窗口对应的按钮和非活动状态下的快捷方式图标，Windows 7 将活动程序的按钮设置显示为有边框，类似于凸出形状，而非活动的快捷方式图标则无任何效果。用户可以通过单击任务栏中某个按钮来将此窗口切换为当前活动窗口。当关闭某个应用程序时，该程序所对应的按钮将会在任务栏中消失。

Window 7 为用户提供了便利的窗口预览功能，只要将鼠标悬停于任务栏的某个上按钮即可预览到该应用程序的窗口,如图2.36所示。

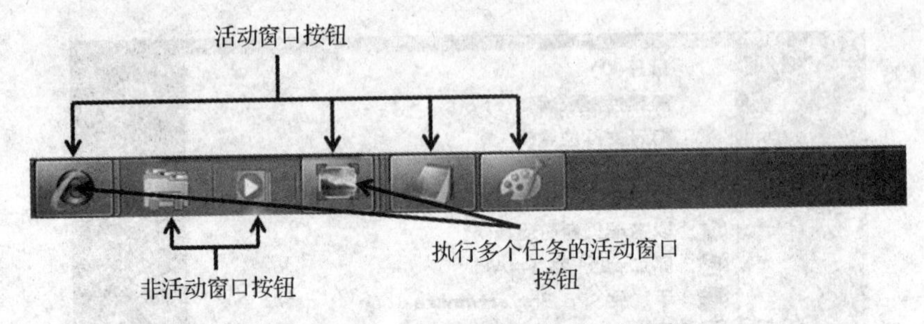

图2.35　执行部分应用程序后的任务栏

图2.36　窗口预览

右击任务栏中应用程序按钮,可以显示最近执行的任务等信息,如图2.37所示。

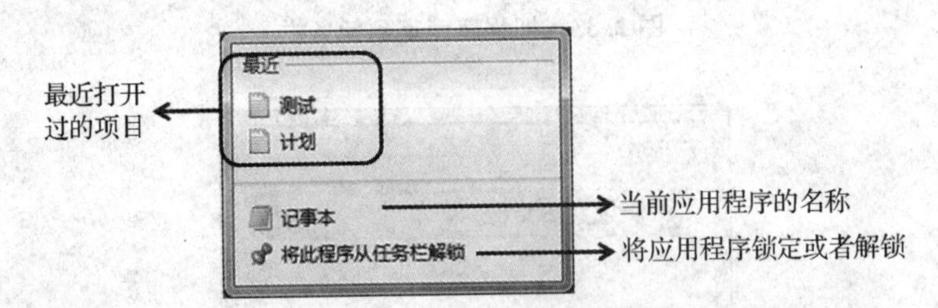

图2.37　右击任务栏中的按钮

(5) 设置通知区域

任务栏最右边为通知区域,通知区域中显示系统时间、网络连接状态、当前输入法以及一些正在运行的应用程序图标,Windows 7还特别设置了显示桌面的功能,位于通知区域的右边,如图2.28所示。

图2.38　Windows 通知区域

2. 文件和文件夹的操作

(1) 新建文件或文件夹

新建文件夹或文件的操作均在资源管理器中完成。打开资源管理器的方式详见实验三。打开资源管理器后，在左侧窗格中浏览至当前需要新建文件夹的目标文件夹或驱动器，之后有以下三种方式可以新建文件夹：

a) 在左侧窗格中在已选中的目标对象名称上右击，或是在右侧窗格空白区域右击，在弹出菜单中选择“新建”→“文件夹”；

b) 单击工具栏中的“组织”按钮或是菜单栏中的“文件”按钮，在弹出的下拉菜单中选择“新建”→“文件夹”；

c) 直接单击工具栏中的“新建文件夹”按钮。

选择任一种方式新建文件夹后，会在右边窗口中出现一个名称为“新建文件夹”的新文件夹，如果需要更名则直接进行输入即可，如不需要，则可以通过单击空白区域或按回车键。

在文件夹中新建文件的方法是在右窗格中空白区域右击，在弹出菜单中选择“新建”，之后再选择需要新建文件的类型，如文本文档、word 文档等等。系统会在此文件夹中新建一个该类型的文件对象。

(2) 文件及文件夹的选取

在进行文件及文件夹的相关操作之前需要选中相应的文件或文件夹，选择的方法如下：

a) 选择单个文件或文件夹：单击相应的文件或文件夹；

b) 选择连续的文件或文件夹：单击第一个文件或文件夹，按住【Shift】键，再单击要选择的最后一个文件或文件夹，则所有包含在这两者之间的所有文件或文件夹对象将被选中；

c) 选择多个间隔的文件或文件夹：按住【Ctrl】键，逐个单击相应的文件或文件夹。

当要取消对某个文件或文件夹的选中时，可以使用上述相同的方法逐个减少，或者单击空白区域，取消选择的全部文件或文件夹。

(3) 文件或文件夹的复制、粘贴

将一个文件或者文件夹复制到另一个地方实质是在目标地址生成了与源文件具有完全相同内容的新文件。复制的方式有多种：

a) 鼠标拖动。单击选定要复制的文件或文件夹对象，按下【Ctrl】键，按住鼠标左键将选定的对象拖动至目标文件夹中，然后松开鼠标与【Ctrl】键即可；

b) 快捷键方式。选定要复制的对象，按下【Ctrl＋C】键，或右击从弹出的菜单中选择“复制”命令，然后浏览窗口至目标文件夹或驱动器中，按下【Ctrl＋V】键，或是右击在弹出菜单中选择“粘贴”命令即可。

c) 菜单复制到文件夹。选定要复制的文件和文件夹，单击菜单中的“编辑”→“复制”命令，然后浏览窗口至目标文件夹或驱动器中，单击菜单中的“编辑”→“粘贴”命令；或是直接在菜单中选择“编辑”→“复制到文件夹”命令，在“复制项目”窗口中选择目标文件夹或驱动器。

d) 发送到。如果要把选定的对象复制到移动设备中,可以右击之后,选择“发送到”命令,在子菜单中选择相应的设备。

(4) 文件或文件夹的移动

文件或文件夹的移动与复制操作相类似,实质是将原始的文件进行了存储位置上的转移。移动操作也可以有以几种方式:

a) 鼠标拖动。单击选定要移动的文件或文件夹对象,若目标移动位置与原始位置同在一个驱动器内,则按住鼠标左键将选定的对象拖动至目标文件夹中即可,若不在同一驱动器中,则需要先按下【Shift】键再进行拖动;

b) 快捷键方式。选定要移动的对象,按下【Ctrl+X】键,或右击之后从弹出的菜单中选择“剪切”命令,然后浏览窗口至目标文件夹或驱动器中,按下【Ctrl+V】键,或是右击在弹出菜单中选择“粘贴”命令即可;

c) 菜单移动到文件夹。选定要移动的对象,单击菜单中的“编辑”→“剪切”命令,然后浏览窗口至目标文件夹或驱动器中,单击菜单中的“编辑”→“粘贴”命令;或是直接在菜单中选择“编辑”→“移动到文件夹”命令,在“移动项目”窗口中选择目标文件夹或驱动器;

(5) 文件或文件夹的删除

删除文件或文件夹有四种方法可供选择,首先选中需要删除的文件:

a) 单击资源管理器窗口中的“文件”菜单→“删除”菜单项,在“确认文件删除”对话框中选择“是”,即可将文件放入回收站;

b) 也可以右击选中的文件,在弹出菜单中选择“删除”;

c) 直接按下【Del】键进行删除;

d) 或是将对象直接拖入回收站中来进行删除。

通过以上方式删除的文件或文件夹将存放在回收站中,利用“清空回收站”可以将回收站中的文件和文件夹彻底删除。右击回收站图标,在弹出的菜单中单击“清空回收站”菜单项,再单击询问对话框中的“是”即可清空回收站。

在删除的过程中,如果需要直接彻底删除,而不是转移到回收站中,则可以在单击“删除”菜单项或按下【Del】键的同时按住【Shift】键即可。

(6) 文件或文件夹的重命名

选中文件或文件夹对象,单击资源管理器菜单中的“文件”→“重命名”命令,在右侧窗格中对象的名称部分会出现类似于文本选中光标闪动的现象,此时用户就可以进行新名称的输入,完成之后单击空白区域即可。也可以直接右击对象,在弹出的菜单中单击“重命名”完成重命名。

(7) 文件或文件夹属性的设置

在 Windows 操作系统中,文件或文件夹通常有“只读”、“隐藏”、“存档”等属性,用户可根据需要修改其属性。

右击选中的文件,单击弹出菜单中的“属性”,或资源管理器中的“文件”菜单→“属性”命令,弹出文件属性对话框。根据需要自行勾选“属性”对话框中的“只读”、“存档”以及“隐藏”,使方格中出现“√”。单击“确定”按钮,使新属性生效。

（8）显示、隐藏文件及其后缀名

Windows 系统能够将属性为隐藏的对象进行隐藏，即对用户不显示。当用户需要该类文件或文件夹对象能够以一种区别的方式进行显示时，可以采取以下方式：在资源管理器中，选择菜单栏中的“工具”→“文件夹选项”，或是工具栏中的“组织”→“文件夹和搜索选项”，打开“文件夹选项”对话框。单击“查看”选项卡，在“高级设置”的窗口中，浏览至“隐藏文件和文件夹”设置选项，根据需要选择显示或不显示隐藏对象。

如果想要查看所有文件的扩展名，取消“隐藏已知文件类型的扩展名”的勾选，如图 2.39 所示。

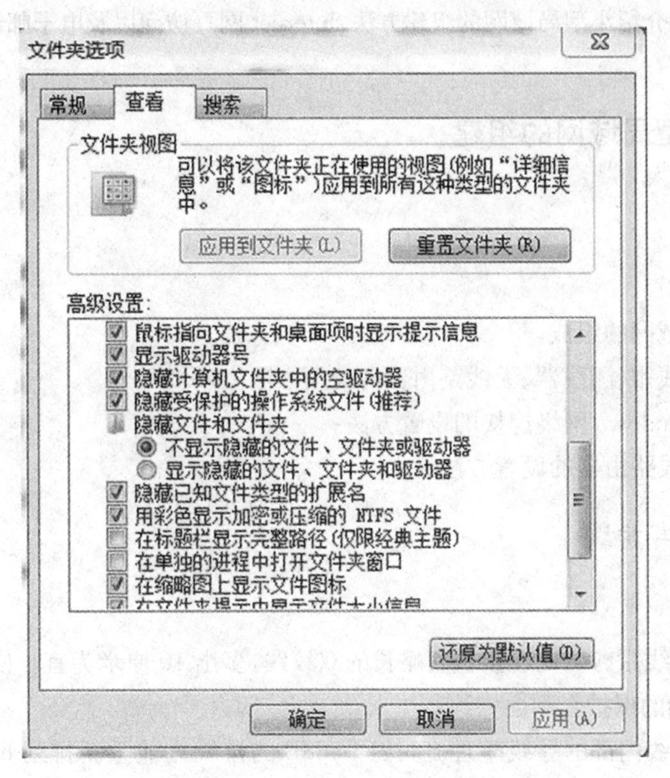

图 2.39　显示隐藏的文件、文件夹和驱动器

◆ 课后练习

1. 在 D 盘中创建名为 X1、X2、X3 的文件夹，并将 X1 设置为隐藏属性，并设置系统不显示隐藏文件与文件夹。

2. 在 X2 文件夹中创建名为 a1 的文本文档，在 X3 中创建名为 b1 的 word 文档，并将 b1 设置为只读，设置显示文件后缀名。

3. 在 X2 文件夹中创建 b1 的快捷方式。

4. 将文件 a1 复制到桌面，命名为 a2。

5. 删除文件 a1。

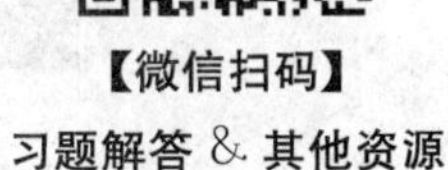

【微信扫码】
习题解答 & 其他资源

【微信扫码】
看视频操作

第3章 计算机网络与INTERNET

随着信息技术的不断发展,计算机网络越来越普遍。Internet为人们提供了丰富的信息资源。本单元将介绍小型局域网的组建方法、Internet网页访问以及电子邮件的收发。

实验五 小型局域网的组建

一、实验目的

1. 掌握局域网的组成。
2. 掌握夹线钳、测线器、无线路由器的使用方法。
3. 掌握Windows网络连接的设置方法。
4. 掌握无线路由器的设置方法。

二、实验内容与步骤

1. 制作双绞线

(1) 使用夹线钳剪切比连接长度略长的双绞线,多出10厘米为宜。使用夹线钳的刀片将双绞线两端的保护套剥去大约2厘米。

(2) 将双绞线内部的导线整理齐,按照568B的排线方式重新排列8根导线,即"橙白,橙,绿白,蓝,蓝白,绿,棕白,棕"的顺序,如图3.1所示。

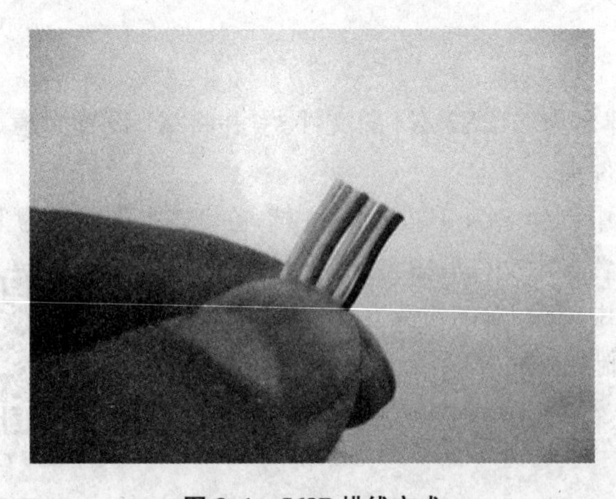

图3.1 568B排线方式

(3) 使用夹线钳将8根导线剪切整齐，留下约1.2厘米的长度。

(4) 将水晶头无卡簧的一面向上，再将8根导线插入水晶头中塞紧，在插入时避免导线错位、不齐等，如图3.2所示。

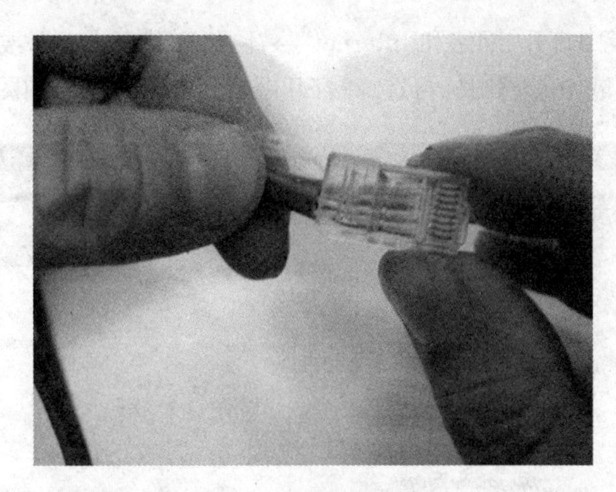

图3.2　将双绞线插入水晶头

(5) 将水晶头插入夹线钳的孔槽中，用力按下夹线钳的手柄，将水晶头中的刀片压入导线中，如图3.3所示。在此过程中应用手指捏紧水晶头与双绞线的交接处，防止导线滑落或错位。

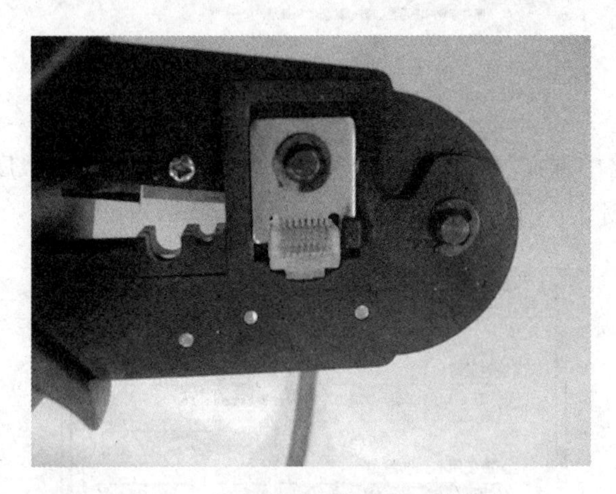

图3.3　将水晶头刀片压入双绞线中

(6) 按同样方法安装双绞线另一头的水晶头。

(7) 使用测线器检测所制作的双绞线是否畅通，即测线器两边的信号灯同时依次闪烁。

2. 架设小型局域网

(1) 使用双绞线将PC机连接到交换机，当网卡和交换机上的信号灯都亮起，说明物理连接畅通。

(2) 使用双绞线将打印机或者打印服务器连接到交换机上，以提供网络打印服务。

(3) 使用双绞线将交换机连接到ADSL Modem或者上级交换机上。此处应注意，如果是连接到上层交换机,则使用的双绞线应一头用 568A(白绿,绿;白橙,蓝;白蓝,橙;白棕,棕;),一头用 568B 排列导线,称为交叉线。

3. 设置网络属性

(1) 在控制面板中打开“网络和 Internet”→“网络和共享中心”,或是单击(左键、右键均可)任务栏通知区域中的图标再选择“打开网络和共享中心”,如图 3.4 所示。

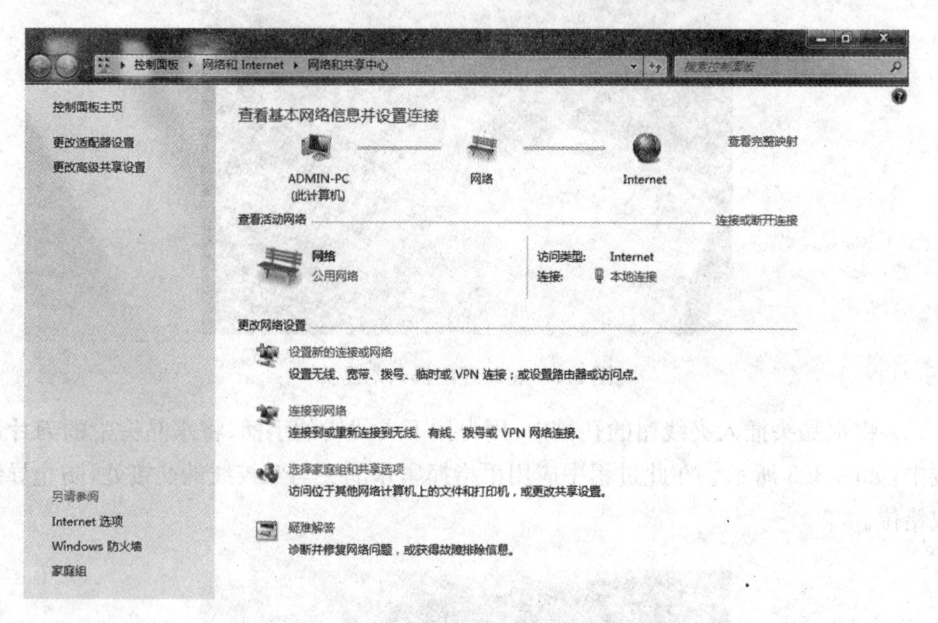

图 3.4 网络和共享中心

(2) 在左侧窗格中选择“更改适配器设置”,右击“本地连接”→“属性”,打开“本地连接属性”对话框,如图 3.5 所示。

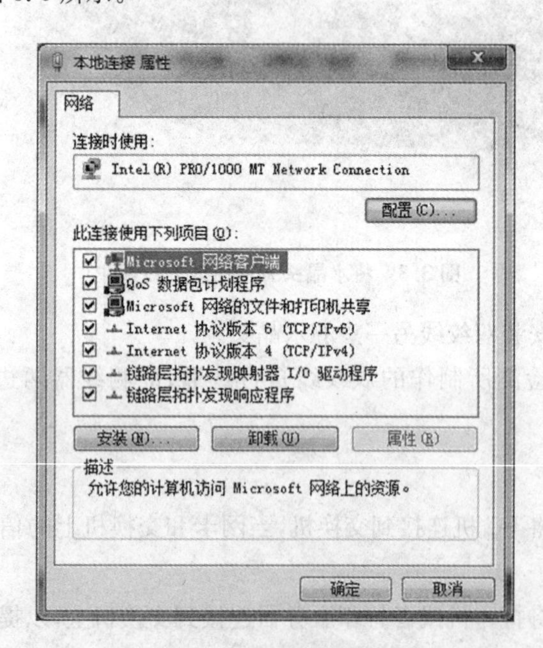

图 3.5 网络连接属性

(3) 在“连接使用下列项目”窗口中选择“Internet 协议版本 4(TCP/IPv4)”,单击属性按钮,弹出“Internet 协议版本 4(TCP/IPv4)属性”对话框,如图 3.6 所示。

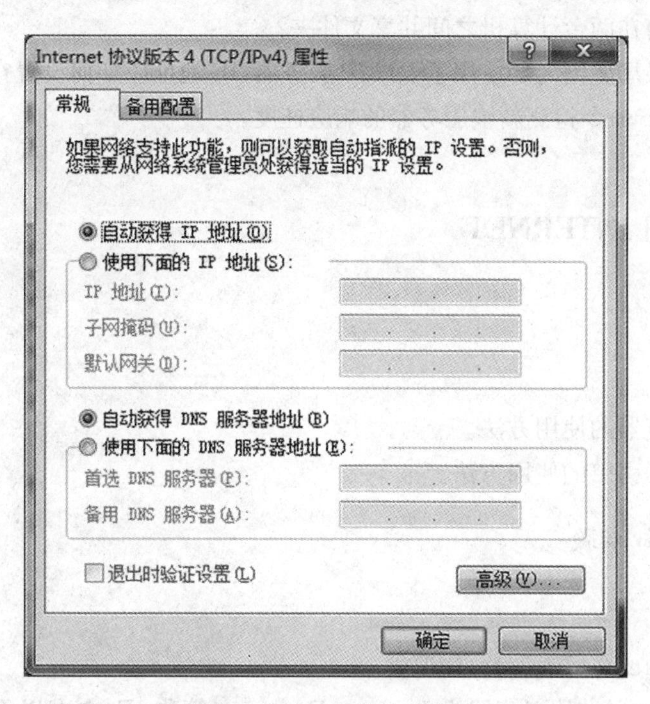

图 3.6　Internet 协议对话框

(4) 在属性对话框中根据网管分配的 IP 地址设置 IP 地址、网关、DNS 服务器地址。如果是建立内部局域网则可以使用保留地址。为了能够使得局域网内部计算机正常通信,这些计算机所设置的 IP 地址应在同一网段。

(5) 设置完成后,可以在命令行中运行 PING 命令来检测局域网内部计算机之间能否正常通信,如图 3.7 所示。

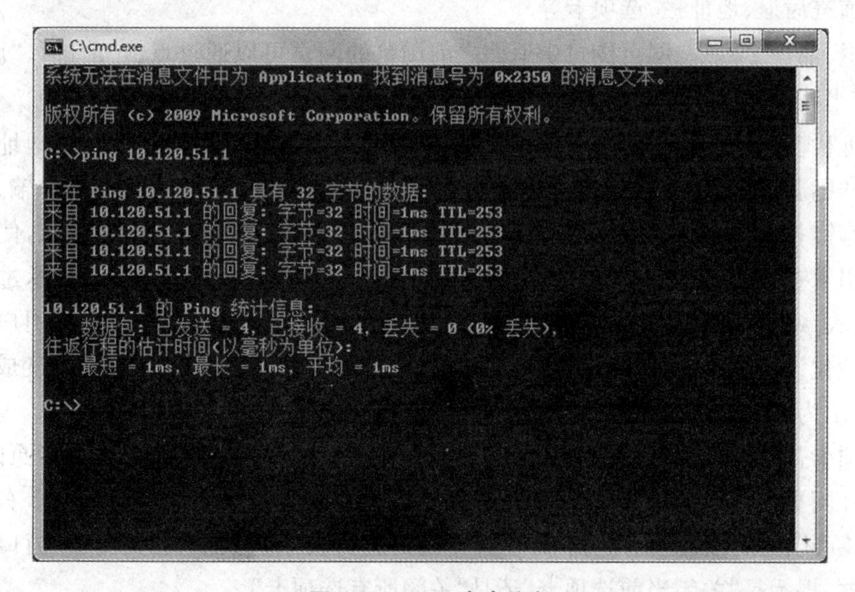

图 3.7　PING 命令信息

◆ 课后练习

1. 思考如何在两台计算机之间共享文件夹？
2. 思考如果局域网内部使用了DHCP服务器，IP地址应如何设置？
3. 通过ping命令检测新浪服务器的响应速度。

实验六 访问INTERNET

一、实验目的

1. 掌握浏览器的使用方法。
2. 掌握搜索引擎的使用方法。

二、实验内容与步骤

1. 浏览网页

(1) 打开Internet Explorer浏览器

Windows7中自带的浏览器为Internet Explorer(简称IE，本书以IE11为例)，打开IE可以双击桌面图标或是单击锁定在任务栏中的图标，也可以在"开始"菜单→"所有程序"中选择Internet Explorer。

(2) 认识IE11窗口的组成

启动IE浏览器之后，打开的网页会以选项卡的方式进行显示，在一个IE窗口中可以打开多个网页，即多个选项卡，也可以在新窗口中打开网页。IE窗口中设置有几个常用功能如前进后退、地址栏、选项卡等。

后退、前进。网页浏览中返回之前浏览的网页可以通过点击"前进"、"后退"按钮，只有当网页可以返回或前进时，箭头颜色才会变为蓝色，否则显示为灰白色。

地址栏。地址栏中包括了地址输入的文本框，以及右侧的"搜索"、"显示地址栏自动完成"和"刷新"这几个在打开网页时需要用到的功能按钮。可以在文本框中输入URL后按回车键打开一个新网页，也可以通过输入一定的关键词，单击"搜索"按钮，使用设定的搜索引擎查找。点击"自动完成"按钮能弹出一个下拉窗口，窗口中可以显示过往的浏览记录、收藏夹、源以及一些通过搜索获得的匹配地址，具体的内容可以根据用户的需要进行个性化设定。单击"刷新"按钮可以刷新网页，网页加载过程中，"刷新"会变成"停止"按钮，显示为×图标，单击"停止"按钮可以停止网页加载。

选项卡是网页在浏览器中的显示。选项卡左端显示网站的图标，其后为网页的名称。正在打开网页的图标显示为○，没有设置图标的网站将显示为e。单击选项卡右端的关闭图标×可以关闭该选项卡。当IE窗口中同时打开多个选项卡，在关闭IE窗口时会弹出对话框，提示是"关闭当前选项卡"还是"关闭所有选项卡"。

“主页”按钮可以访问浏览器当前设定的主页。“收藏夹”按钮功能中包含了收藏夹、源和历史记录的查看功能。如图3.8所示。单击“源”或“历史记录”选项卡可以切换到相应功能。“工具”按钮能够实现对IE浏览器的一项具体设置。

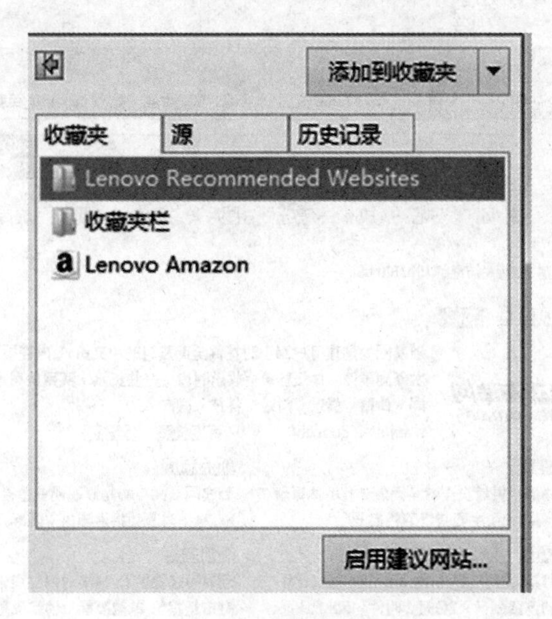

图3.8　收藏夹列表

(3) 访问网页

选择要打开网页的选项卡，可以是某个已打开的网页选项卡，也可以在新建选项卡中。然后在IE的地址栏输入http://www.baidu.com，按回车键，IE将显示百度搜索引擎的主页，如图3.9所示。

图3.9　百度搜索引擎

2. 搜索信息

(1) 在如图3.9所示中的搜索栏中输入“新浪”,按下回车键,百度搜索引擎将显示出搜索的结果,如图3.10所示。

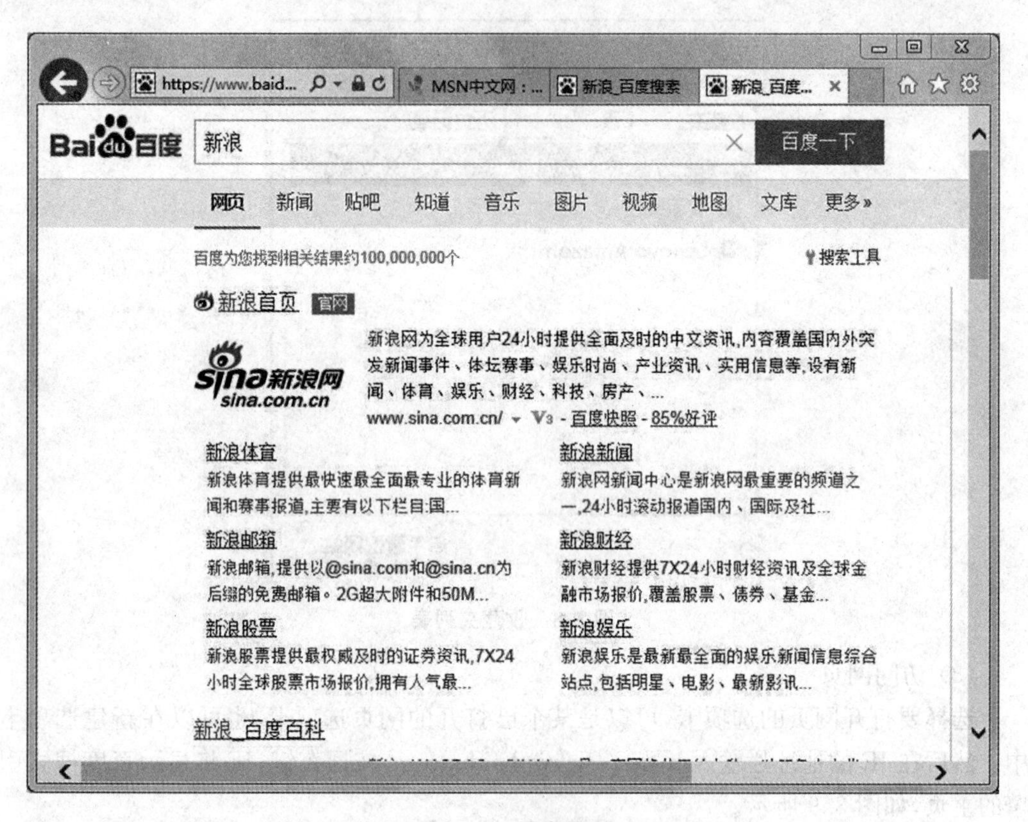

图3.10 搜索结果

(2) 在结果中单击“新浪首页”链接,IE浏览器中将弹出新浪网的页面。

(3) 在新浪网的主页面中单击“教育”链接,IE将打开“新浪教育”的网页。

3. 保存相关网页

(1) 单击IE浏览器中的“工具”按钮,选择“文件”→“另存为(A)…”,弹出“保存网页”对话框。

(2) 在“保存网页”对话框中选择保存目录,输入文件名,单击“保存类型”下拉菜单,可以选择“网页,全部(*.htm, *.html)”、“Web档案,单一文件(*.mht)”、“网页,仅HTML(*.htm, *.html)”或“文本文件(*.txt)”,共四种保存类型,如图3.11所示。

图 3.11　保存网页

4. 设置 IE 主页

用户可以把经常浏览访问的页面设置为主页以节省时间和提高效率。点击打开“工具”按钮选择“Internet 选项”，打开“Internet 选项”对话框，在“常规”选项卡中的“主页”区域，输入想要设为主页的地址，也可以选择地址输入框下方的“使用当前页”、“使用默认值”或“使用新选项卡”，如图 3.12 所示。

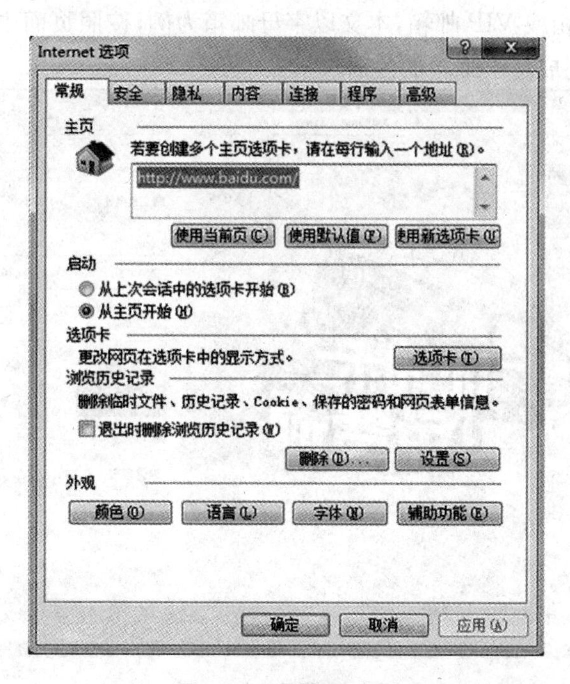

图 3.12　设置 IE 主页

◆ 课后练习

1. 使用搜索引擎在百度搜索 MP3 音乐,并下载至本地。

2. 在地址栏中输入“http://www. sina. com. cn”方式访问新浪首页,打开“新闻”链接。

3. 将百度首页内容以文本文件的格式保存到 D 盘 X2 文件夹下。

实验七　Outlook 操作

一、实验目的

1. 掌握在线电子邮箱的使用方法。

2. 掌握 Outlook 的使用方法。

二、实验内容与步骤

1. 通过 IE 浏览器申请免费的电子邮箱。

在 Internet 中有很多提供免费电子邮箱的网站,国内比较著名的有新浪、网易等网站,用户可以选择任意一个提供免费电子邮箱的网站进行申请。

在 IE 地址栏中输入 http://www. 126. com,IE 将打开该网站的主页,如图 3. 13 所示。单击网页中的“注册”按钮进入注册页面,如图 3. 14 所示,根据自身需要选择注册字母邮箱、手机号码邮箱或 VIP 邮箱,本文以字母邮箱为例,按照页面中的向导提示输入个人相关信息后即可完成电子邮箱的注册。

图 3.13　126 免费电子邮箱

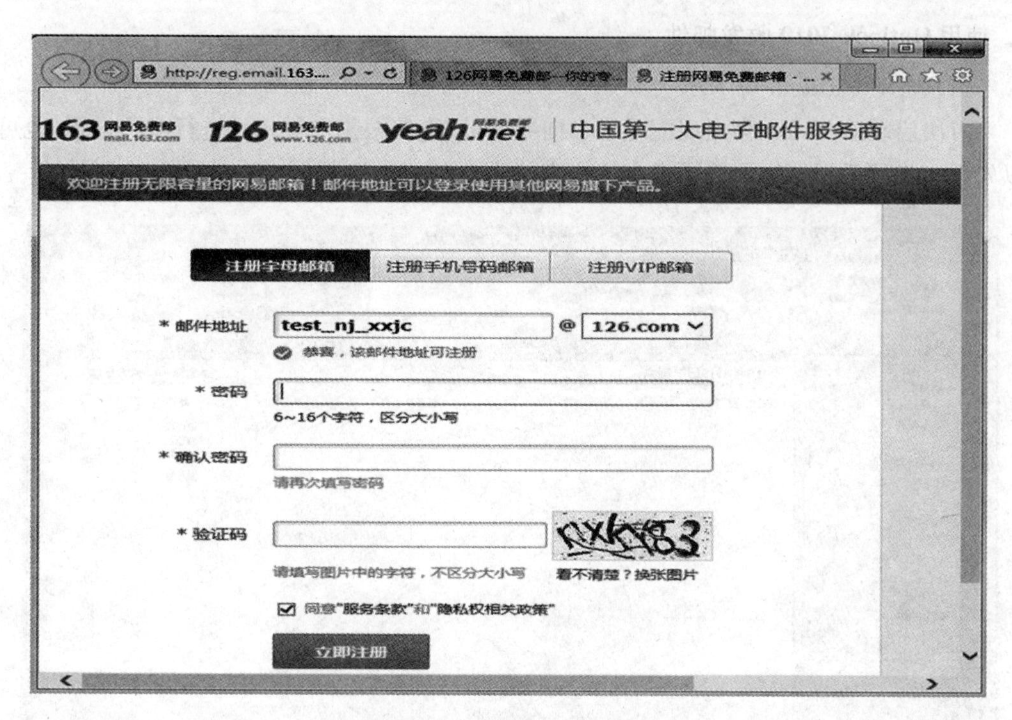

图 3.14　邮箱注册页面

完成电子邮箱的注册后，进行登录，就可以进入邮箱使用界面，如图 3.15 所示。

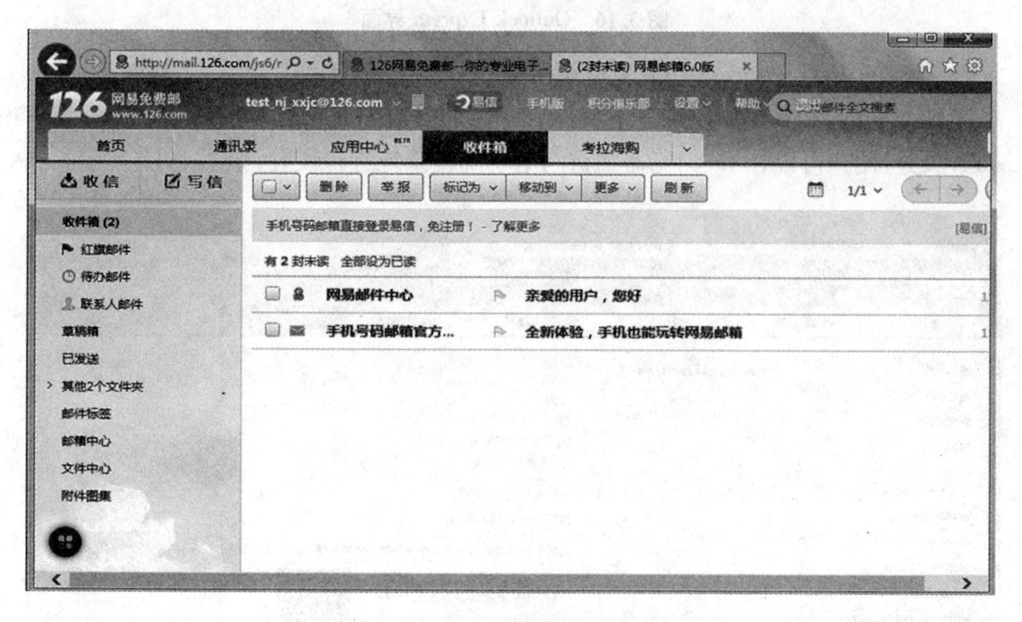

图 3.15　126 邮箱收发邮件界面

单击界面中的“收信”按钮，即可看到发送给自己的邮件。单击“写信”按钮，即可写信发邮件给其他人。

注意，每次通过 IE 使用完电子邮箱后，应单击电子邮箱页面中的“退出”链接，正常退出电子邮箱，以避免电子邮箱被盗用及个人信息的泄密。

2. 使用 Outlook 2010 收发邮件。

(1) 启动 Outlook

首次启动 Outlook 会出现配置帐户向导,可以直接根据向导提示进行帐户设置,也可以先下一步然后根据提示选择没有帐户直接进入 Outlook,如图 3.16 所示。

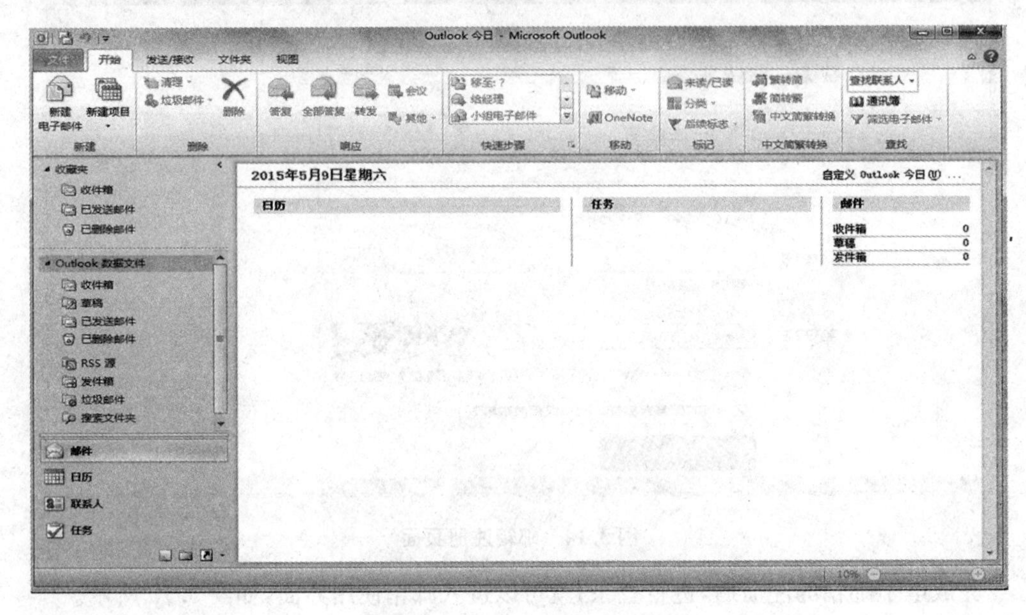

图 3.16　Outlook Express 界面

(2) 在 Outlook Express 中设置电子邮箱

注意,在进行 Outlook 设置电子邮件帐户之前需要先开启对应账户中 POP3 服务和 SMTP 服务,用户可以在 IE 浏览器中访问电子邮箱系统进行设置,如图 3.17 所示。

图 3.17　邮件服务器信息

单击“文件”选项卡，选择“信息”→“添加帐户”，如图 3.18 所示，弹出“添加新帐户”对话框，如图 3.19 所示。

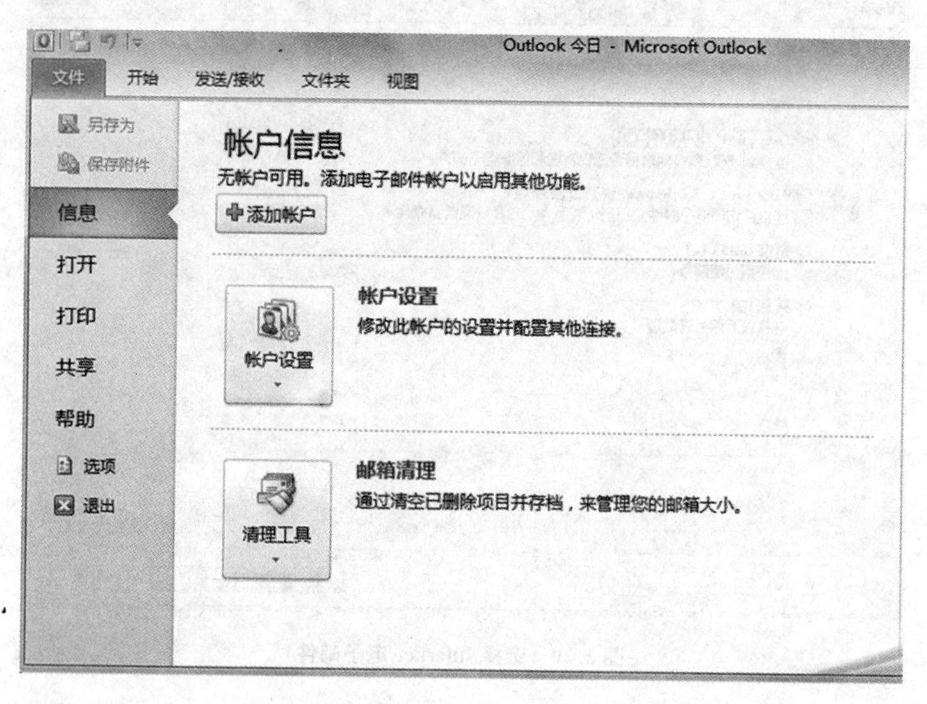

图 3.18　添加账户

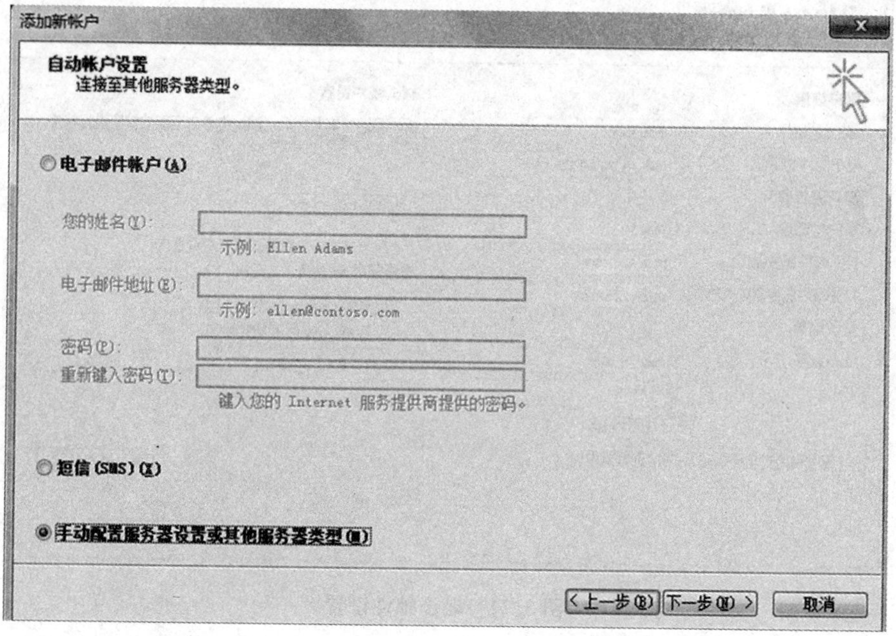

添加新帐户

自动帐户设置
连接至其他服务器类型。

电子邮件帐户(A)

您的姓名(Y):
示例: Ellen Adams

电子邮件地址(E):
示例: ellen@contoso.com

密码(P):
重新键入密码(T):
键入您的 Internet 服务提供商提供的密码。

短信(SMS)(X)

手动配置服务器设置或其他服务器类型(M)

<上一步(B)　下一步(N)>　取消

图 3.19　添加新账户窗口

选择“手动配置服务器设置或其他服务器类型”选项，继续选择服务中的“Internet 电子邮件”，如图 3.20 所示，进入下一步。此时会进入“Internet 电子邮件设置”窗口中，输入相应的信息,如姓名、邮件地址、邮件发送和邮件接收服务器等,如图3.21所示。

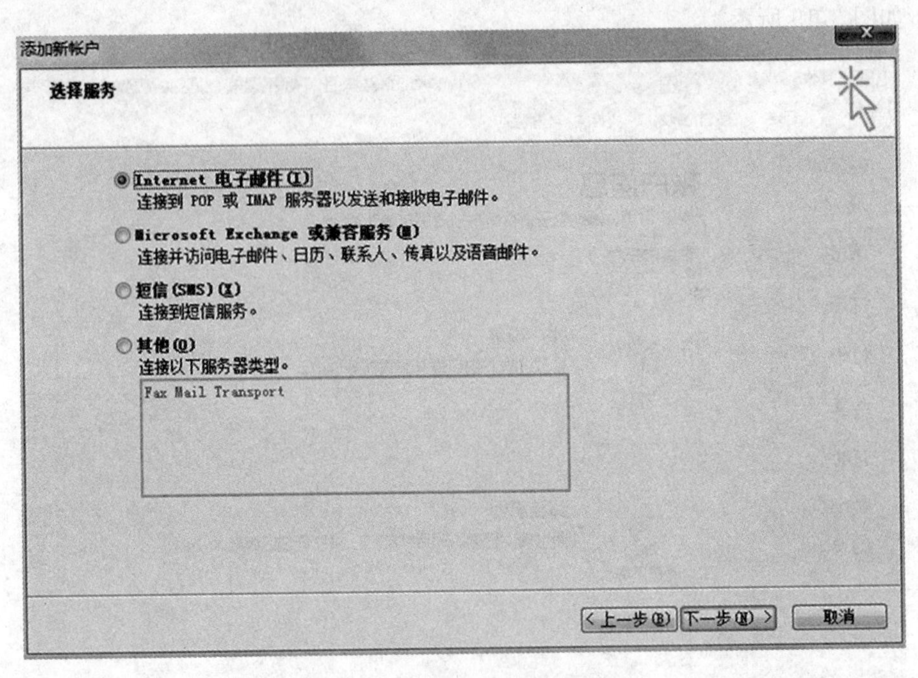

图3.20　选择 Internet 电子邮件

添加新帐户
Internet 电子邮件设置
这些都是使电子邮件帐户正确运行的必需设置。
用户信息
您的姓名(Y): test_xxjc
电子邮件地址(E): test_nj_xxjc@126.com
服务器信息
帐户类型(A): POP3
接收邮件服务器(I): pop.126.com
发送邮件服务器(SMTP)(O): smtp.126.com
登录信息
用户名(U): test_nj_xxjc
密码(P): ******
记住密码(R)
要求使用安全密码验证(SPA)进行登录(Q)
测试帐户设置
填写完这些信息之后,建议您单击下面的按钮进行帐户测试。(需要网络连接)
测试帐户设置(T)...
单击下一步按钮测试帐户设置(S)
将新邮件传递到:
新的 Outlook 数据文件(W)
现有 Outlook 数据文件(X)
浏览(S)
其他设置(M)...
<上一步(B)　下一步(N)>　取消

图3.21　电子邮件设置

通常很多免费电子邮件网站,在用户使用 Outlook Express 发送电子邮件时,需要进行身份验证,对于添加的电子邮箱必须设置相关选项才能正常的使用 Outlook Express 来发送电子邮件。因此相关信息输入完成之后要单击打开“其他设置”,选择“发送服务器”选项卡,勾选“我的发送服务器(SMTP)要求验证”,如图3.22所示。然后点击“确定”,继续点击“下一步”。

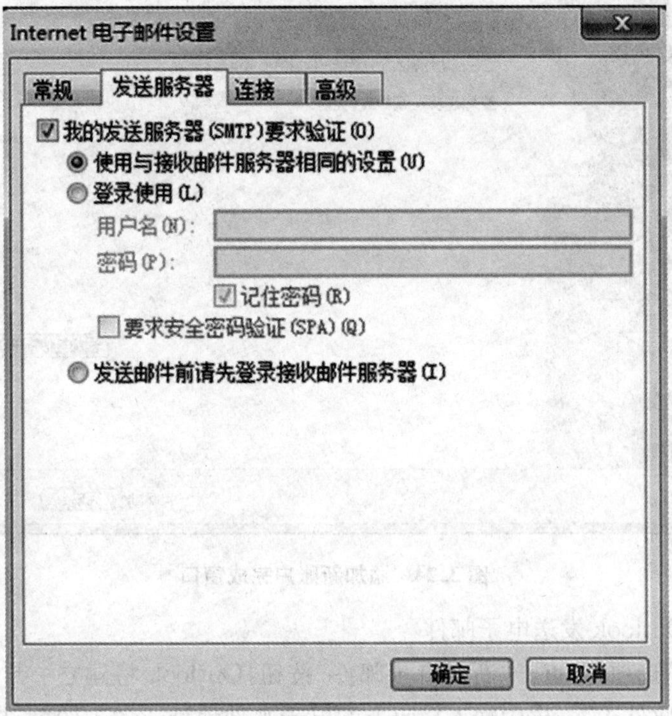

Internet 电子邮件设置
常规
发送服务器
连接
高级
我的发送服务器(SMTP)要求验证(O)
使用与接收邮件服务器相同的设置(U)
登录使用(L)
用户名(N):
密码(P):
记住密码(R)
要求安全密码验证(SPA)(Q)
发送邮件前请先登录接收邮件服务器(I)
确定
取消

图 3.22　Internet 电子邮件设置

Outlook 会开始自动联机搜索服务器测试帐户设置。一直到账户测试完毕,出现如图 3.23 所示信息,则说明帐户设置成功。单击“关闭”,在弹出对话框中点击“完成”,如图 3.24 所示。

测试帐户设置
祝贺您!已完成所有测试。请单击“关闭”继续。
停止(S)
关闭(C)
任务
错误
任务
状态
登录到接收邮件服务器(POP3)
已完成
发送测试电子邮件消息
已完成

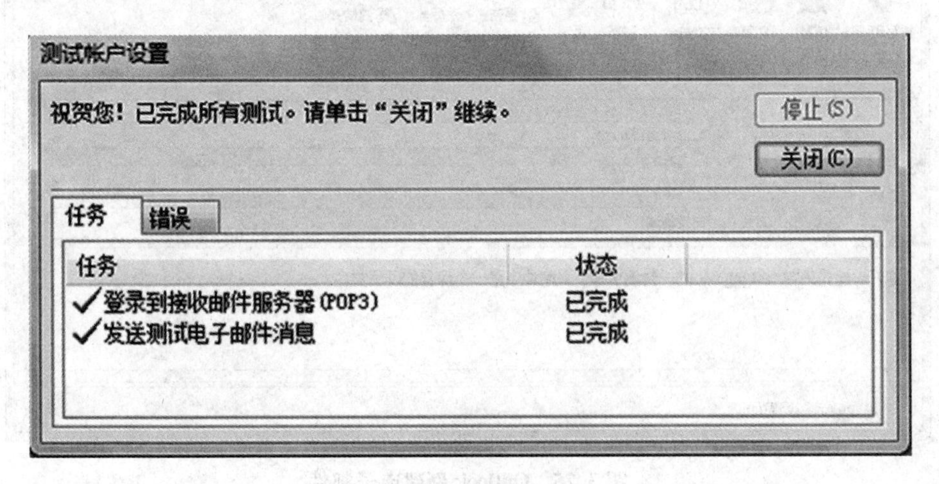

图 3.23　测试账户完成

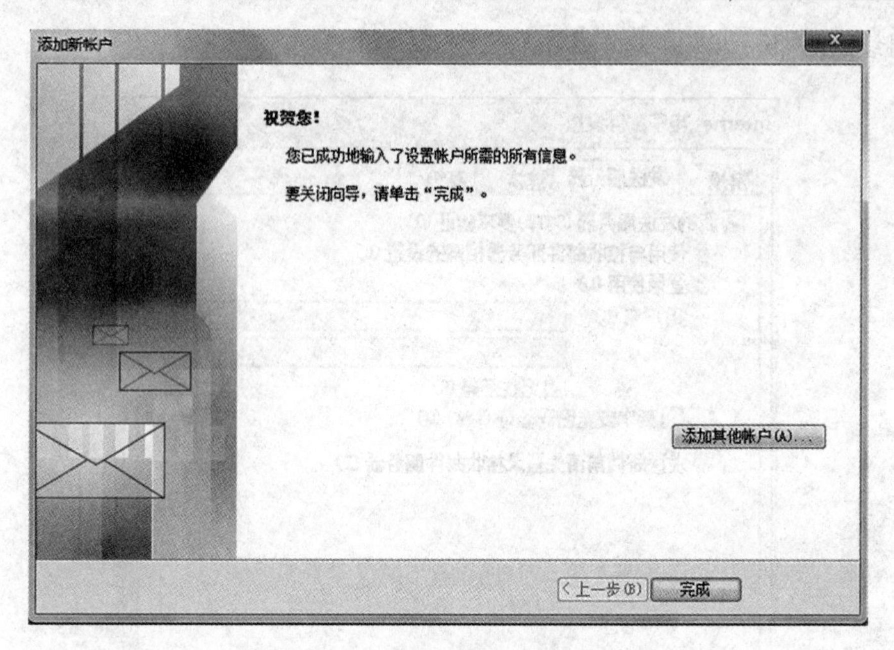

图 3.24　添加新账户完成窗口

(3) 使用 Outlook 发送电子邮件

单击“开始”选项卡，点击“新建电子邮件”按钮，Outlook 将建立一封新的电子邮件。在新邮件中的“收件人”一栏中输入接收方的电子邮件地址，在“主题”一栏中输入邮件的主题，在正文部分输入邮件正文内容，如图 3.25 所示。

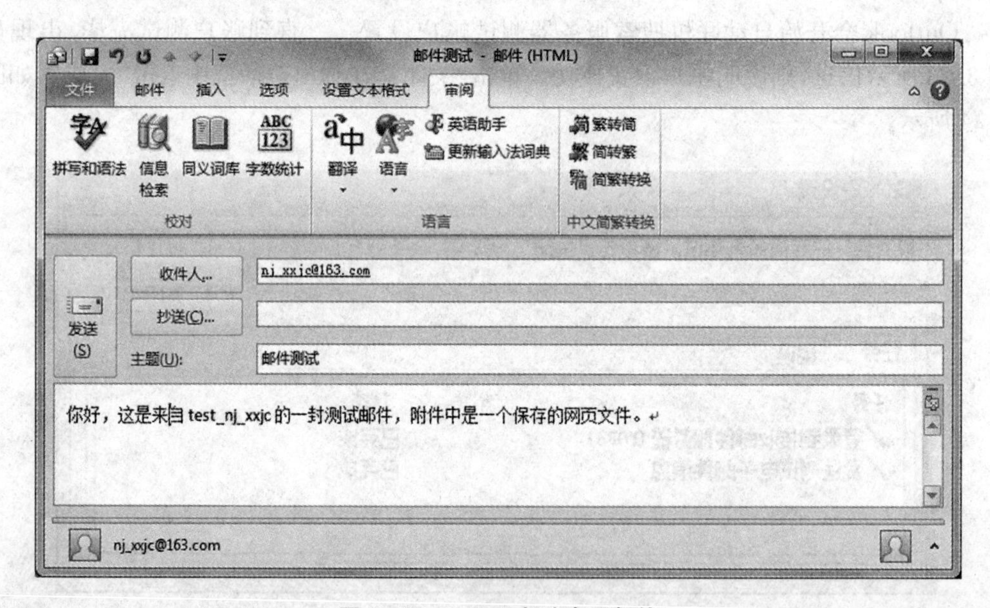

图 3.25　Outlook 新建电子邮件

单击“添加”功能区中的“附加文件”，或是单击“插入”功能选项卡，选择“附加文件”，在弹出的“插入文件”对话框中选择之前保存的新浪教育的网页文件，单击“插入”按钮完成附件的添加，如图 3.26 所示。

图 3.26　插入附件

单击新邮件中的“发送”按钮，Outlook 会把该邮件存储到发件箱中，在默认情况下该邮件将被立刻发送。

(4) 使用 Outlook 接收电子邮件

单击切换至“发送/接收”选项卡，单击 “发送/接收所有文件夹”按钮，Outlook 将从邮件服务器接收新收到的电子邮件，在收件箱中可以进行查看，如图 3.27 所示。左侧的白色窗格为信件列表，已打开的信件图标显示为，未打开过的显示为。单击选中信件，内容在右侧白色窗格中进行显示。

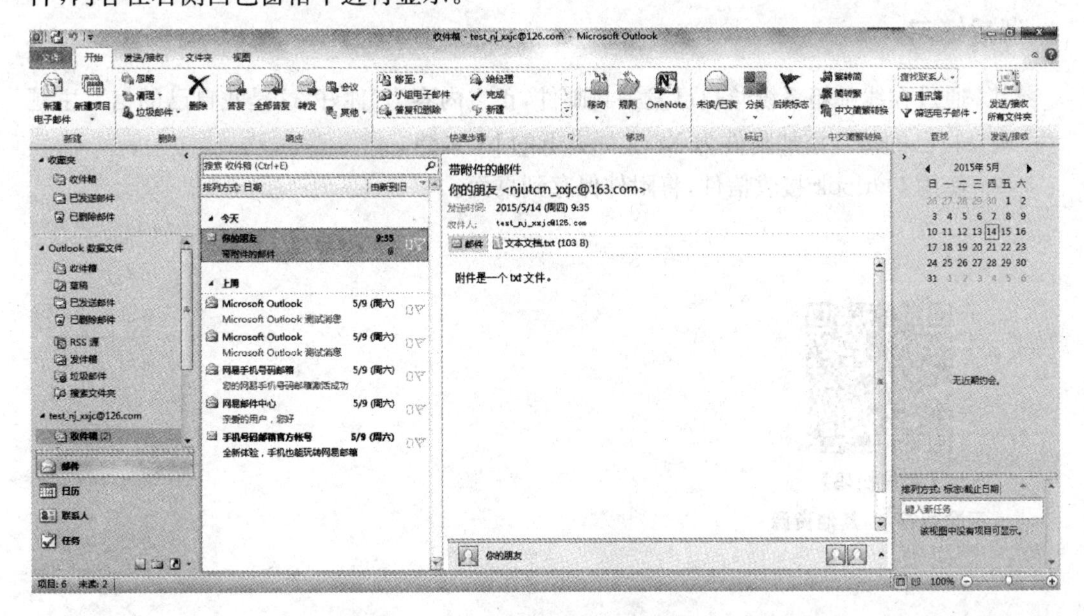

图 3.27　Outlook 收件箱查看信件

带有附件的邮件会在标注信件发送时间的下方有一个别针类似的图标，并且在邮件内容展示的窗口中，出现了两个选项卡，一个显示为邮件图标为邮件，另一个显示为附件名称与附件类型文本文档.txt (103 B)。如果是多个附件，均会依次以选项卡形式排列开来，单击选项卡可以进行切换。

附件可以在内容展示窗格中点击“预览文件”，或者单击在功能区出现的“附件工具”功能选项卡，在“动作”功能组中选择“打开”直接浏览，或者“另存为”保存到本地浏览，如果信件中包含多个附件，也可以选择“保存所有附件”，如图 3.28 所示。

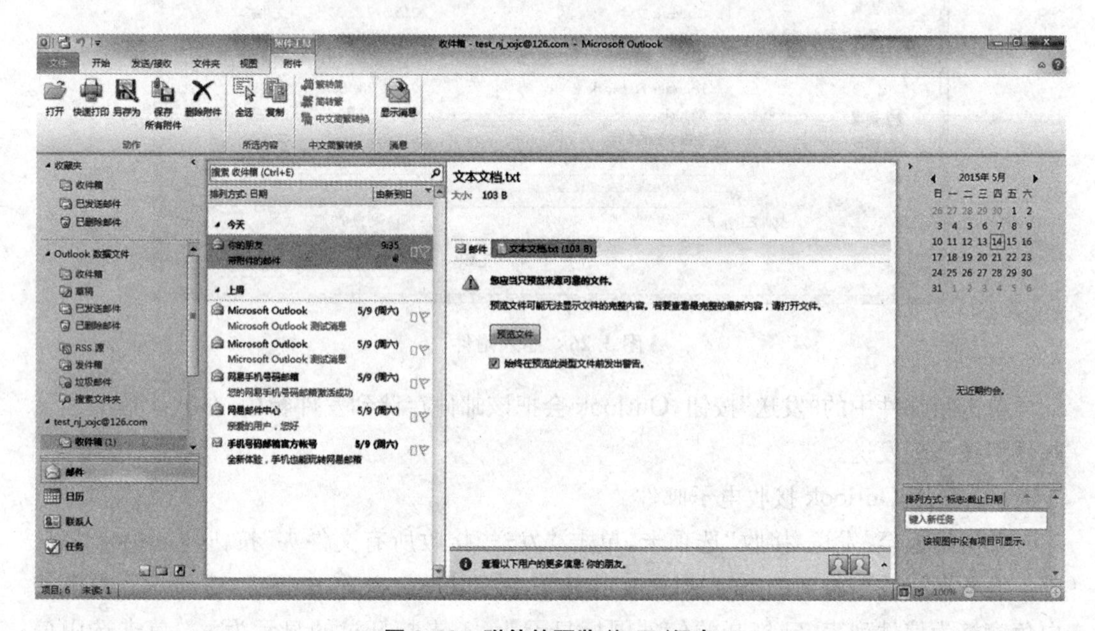

图 3.28 附件的预览/打开/保存

◆ 课后练习

1. 通过在线邮箱系统给自己发一封邮件，正文内容为“你好，这是我自己的信”，主题为“来自自己的信”，添加附件为 X2 文件夹下的 b1 文档。

2. 使用 Outlook 接收信件，将附件保存到桌面。

【微信扫码】
习题解答 & 其他资源

第4章 WORD操作

Word 2010是Microsoft公司开发的Office2010办公组件之一，是目前最常用的文字编辑软件之一，是一种集文字处理、表格处理、图文排版和打印于一体的办公软件。利用Word 2010的文档格式设置工具，可轻松、高效地组织和编写具有专业水准的文档。

实验八 WORD的基本操作

一、实验目的

1. 掌握Word 2010的创建、保存及打开等基本操作方法。
2. 掌握文本与段落的编辑的基本方法。
3. 掌握简单的表格编辑与应用。
4. 掌握艺术字、图片的编辑。
5. 掌握简单的引用功能。

二、实验内容与步骤

1. Word的启动

启动Word有多种方法，常用下列两种方法之一。

(1) 在桌面通过双击Word程序"Microsoft Word 2010"启动。或是在"开始"菜单中单击启动Word。选择"开始"菜单，点击"所有程序"→"Microsoft Office"→"Microsoft Word 2010"命令。如果"开始"菜单左侧的最近使用的程序区中出现Microsoft Word 2010，则可直接选择"Microsoft Word 2010"。

(2) 通过在双击某个Word文档文件启动Word。则系统首先会先启动Word程序，然后载入该Word文档。

2. Word 窗口的组成

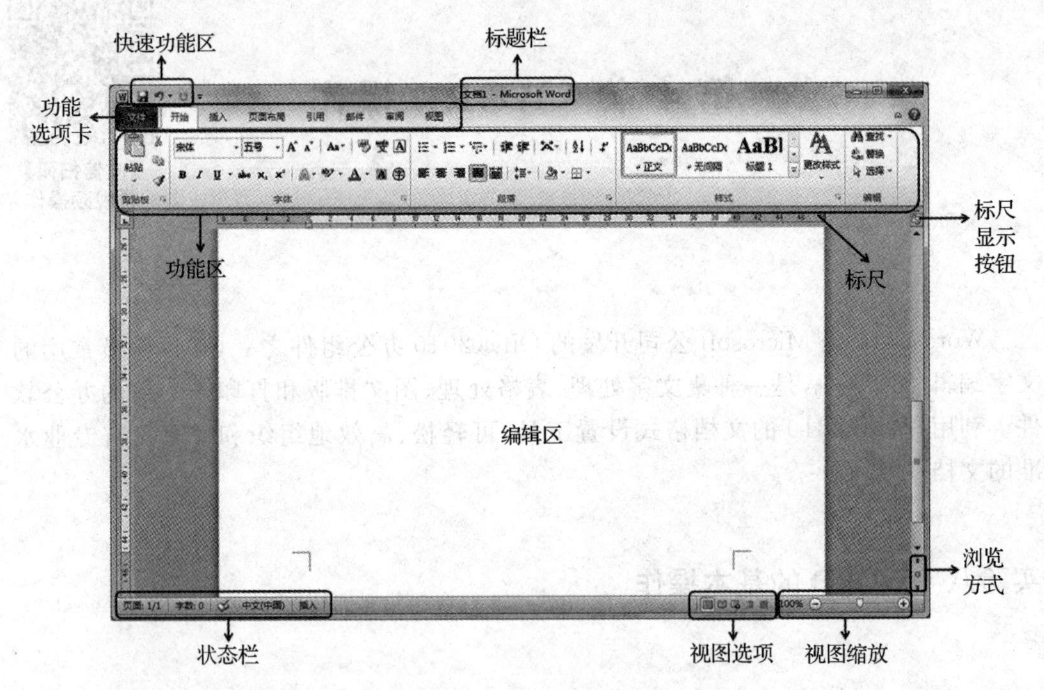

图 4.1　World 程序窗口

启动 Word 程序就会打开 Word 窗口,Word 2010 窗口由下面几部分组成,如图 4.1 所示。

(1) 标题栏

标题栏显示正在编辑的文档的文件名以及所使用的软件名(Microsoft Word)。

(2) 快速访问工具栏

快速访问工具栏是一个可自义的工具栏,它包含一组独立于当前显示功能区上选项卡的命令。常用命令例如"保存"、"撤销"、"恢复"等可以设置于此处,以便于使用。用户也可以根据个人需要添加其他命令,单击右侧的"自定义快速访问工具栏"按钮,在列表中选择要显示的命令;若列表中没有所需命令,可以选择"其他命令"。

(3) 功能选项卡

Word2010 中,所有的操作和功能按照类别进行划分并以选项卡的形式显示。具体有"文件"、"开始"、"插入"、"页面布局"、"引用"、"邮件"、"审阅"和"视图"选项卡,单击选项卡名称可切换到其他选项卡。在选定图片、表格或页眉页脚等特定对象编辑时,选项卡最右侧会出现针对该对象的功能选项卡,例如,图片对象会出现"图片工具——格式"选项卡,表格会出现"表格工具——设计/布局"选项卡,表格工具选项卡如图 4.2 所示。

图 4.2　Word 程序窗口

(4) 功能区

编辑时需要用到的功能命令位于功能区中，每个功能区根据功能的不同又分为若干个组，绝大多数的命令均可在功能区中找到对应的操作按钮或选项，部分高级选项和操作可以在其附近的 ▾ 下拉菜单、或是通过功能组右下角的对话框启动器打开的对话框中实现。具体如图 4.3 所示。

对于功能区所出现的所有命令，用户如果不清楚命令的具体含义，可以将鼠标悬停在命令按钮上一段时间，Office 会自动提示命令的名称与功能。

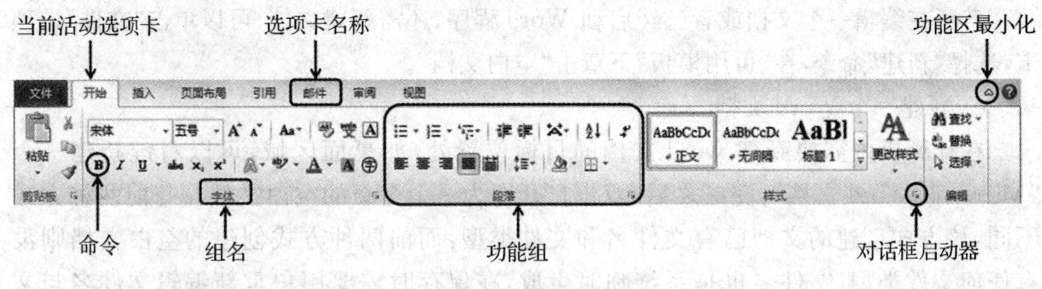

图 4.3　功能区界面

(5) 文档编辑区

窗口中部白色大面积的区域为文档编辑区，用户输入和编辑的文本、表格、图形都在文档编辑区中进行，排版后的结果也在编辑区中显示。文档编辑区中，不断闪烁的竖线“|”是插入点光标，输入的文本将出现在该处。

(6) 状态栏

状态栏显示当前编辑的文档窗口和插入点所在页的信息，以及某些操作的简明提示。

a) 页面：显示插入点所在的页、节及“当前所在页码/当前文档总页数”的分数。

b) 字数：统计的字数。单击可打开“字数统计”对话框。

c) 拼写和语法检查：单击可进行校对。

d) 语言(国家/地区)：注明文本字符所属语言。

e) 插入：日常的编辑状态默认为“插入”，单击可把状态更改为“改写”，改写与插入不同，属于覆盖操作，即将原有的内容替换成新编辑的内容。

(7) 视图选项

状态栏右侧有 5 个视图按钮，它们是改变视图方式的按钮，分别为页面视图、阅读板式视图、Web 版式视图、大纲视图和草稿。

(8) 视图缩放

状态栏右侧有一组显示比例按钮和滑块，可改变编辑区域的显示比例。数字百分比为“缩放级别”(如 120%)，单击可打开“显示比例”对话框。

(9) 浏览方式

Word 提供的浏览方式包括“前一页”、“下一页”和“选择浏览对象”，其中可选择的对象有：按页浏览、按节浏览、按表格浏览、按图形浏览、按标题浏览、按编辑位置浏览、定位、查找等。

3. 文档的创建,打开与保存

(1) 新建文档

创建一篇新的空白文档的方法有多种,可以根据需要来选择,常见的方式有以下三种:

a) 启动Word后自动创建文档

在启动Word后Word会自动新建一个空白文档,并自动命名为“文档1”。

b) 创建空白文档

若正在编辑一个文档或者已经启动Word程序,还需新建文档,可以单击“文件”选项卡,选择“新建”命令,在“可用模板”下双击“空白文档”。

c) 新建一个Word文档

在计算机内需要新建word文档的目标位置处,如桌面区域,可以右键新建一个“Microsoft Word文档”,完成之后,双击打开即为一个全新的空白文档。与前两种方式不同,该方式创建的文档已有文件名和文件类型,而前两种方式创建的空白文档则没有任何文件类型,文件名也是系统临时生成,在保存时需要用户重新编辑文件名与文件类型。

(2) 文档保存

保存文档时,一定要注意文档三要素,即保存的位置、名字、类型。平时要注意养成良好的保存习惯,目前office默认已经设置启用了自动恢复功能,但也应该在处理文件时经常保存该文件,以避免因意外断电或其他问题而丢失数据。

a) 直接保存文档

在“快速访问工具栏”上,单击“保存”按钮,或者按【Ctrl+S】键。直接保存文档会保持原有的文件名、文档格式类型和保存位置,以当前内容代替原来内容,并且当前编辑状态保持不变,可继续编辑文档。

b) 另存为新文档

若要想既保留原始的文档,同时又保存新编辑过后的文档,则可以通过使用“另存为”将当前编辑过的文档保存为一个新文件。

在要另存为新文件的文档中,单击“文件”选项卡,选择“另存为”命令,或是按下【F12】键,显示“另存为”对话框,根据是否显示文件扩展名,对话框会出现不同的状态,具体如图4.4-a、图4.4-b所示。如何显示文件扩展名详见第2章实验四。根据需求选择保存位置,或更改不同的文件名。在“保存类型”列表中,单击要在保存文件时使用的文件格式。

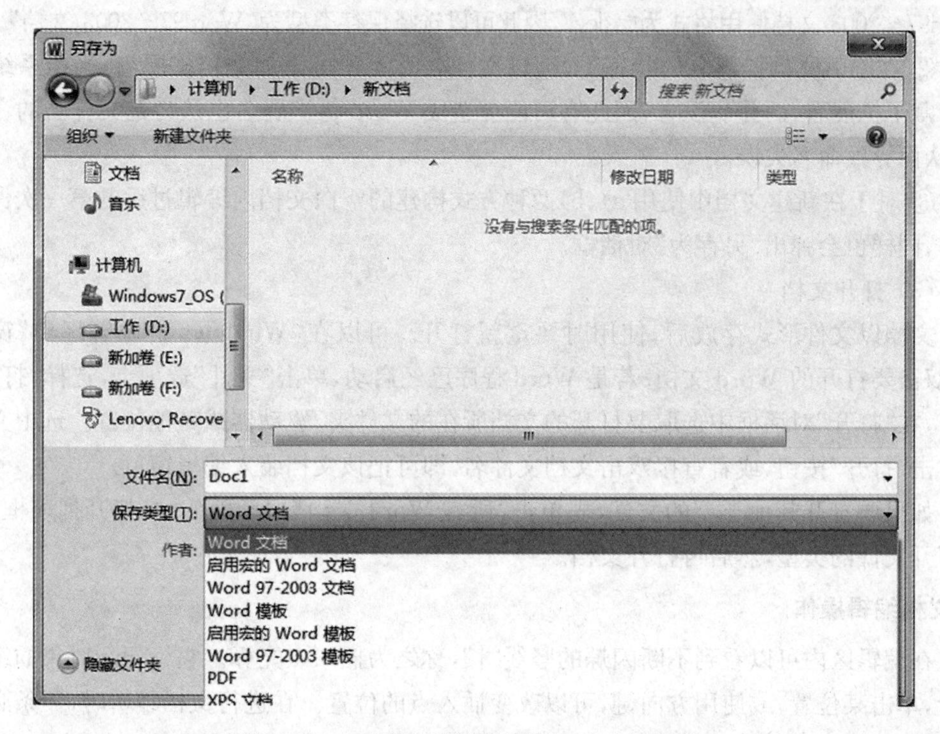

图 4.4 - a　隐藏文档扩展名的“另存为”对话框

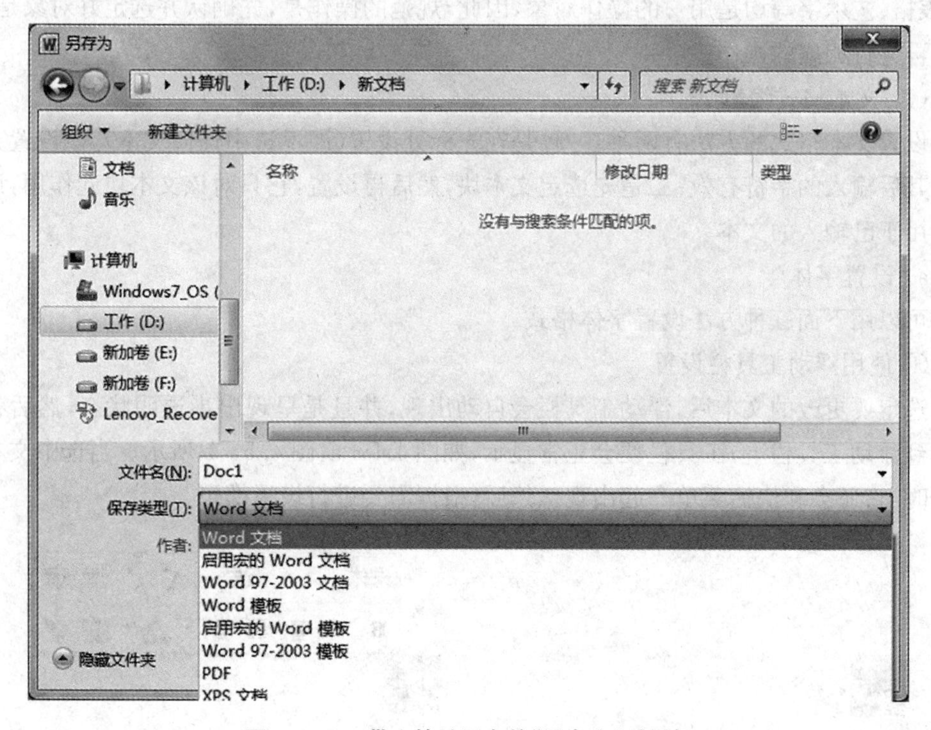

图 4.4 - b　带文档扩展名的“另存为”对话框

另存为时的注意事项：

① Word2010 默认保存的文档格式即“Word 文档”，其文件扩展名为“. docx”，早期的

Word97－2003 文档使用格式为“. doc”,因此可以选择保存类型为“Word97－2003 文档”。

② 在隐藏文档扩展名的状态下,编辑文件名时无须再添加文档扩展名,当前系统只是隐藏了扩展名,而并非没有,因此有可能会造成 Word 将扩展名也认为是文件名的一部分,从而导致命名失误。

③ 对于在新建文档中使用 a)、b)两种方式构建的空白文档内编辑过后的第一次保存操作,同样也会弹出“另存为”对话框。

(3) 打开文档

文档以文件形式存放后,使用时要重新打开。可以在“Windows 资源管理器”窗口中,双击要打开的 Word 文档;若是 Word 程序已经启动,单击“文件”选项卡,选择“打开”命令,在“打开”对话框中选取要打开的文档所在的文件夹、驱动器或其他位置。选中文档后单击“打开”按钮,或者直接双击文档文件名,即可把该文档装入编辑窗口。

如果要打开其他类型的文件,先单击“所有 Word 文档”框后面的▼,打开列表框,选择打开文件的类型,然后再打开文档。

4. 文档编辑操作

在编辑区内可以看到不断闪烁的竖线“|”,称之为插入点光标。它标记新对象的编辑位置,单击某位置,或使用方向键,可以改变插入点的位置。在进行文档编辑时,一条必须遵从的原则是:先选中,再操作。每次操作都是针对一个对象,例如文字、段落、页面、图片、表格、艺术字等均是用户的操作对象,因此,规范的操作是,先确认并选定好对象是谁,然后再进行相应的操作。

(1) 文本格式编辑

设置文本格式的方法有两种:一种是在光标处设置(即不选中任何文本),该设置方式会对其后输入的字符有效;二是先选定文本块,然后再设置,它只对该文本块起作用,该方式应用于已输入的文本。

a) 设置字体

可以用下面三种方法设置字体格式:

① 使用浮动工具栏设置

选定要更改的文本后,浮动工具栏会自动出现,并且是呈现出半透明状态,然后将鼠标移到浮动工具栏上,工具栏便会正常显示,如图 4.5－a,图 4.5－b 所示。当选中文本并右击时,它还会和快捷菜单一起出现。然后,根据需要进行设置即可。

图 4.5－a 半透明浮动工具栏 **图 4.5－b 浮动工具栏正常显示**

② 使用“开始”选项卡中“字体”功能组进行设置

选定要更改的文本后,单击“开始”选项卡的“字体”组中的相应命令按钮,如图 4.6 所

示。常用功能已标出

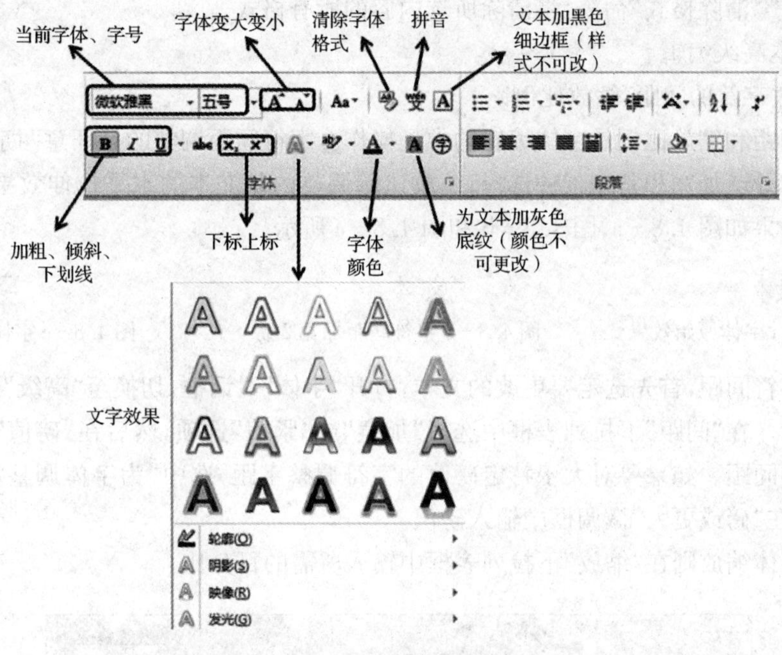

图 4.6　字体功能组

③ 使用“字体”对话框设置

选定要更改的文本有两种方法。方法一：单击“开始”选项卡的“字体”组右下角的对话框启动器按钮；方法二：右键菜单中选择“字体”，均可弹出“字体”对话框，如图 4.7 所示。

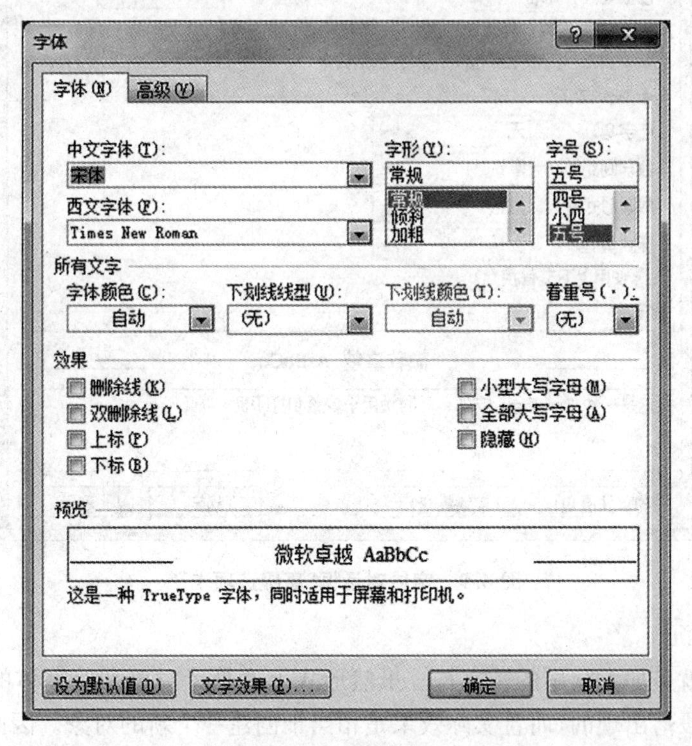

图 4.7　字体对话框

若需要清除文本的所有编辑格式,恢复至默认文本状态,单击“开始”选项卡上的“字体”组中的“清除格式”命令,将清除所选内容的所有格式。

b) 文本高级编辑

① 更改字符的间距(缩放比例)

字符间距和缩放比例是字体编辑的常见操作。字符间距调整的是任意两字符间的间隔距离,有标准、加宽和紧缩三种选择,缩放比例调整的是文本的水平拉伸效果。字符间距与缩放效果如图 4.8-a,图 4.8-b 和图 4.8-c 所示。

文本	文 本	文本
图 4.8-a 字体原始效果	图 4.8-b 字符间距加宽 2 磅	图 4.8-c 字体缩放 200%

调整字符间距,首先选定要更改的文本,打开“字体”对话框,切换至“高级”选项卡,如图 4.9 所示。在“间距”下拉列表框中选择“加宽”或“紧缩”选项,然后在“磅值”微调框中指定所需的间距。如果要对大于特定磅值的字符调整字距,选中“为字体调整字间距”复选框,然后在“磅或更大”微调框中输入磅值。

调整字体缩放则在“缩放”下拉列表框中输入所需的百分比。

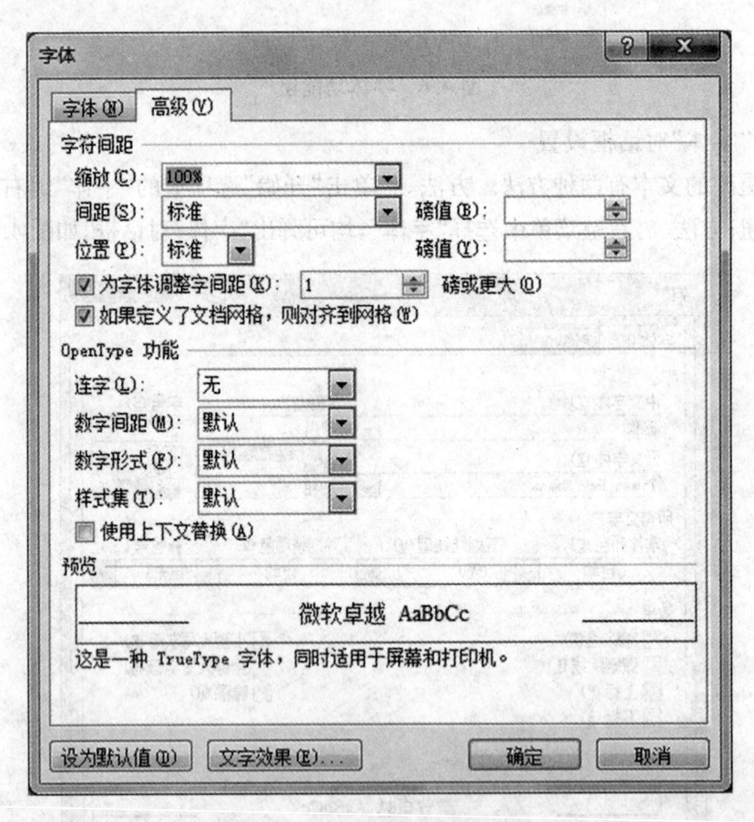

图 4.9 字体对话框“高级选项卡”

② 首字下沉

首字下沉就是加大突出的首字符。虽然形式上看是针对首字符字体的编辑,但首字下沉是相对于段落出现的,而且实际效果是相当于创建一个新的对象。因此,首字下沉的命令位于"插入"选项卡中的"文本"功能组中。

光标置于所需首字下沉段落中即可(无须置于段首或选中首字符),单击"首字下沉"按钮,即出现如图 4.10 所示效果。如需要对首字下沉的细节再做详细设定,可以通过选择"首字下沉选项"打开首字下沉对话框,如图 4.11 所示。

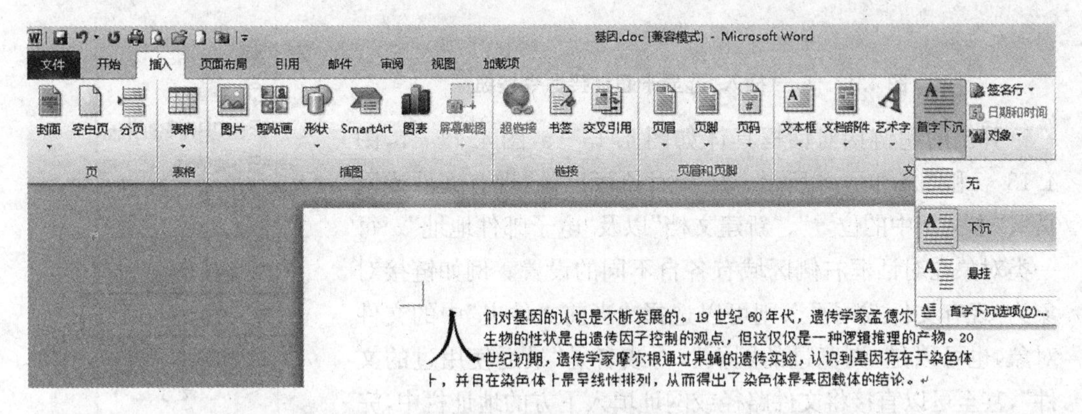

图 4.10　首字下沉示意图

图 4.11　首字下沉对话框

若要取消首字下沉,只需在"首字下沉"列表中选择"无"选项即可。

③ 设置超链接

Word 中的超链接,可以链接到文件、网页、电子邮件地址。虽然也是针对文本的操作,但并不是调整文本的字体格式,而且本质是一种插入动作,因此,超链接命令同样也是位于"插入"选项卡中。

设置超链接有两种方法。方法一:选中要链接的文字内容切换至"插入"选项卡,单击"链接"功能组中的"超链接"按钮;方法二:选中要链接的文字内容直接右键直接弹出"插入超链接"对话框。两种方法如图 4.12 - a,图 4.12 - b 所示。

图 4.12-a “插入”选显卡超链接命令按钮

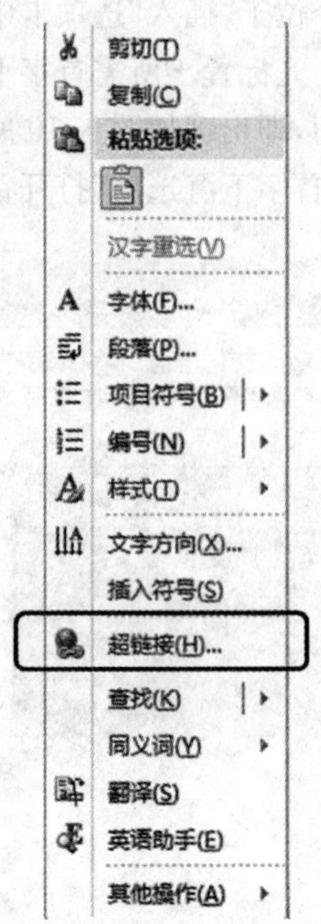

图4.12-b 右键菜单超链接命令

弹出的超链接对话框具体如图 4.13-a,图 4.13-b,图 4.13-c和图 4.13-d 所示。链接对象可以是“现有文件或网页”、“本文档中的位置”、“新建文档”以及“电子邮件地址”。每一类对象在对话框右侧区域有各自不同的设置。例如链接对象为“现有文件或网页”,则可以选择 “当前文件夹”中的文件对象,也可以是“浏览过的网页”,再或者是“最近使用过的文件”,甚至可以直接将文件路径或网址填入下方的地址栏中,完成之后单击“确认”即可。

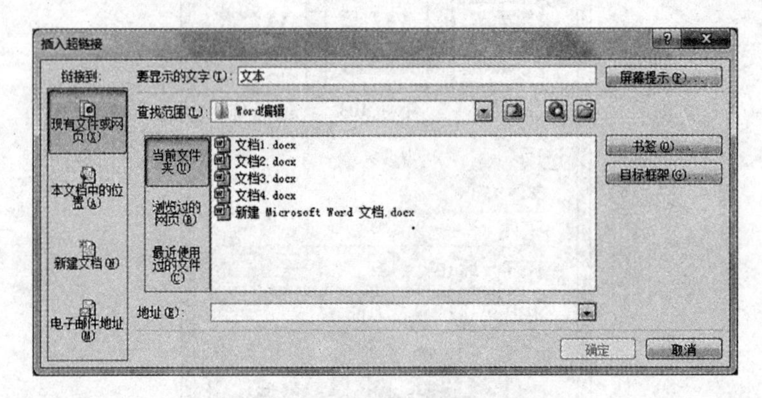

图 4.13a 链接到“现有文件或网页”

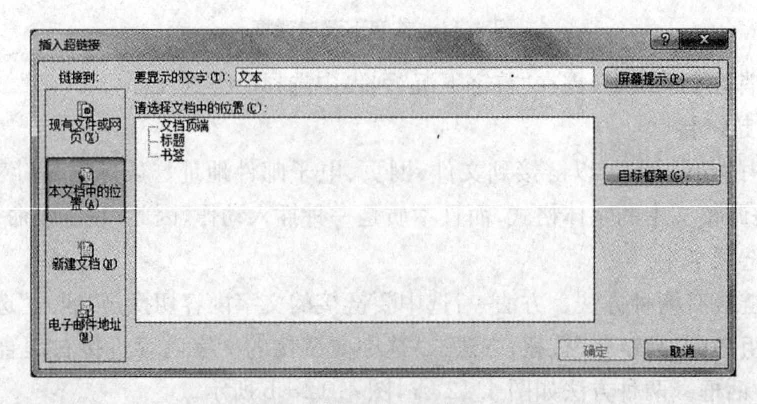

图 4.13b 链接到“本文档中的位置”

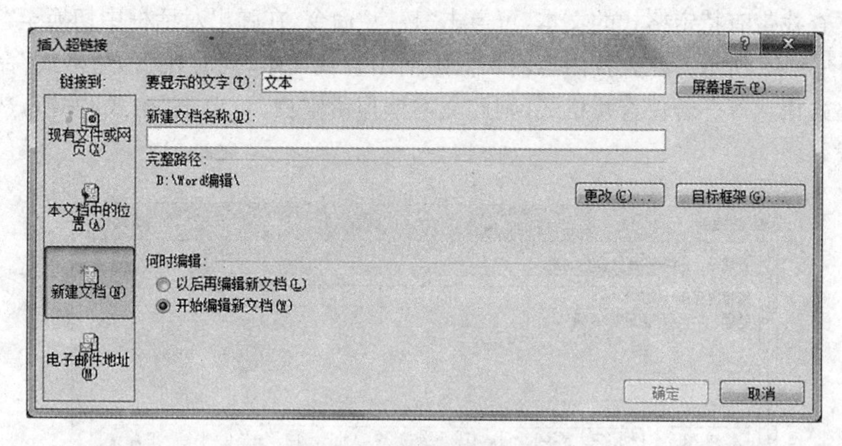

图 4.13c　链接到"新建文档"

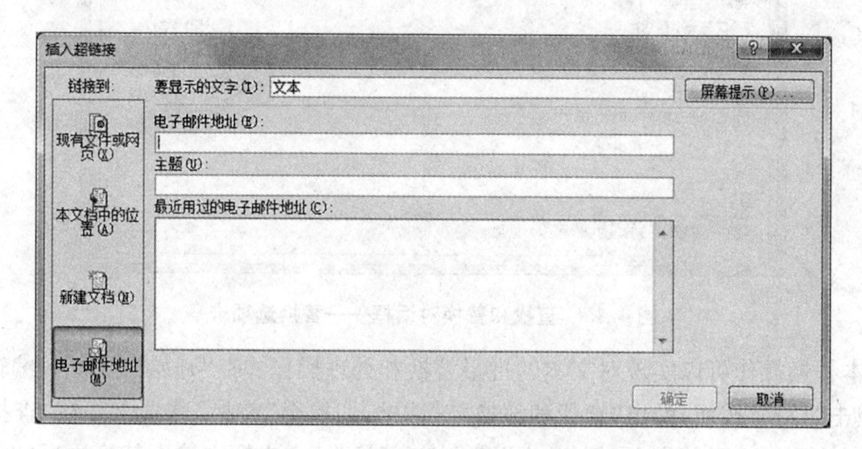

图 4.13d　链接到"电子邮件地址"

④ 文本查找和替换

在"开始"选项卡"编辑"功能组中，单击"查找"按钮，弹出"导航"任务窗格，如图 4.14 所示。在"搜索文档"文本框内输入要查找的文本。

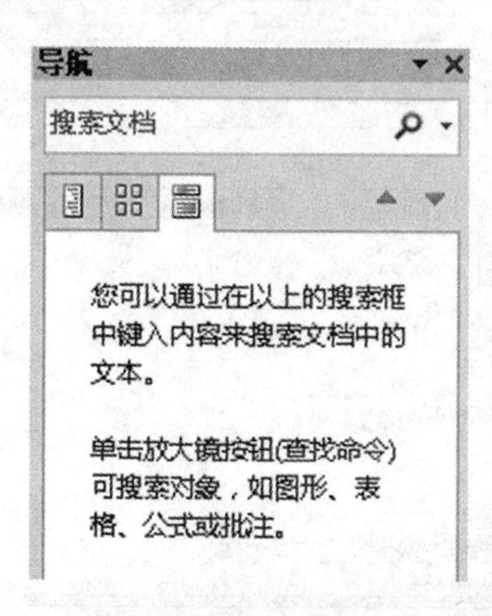

图 4.14　"导航"任务窗格

若要查找带有特定格式的文本,可点击“替换”命令,在弹出对话框中切换至“查找”选项卡,如图4.15所示。在查找内容输入框中输出查找文本,同时在下方“格式”命令中设置字体格式信息等。若仅查找格式,则此文本框保留空白,再单击“格式”按钮,选择要查找的格式。

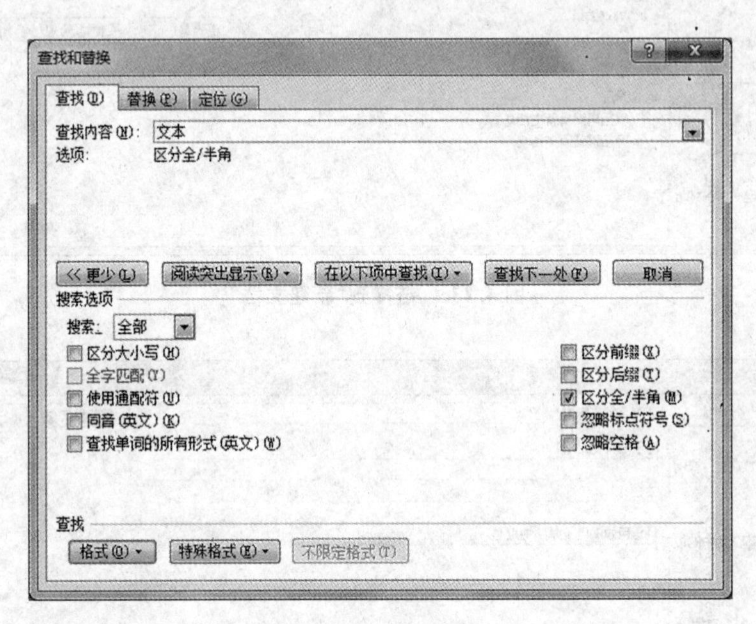

图4.15　查找和替换对话框——替换选项卡

文本替换操作可以实现对文本的批量替换和处理操作。在“开始”选项卡“编辑”功能组中,单击“替换”按钮,弹出“查找和替换”对话框,切换至“替换”选项卡。在“查找内容”文本框中输入要搜索的文本,例如“电脑”。在“替换为”文本框中输入替换之后的文本,例如“计算机”。对话框如图4.16所示。

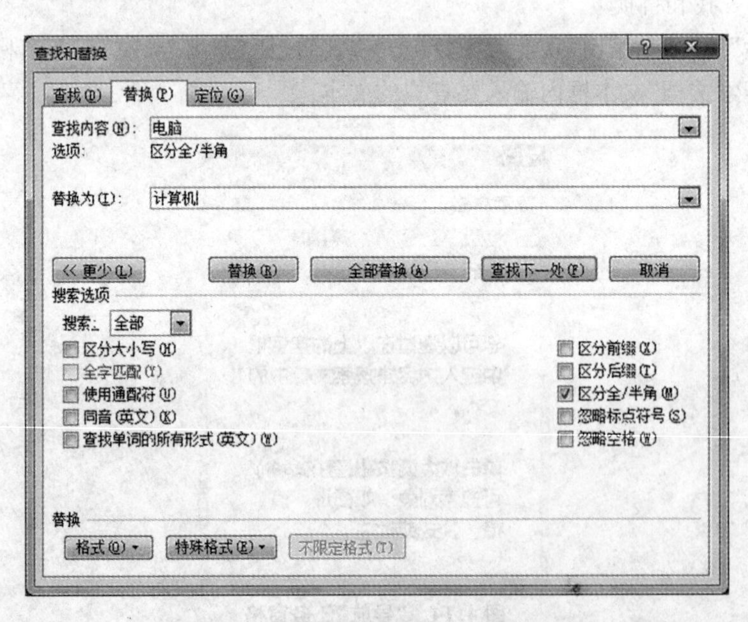

图4.16　查找和替换对话框——替换选项卡

要查找文本的下一次出现位置，单击“查找下一处”按钮。

要替换文本的某一个出现位置，单击“替换”按钮，完成一次替换并且插入点将移至该文本的下一个出现位置。

要替换文本的所有出现位置，单击“全部替换”按钮。

Word 还可以替换字符格式。例如，可以搜索特定的单词或短语并更改字体颜色，或搜索特定的格式(如加粗)并进行更改。首先选定需要替换的文本区域，单击“替换”按钮，打开“查找和替换”对话框的“替换”选项卡。输入查找文本与替换文本，单击“更多”按钮，可看到格式要求。过程见图 4.17 所示。

注意事项，由于查找内容和替换内容均可以设定格式，因此在设定内容格式时需要注意光标所处的输入框。若是设定查找内容的格式，则光标必须处于“查找内容”的输入框中，若是设定替换内容的格式，则光标必须处于“替换为”输入框内。如果不小心设定错误，可以使用下方的“不限定格式”清除。

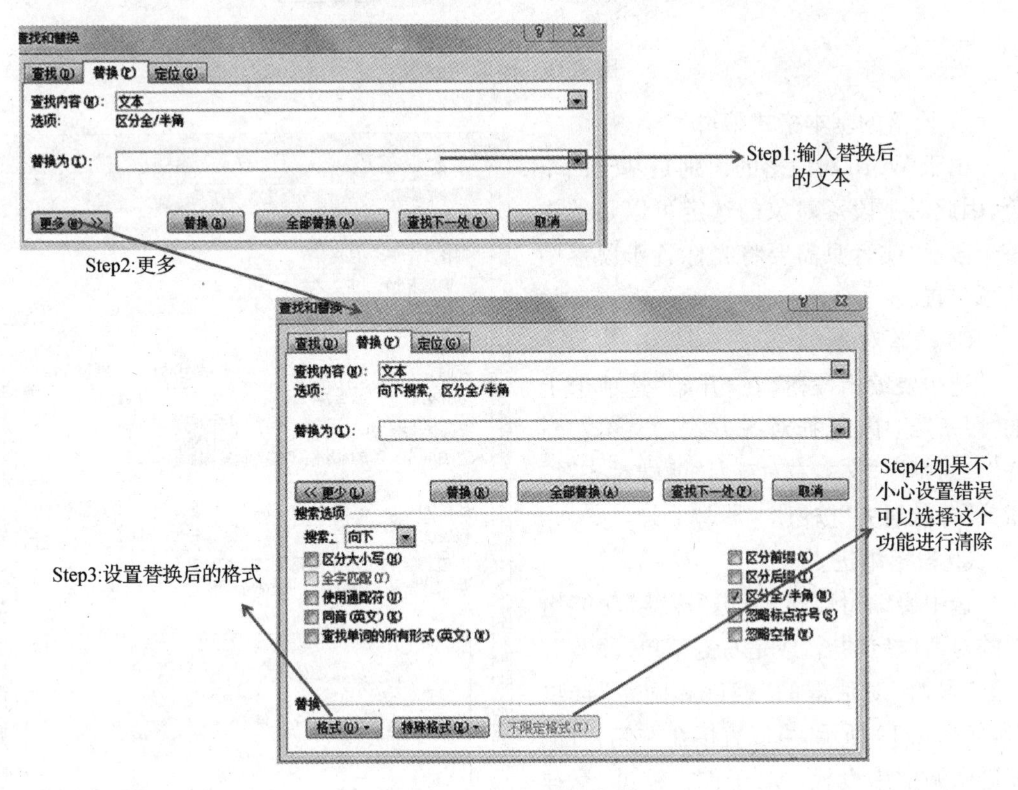

图 4.17　文本替换步骤

(2) 设置段落格式

段落，在汉语词汇中指的是文章的基本单位。内容上具有相对完整的含义，同时具有换行标志。在 Word 内，段落以回车符进行区分，回车符代表段落的结束。没有文本但有回车符的是空段落，也是一种段落。不同的段落可以设置不同的格式。

段落基本格式与常用命令在段落功能组中，如图 4.18 所示。功能组常用功能已标出。特别注意：底纹命令所添加的底纹实际上只能是针对文本添加，而无法对整个段落对象，段落文本与段落对象的底纹区别见下文介绍；框线命令按钮图标会显示最近一次使用的框线功能图标,即随着操作而变化,并不固定。

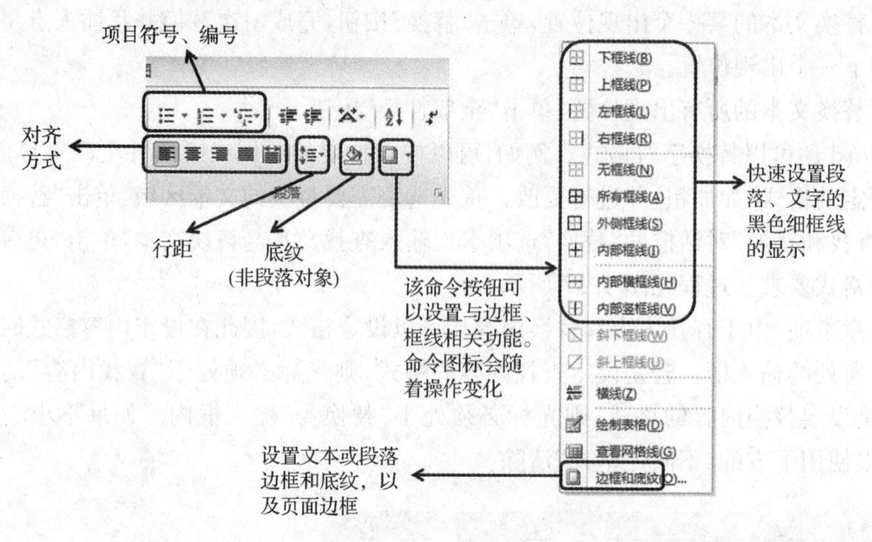

图 4.18　段落功能组

a) 段落的基本格式编辑

由于 Word 对段落的识别是基于回车符,因此对于段落对象的选定可以是选中整个段落,或者只需要将光标置于段落中任意位置。

① 段落对齐

选中要编辑段落,在"开始"选项卡上的"段落"组中,选择对齐方式:"文本左对齐"、"居中"、"文本右对齐"、"两端对齐"按钮或"分散对齐"按钮。

② 段落缩进

选中要编辑段落,单击"段落"功能组中的对话框启动器,或是右键菜单"段落",打开"段落"对话框的"缩进和间距"选项卡,如图 4.19 所示,可以直接在左侧、右侧缩进微调框中设置。对于首行缩进、悬挂缩进则可在特殊格式中进行选择,并设定缩进量。

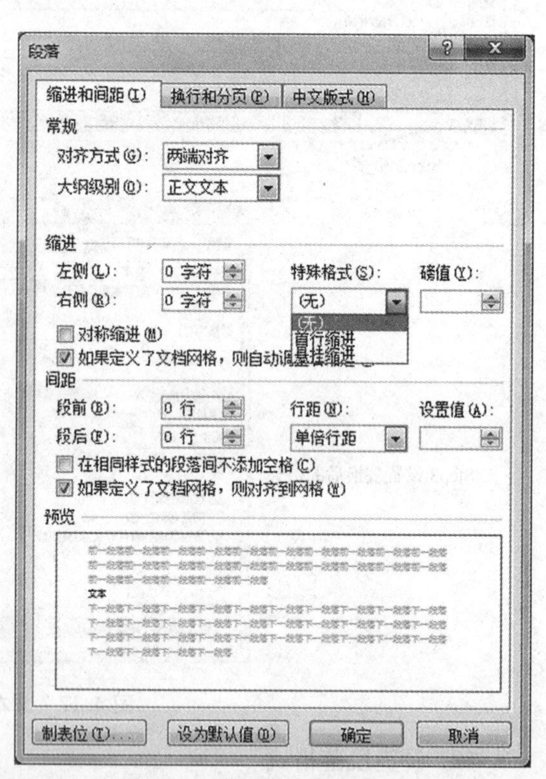

图 4.19　段落对话框"缩进和间距"选项卡

对于中文段落,最常用的段落缩进是首行缩进 2 字符,选择"首行缩进"选项,然后在"磅值"微调框中设置首行的缩进间距量,如输入"2 字符"。

③ 段落行距与间距

行距的设定可以有两种方式,首先选中要编辑段落:

i) 快速设定：在“开始”选项卡上的“段落”功能组中，单击“行距和段落间距”按钮，打开列表，在列表中选择合适的行距；如图 4.20 所示。

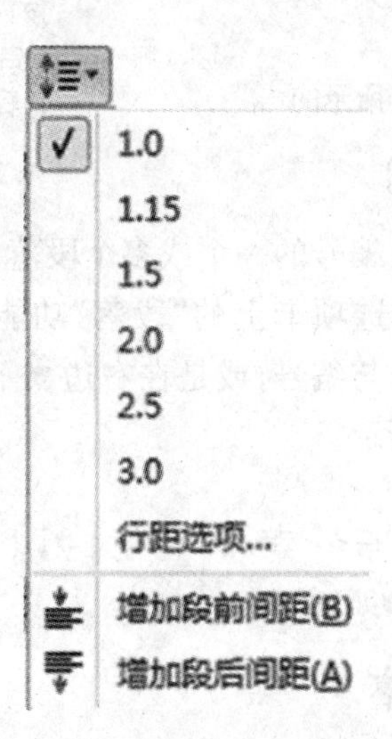

图 4.20　段落功能组“行距”命令按钮

ii) 详细设定：打开段落对话框，在“间距”设定区域设定行距，内置有“单倍行距”、“1.5 倍行距”、“2 倍行距”、“最小值”、“固定值”以及“多倍行距”，如图 4.19。其中“最小值”指的是适应每一行中最大字体或图形所需的最小行距，“固定值”指的是固定行距且 Word 不能自动调整，“多倍行距”指按指定的百分比增大或减少行距。例如，若需要 1.2 倍行距，即可设定为“多倍行距”，然后在设置值输入框内手动输入 1.2 即可。

段前、段后间距同样也有两种方式，首先选中要编辑段落：

i) 快速设定：在“页面布局”选项卡上的“段落”组中，在“间距”选项组中进行设置；如图 4.21 所示。

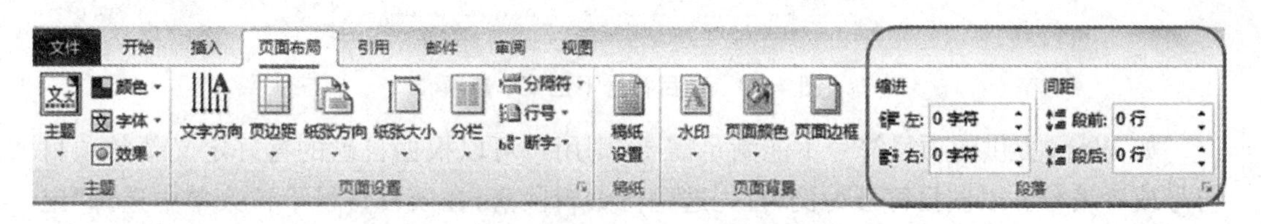

图 4.21　“页面布局”选项卡“段落功能组”

ii) 详细设定：与行距设定一样，在“段落”对话框中“间距”设定区域，如图 4.19 所示。

b) 段落的高级格式编辑

① 添加项目符号列表或编号列表

项目符号与编号是段落文本前的一个标志，可以使文本显示具有排列性，设定后能够自动添加，便于操作。项目符号与编号效果演示如图 4.22 - a、图 4.22 - b 所示。

step1.　打开连接计算机的外部电源
step2.　按下主机上的电源开关，稍
统开始自检。↵
step3.　稍后将出现如图 1-1 所示的

4.22－a　编号示意图

★　打开连接计算机的外部电源开关，再按
★　按下主机上的电源开关，稍候显示器
始自检。↵
★　稍后将出现如图 1-1 所示的引导界面

4.22－b　项目符号示意图

选择要向其添加项目符号或编号的一个或多个段落。不连续的段落可以在选中的同时按下【Ctrl】键实现。在“开始”选项卡上的“段落”功能组中，单击“项目符号”按钮，或“编号”按钮添加默认形式的符号与编号，或是在右边▼下拉菜单中选择项目符号库或编号库中的其他格式，如图 4.23 所示。

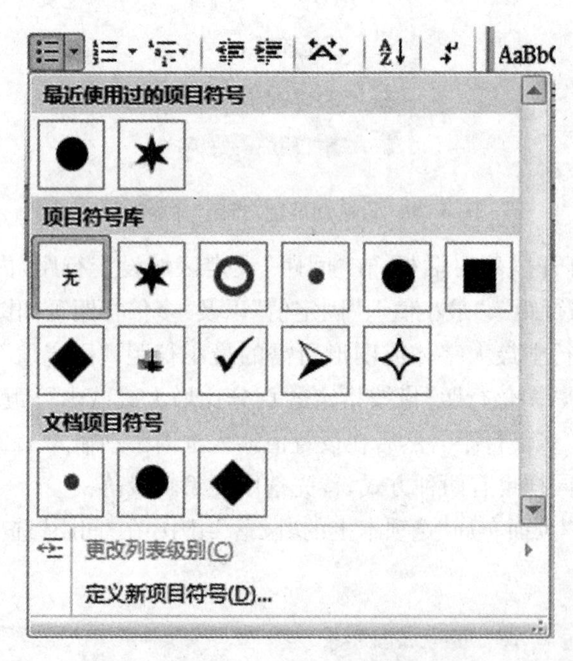

图 4.23　项目符号下拉菜单选项

如 Word 提供的项目符号不能满足需要，则用户可以根据自己的喜好定义新的项目符号或者编号。以项目符号为例，首先选中待编辑段落，在项目符号下拉菜单中选择“定义新项目符号”，用户可以选择使用符号库中任意符号甚至是图片作为项目符号。选定好符号后，还可以在“字体”命令中设定符号的字体格式，也可以设定符号的对齐方式。用户自定义项目符号选项如图 4.24 所示。定义新的编号格式与此完全类似。

再次单击“项目符号”按钮或“编号”按钮即可取消项目符号或编号时，或者在下拉菜单的“编号库”中选择“无”选项，也可以通过“字体”功能组中的“清除格式”命令。

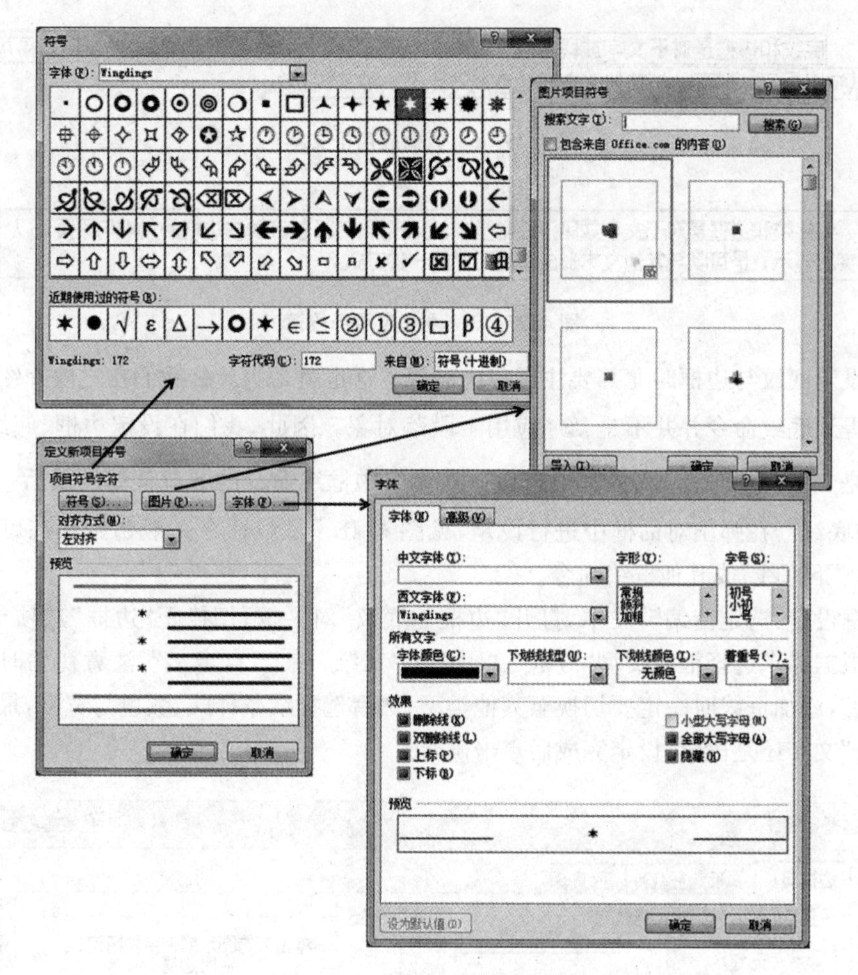

图 4.24　自定义新的项目符号

② 边框与底纹

底纹和边框是对于文字或段落非常基本的编辑操作，添加底纹或边框的文本与段落可以突出显示，是可以与其他文本形成直观对比的一种方式。但是底纹或边框应用于文字和应用于段落的效果是完全不一样的。对比效果如图 4.25－a，图 4.25－b，图 4.25－c，图 4.25－d 所示。

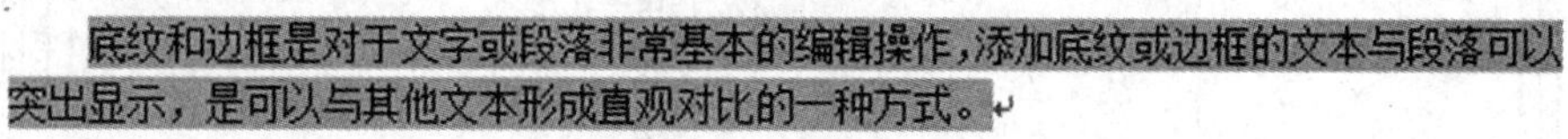

底纹和边框是对于文字或段落非常基本的编辑操作，添加底纹或边框的文本与段落可以突出显示，是可以与其他文本形成直观对比的一种方式。

图 4.25－a　底纹应用于文字

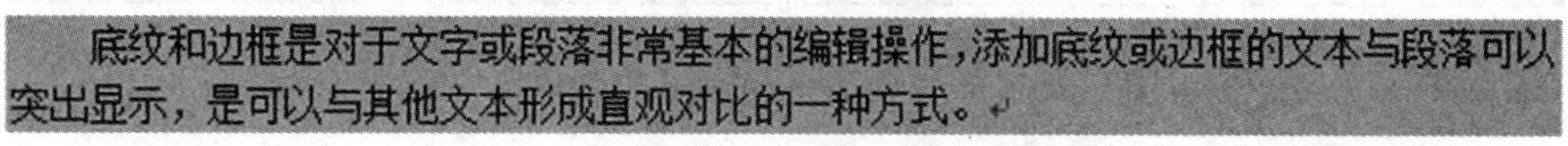

底纹和边框是对于文字或段落非常基本的编辑操作，添加底纹或边框的文本与段落可以突出显示，是可以与其他文本形成直观对比的一种方式。

图 4.25－b　底纹应用于段落

底纹和边框是对于文字或段落非常基本的编辑操作，添加底纹或边框的文本与段落可以突出显示，是可以与其他文本形成直观对比的一种方式。

图 4.25-c 边框应用于文字

底纹和边框是对于文字或段落非常基本的编辑操作，添加底纹或边框的文本与段落可以突出显示，是可以与其他文本形成直观对比的一种方式。

图 4.25-d 边框应用于段落

在设定底纹与边框时尤其要注意应用对象。这也就是为什么我们在之前介绍段落功能组时提到底纹命令并并不是应用于段落对象。因此，我们在设定边框、底纹时，无论对象是文字还是段落，我们都通过段落功能组中框线命令的下拉菜单的最后一项“边框与底纹”，在弹出对话框中进行设定，见图 4.18。框线命令一般初始状态可能会显示为“下框线”或其他框线命令。

边框设定：选定待编辑文本，打开“边框与底纹”对话框，切换至“边框”选项卡，见图 4.26。根据需求选择框线类型“方框”、“阴影”、“三维”或是“自定义”，注意初始时框线类型为“无”，添加框线时一定要切换至其他类型；然后选择线条样式、颜色与宽度，最后选择“应用于”文字还是段落，设定完成后点击确定。

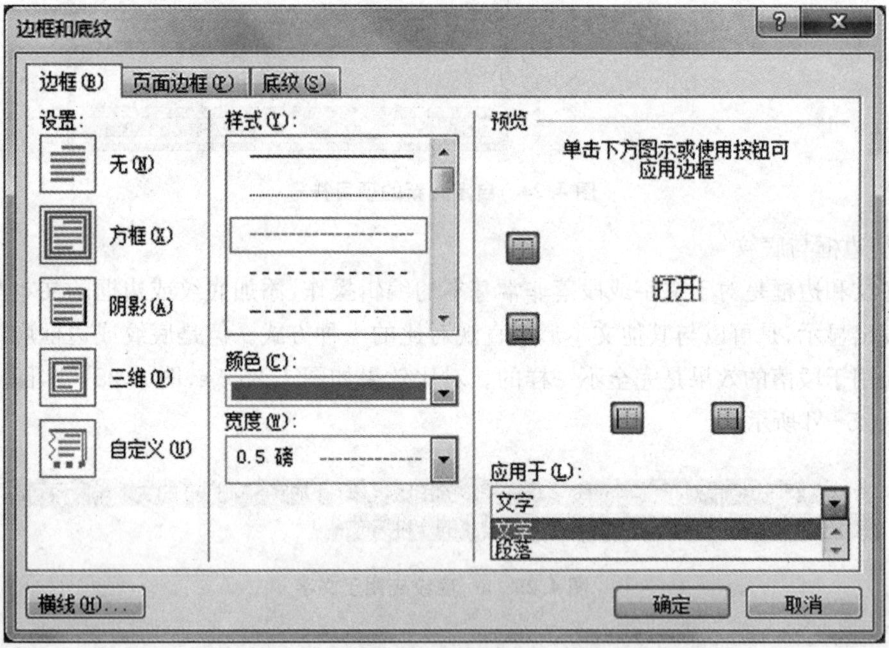

图 4.26 边框和底纹对话框——边框设定

底纹设定：选定待编辑文本，打开“边框与底纹”对话框，切换至“底纹”选项卡，见图 4.27。根据需求选择底纹类型是“填充”还是“图案”，最后选择“应用于”文字还是段落，设定完成后点击确定。

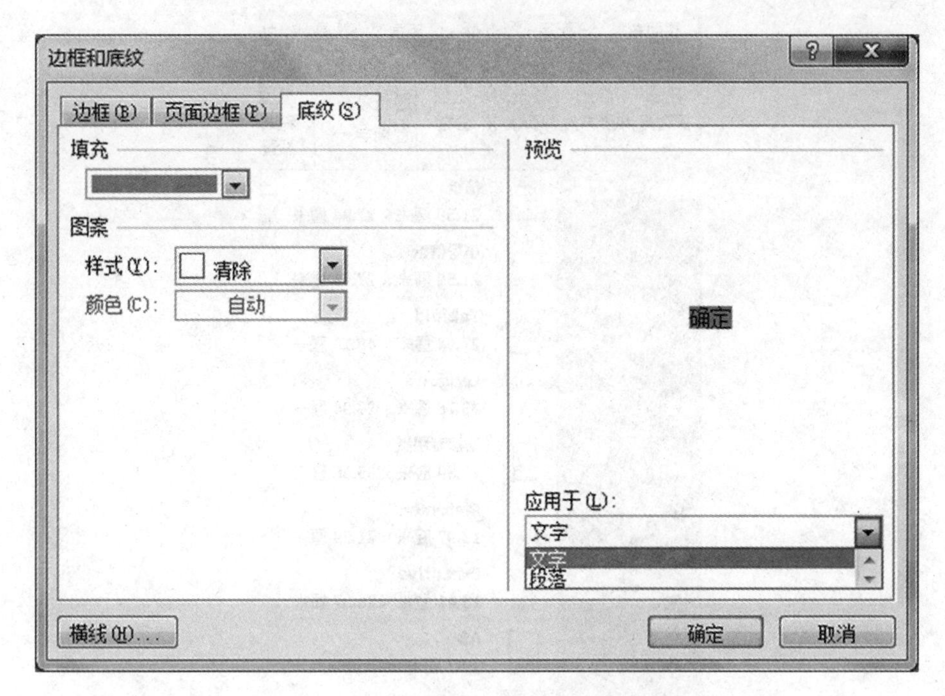

图 4.27　边框和底纹对话框——底纹设定

(3) 页面编辑

a) 页面基本设置

页面基本设置包括文字方向、页边距、纸张方向、纸张大小以及文档网络，操作命令均位于“页面布局”选项卡中，如图 4.28 所示。

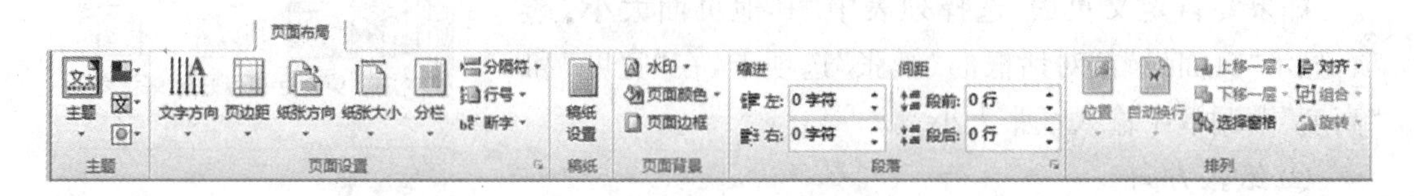

图 4.28　“页面布局”选项卡

① 纸张大小

在“页面设置”功能组中，单击“纸张大小”按钮，如图 4.29 所示。从下拉列表中选择需要的纸张大小(默认为 A4)。

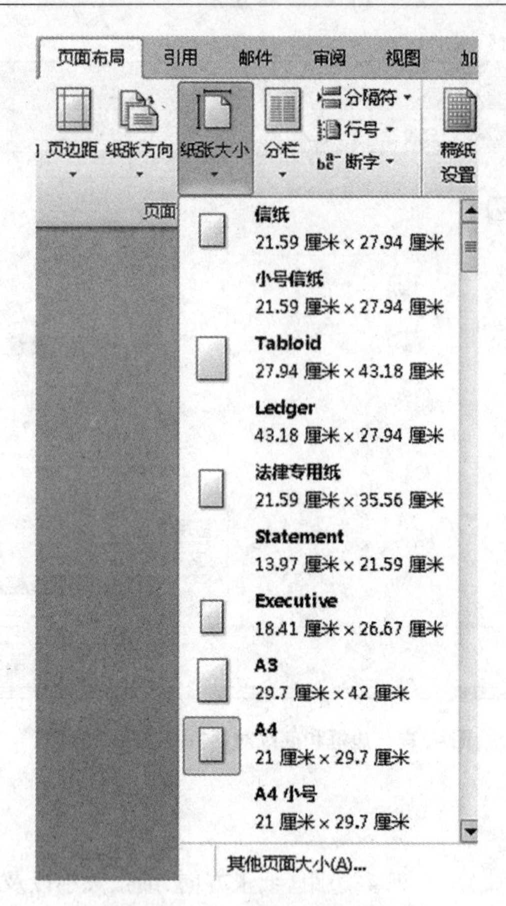

图 4.29 纸张大小选项

如果要自定义页面,选择列表中“其他页面大小”选项,显示“页面设置”对话框的“纸张”选项卡,在“宽度”和“高度”微调框中输入纸张大小。

② 纸张方向

在“页面设置”功能组中,单击“纸张方向”按钮,从下拉列表中选择横向或纵向。

③ 文字方向

该操作可以更改页面中段落、文本框、图形、标注或表格单元格中的文字方向,以使文字可以垂直或水平显示。

选定要更改文字方向的文本,或者单击包含要更改的文本的图形对象或表格单元格。在“页面设置”功能组中,单击“文字方向”按钮,从列表中选择需要的文字方向,如图 4.30 所示。

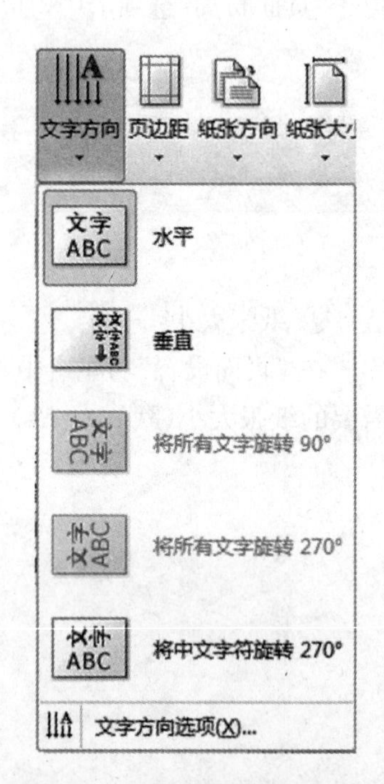

图 4.30 “文字方向”命令选项

④ 设置页边距

在“页面设置”功能组中,单击“页边距”按钮。从下拉列表中选择所需的页边距类型。如果要自定义页边距，从下拉列表中选择“自定义边距”选项，或者点击“页面设置”右下角对话框启动器打开对话框，切换至“页边距”选项卡，如图 4.31 所示。

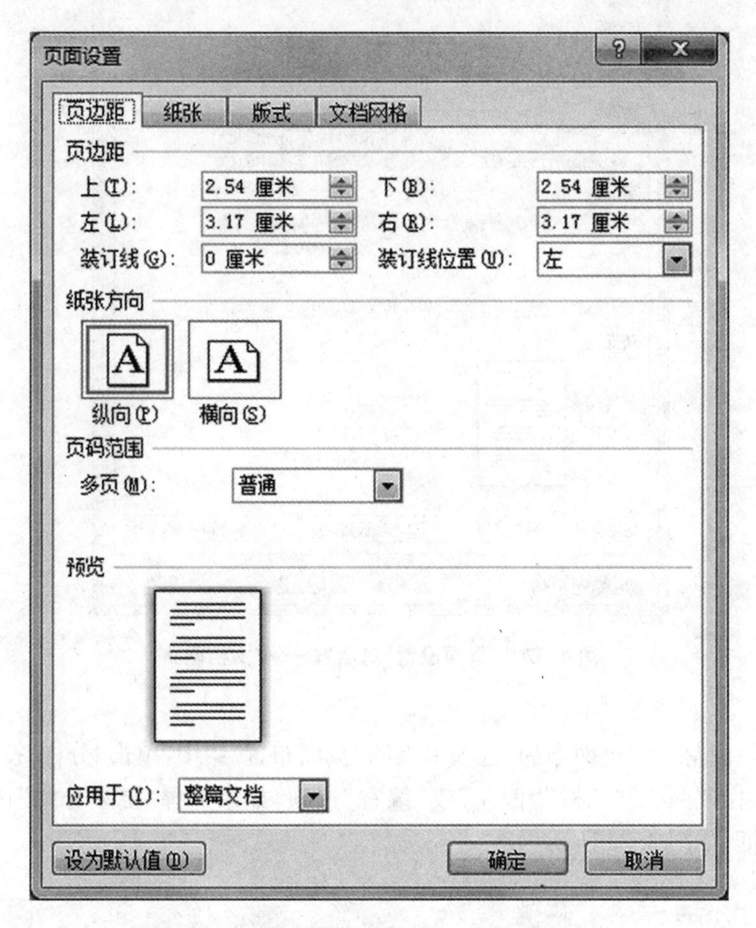

图 4.31　“页面设置”对话框——“页边距”选项卡

在“上”、“下”、“左”、“右”框中，输入新的页边距值。各种选择都可以通过“预览”框查看设置后的效果。

⑤ 每行字数和每页行数(文档网格)

在“页面布局”选项卡上，单击“页面设置”组中的对话框启动器，弹出“页面设置”对话框，然后切换至“文档网格”选项卡，如图 4.32 所示。网格类型有四种(无网格、指定行和字符网格、指定行网格、文字对齐字符网格)。例如需同时调整每行字数与行数，则可以选择指定行和字符网格，然后在下方“字符数”与“行数”区域进行设置即可。

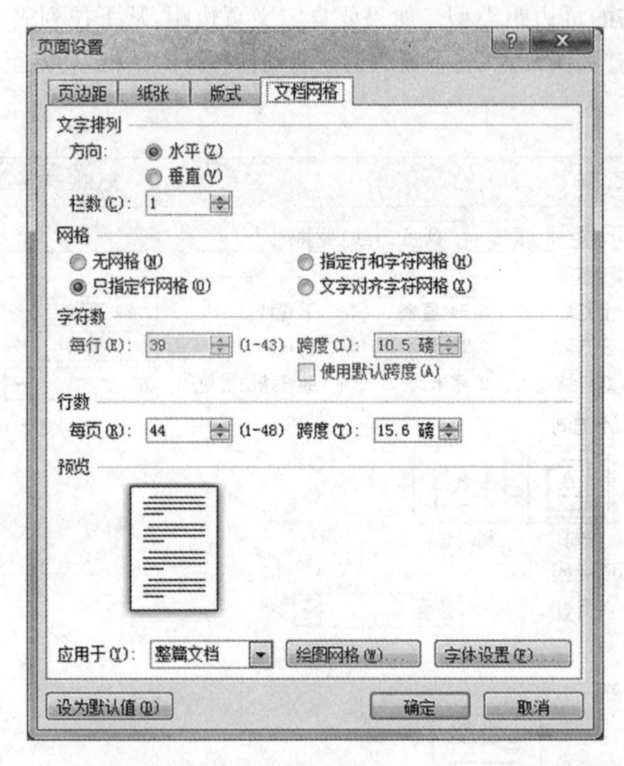

图 4.32　"页面设置"对话框——"文档网络

b) 分栏

选定分栏段落，在"页面布局"选项卡上的"页面布置"组中，单击"分栏"按钮从下拉列表中选择"一栏""两栏""三栏""偏左"或"偏右"选项，如果选择"更多分栏"选项，则弹出"分栏"对话框，如图 4.33 所示。

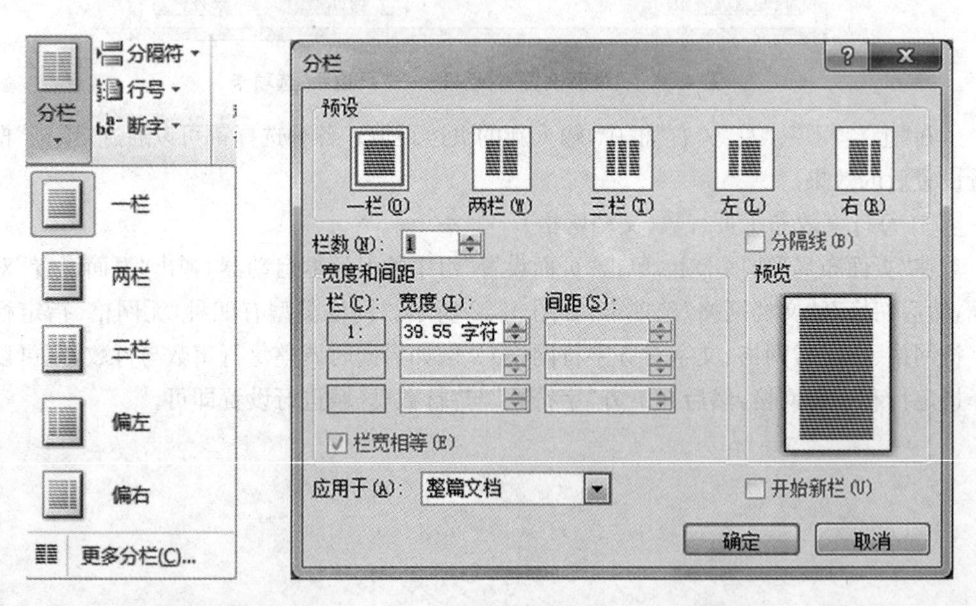

图 4.33－a　分栏下拉菜单　　　　**图 4.33－b　分栏对话框**

在“预设”选项组选定分栏，或者在“栏数”文本框中输入分栏数，在“宽度和间距”选项组中设置“宽度”和“间距”。如果需要各栏之间的分隔线，选中“分隔线”复选框。

需要注意的是，虽然日常分栏操作通常作用于段落，但分栏实质是针对页面对象，因此在分栏的实现会出现一些“意外情况”，尤其是当分栏文本包含最后一个段落时（最后一个回车符所在段落）。简单地说，可以分成四种情况分析。首先是普通段落（非最后一段）的分栏，正常根据上述操作分栏如图 4.34－a 所示，效果正常；第二是单独最后一段分栏，出现的分栏效果如图 4.34－b 所示，分栏出现了内容分布一边偏的情况；第三是多段分栏，且包含最后一段的分栏效果，如图 4.34－c 所示，分栏依然出现了内容分布一边偏的情况；最后是将文本内容不断增加，进行多段分栏后的效果，从图 4.34－d 可以看出，分栏文本逐渐填充整个页面。

在“页面布局”选项卡上，单击“页面设置”组中的对话框启动器，弹出“页面设置”对话框，然后切换至“文档网格”选项卡，如图 4.29 所示。网格类型有四种。例如，若需同时调整每行字数与行数，则可以选择指定行和字符网格，然后在下方“字符数”与“行数”区域进行设置即可。↵

在“页面布局”选项卡上，单击“页面设置”组中的对话框启动器，弹出“页面设置”对话框，然后切换至“文档网格”选项卡，如图 4.29 所示。网格类型有四种。例如，若需同时调整每行字数与行数，则可以选择指定行和字符网格，然后在下方“字符数”与“行数”区域进行设置即可。↵

图 4.34－a　普通段落分栏效果(两栏)

在“页面布局”选项卡上，单击“页面设置”组中的对话框启动器，弹出“页面设置”对话框，然后切换至“文档网格”选项卡，如图 4.29 所示。网格类型有四种。例如，若需同时调整每行字数与行数，则可以选择指定行和字符网格，然后在下方“字符数”与“行数”区域进行设置即可。↵

在“页面布局”选项卡上，单击“页面设置”组中的对话框启动器，弹出“页面设置”对话框，然后切换至“文档网格”选项卡，如图 4.29 所示。网格类型有四种。例如，若需同时调整每行字数与行数，则可以选择指定行和字符网格，然后在下方“字符数”与“行数”区域进行设置即可。↵

图 4.34－b　最后一段落分栏效果(两栏)

在“页面布局”选项卡上，单击“页面设置”组中的对话框启动器，弹出“页面设置”对话框，然后切换至“文档网格”选项卡，如图 4.29 所示。网格类型有四种。例如，若需同时调整每行字数与行数，则可以选择指定行和字符网格，然后在下方“字符数”与“行数”区域进行设置即可。↵

在“页面布局”选项卡上，单击“页面设置”组中的对话框启动器，弹出“页面设置”对话框，然后切换至“文档网格”选项卡，如图 4.29 所示。网格类型有四种。例如，若需同时调整每行字数与行数，则可以选择指定行和字符网格，然后在下方“字符数”与“行数”区域进行设置即可。↵

图 4.34－c　包含最后一段的多段分栏效果(两栏)

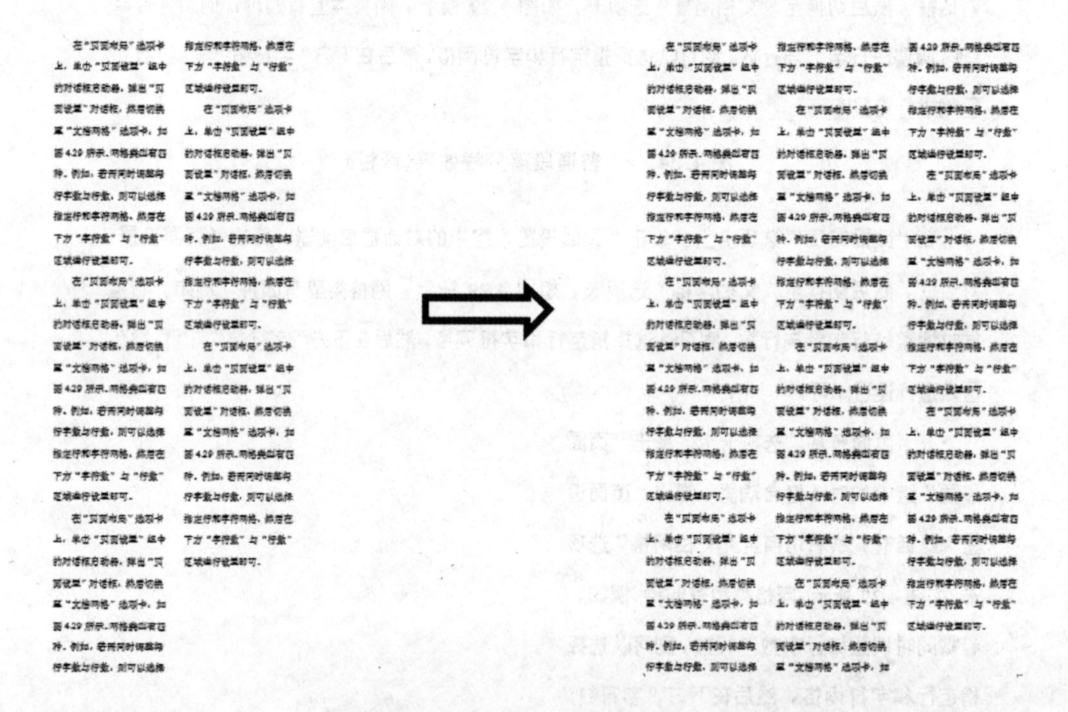

图 4.34－d　分栏内容达到一定数量，包含最后一段的多段分栏效果(三栏)

出现上述原因的结果就是分栏的真正对象是页面而不是段落。对于最后一段引发的问题可以通过一个小技巧解决，在最后一段文本内容选择的时候，把最后一段的回车符排除在外即可。将鼠标往回拖一点即可不选定段末回车符，如图 4.35 所示。

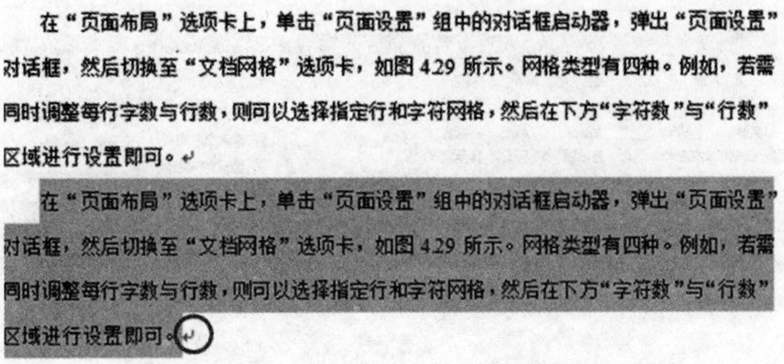

在“页面布局”选项卡上，单击“页面设置”组中的对话框启动器，弹出“页面设置”对话框，然后切换至“文档网格”选项卡，如图 4.29 所示。网格类型有四种。例如，若需同时调整每行字数与行数，则可以选择指定行和字符网格，然后在下方“字符数”与“行数”区域进行设置即可。↵

在“页面布局”选项卡上，单击“页面设置”组中的对话框启动器，弹出“页面设置”对话框，然后切换至“文档网格”选项卡，如图 4.29 所示。网格类型有四种。例如，若需同时调整每行字数与行数，则可以选择指定行和字符网格，然后在下方“字符数”与“行数”区域进行设置即可。↵

图 4.35　最后一段文本不选中回车符

c）页眉与页脚

① 插入页眉或页脚

在“插入”选项卡上的“页眉和页脚”组中，单击“页眉”或“页脚”按钮，从下拉列表中，选择所需的页眉或页脚样式，如图 4.36 所示。将切换到“页眉和页脚”视图，且功能区选新增“页眉和页脚工具”。在“键入文字”处输入文字，页眉或页脚即被插入到文档的每一页中，如图 4.37 所示。编辑完成后点击“关闭页眉和页脚”。

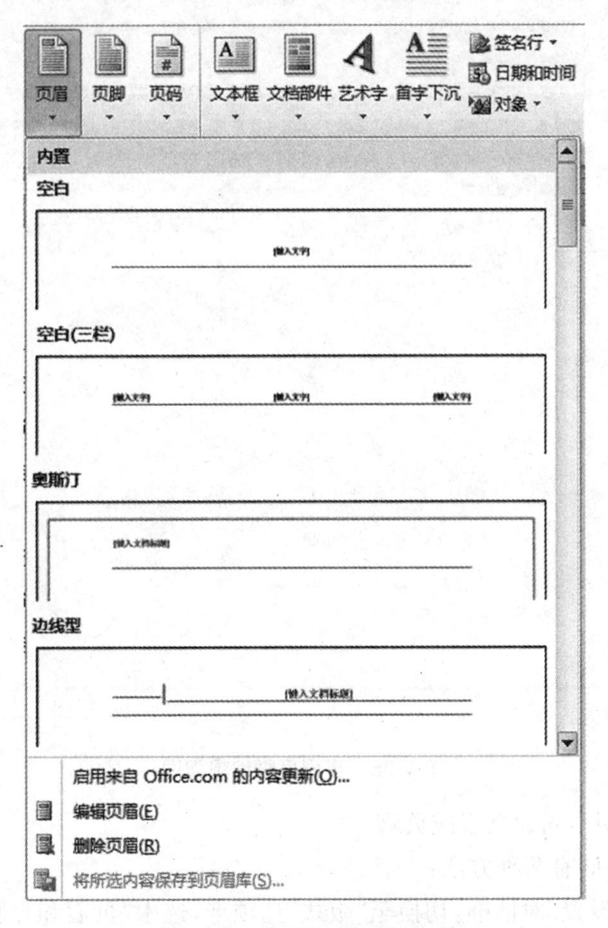

图 4.36　页眉命令下拉菜单

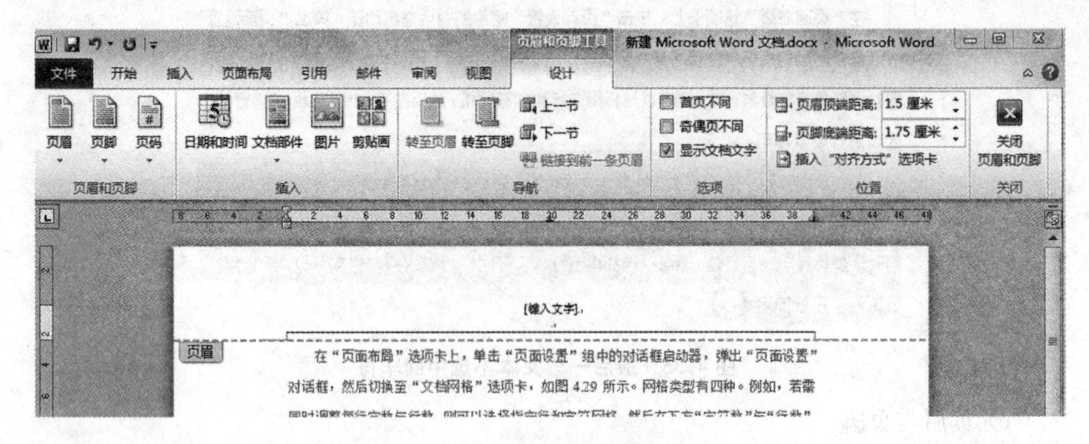

图 4.37　页眉编辑区

注意:页眉、页脚以及页码编辑状态与界面完全相同,如图 4.38 所示。

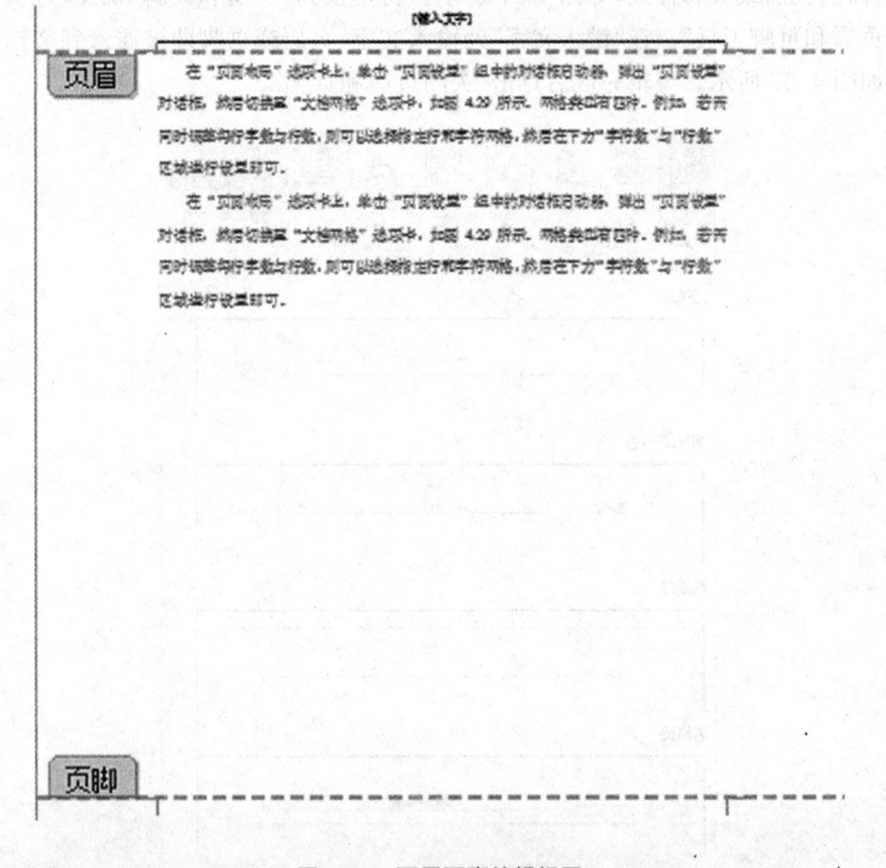

图 4.38　页眉页脚编辑视图

② 奇偶页使用不同的页眉或页脚

设置奇偶页不同有两种方法:

i) 打开"页面设置"对话框,切换至"版式"选项卡,选中"页眉和页脚"选项组中的"奇偶页不同"复选框即可,见图 4.39 所示。

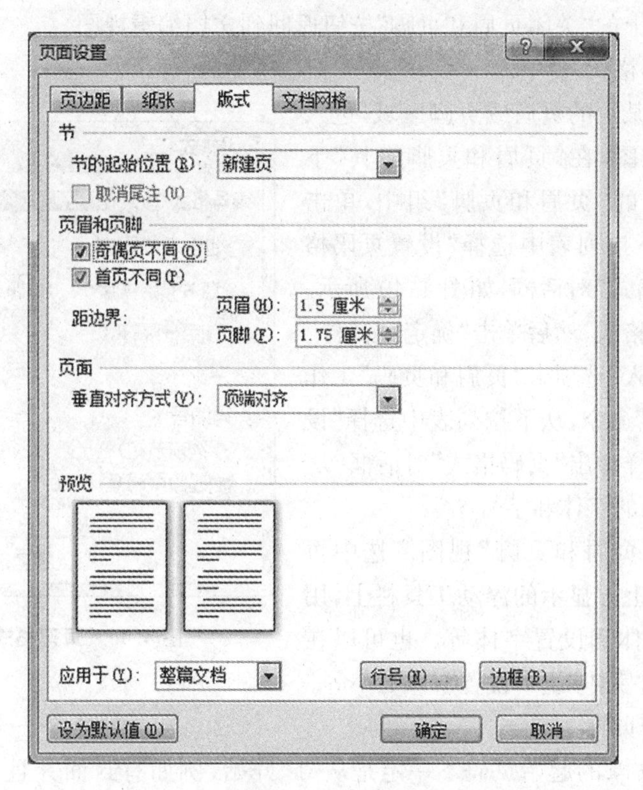

图 4.39　“页面设置”对话框设置奇偶页不同

ii) 进入页眉页脚编辑状态中，在“选项”功能组中，勾选“奇偶页不同”复选框即可，见图 4.37。

③ 更改页眉或页脚的内容

在“插入”选项卡上的“页眉和页脚”组中，单击“页眉”或“页脚”命令，选择“编辑页眉”或“编辑页脚”，如图 4.36 所示。选择文本并进行更改即可。

若想要在页眉页脚视图与文档页面视图间快速切换，只要双击灰色的页眉页脚或灰显的文本即可。

④ 删除页眉或页脚

单击文档中的任何位置。在“插入”选项卡上的“页眉和页脚”组中，单击“页眉”或“页脚”按钮，从下拉列表中选择“删除页眉”或“删除页脚”选项，如图 4.36 所示，页眉或页脚即被从整个文档中删除。

d) 设置页码

① 插入页码

在“插入”选项卡“页眉和页脚”功能组中，单击“页码”按钮，打开下拉列表。根据页码在文档中希望显示的位置选择“页面顶端”、“页面底端”、“页边距”或“当前位置”，然后再选择需要的页码样式。接着进入到“页眉和页脚”视图，插入点在页码编辑区域闪烁，可以输入或修改页码。

若文档已设置了奇偶页不同，则在插入页码时需要注意奇数页与偶数页均要插入页码。

单击选项卡上的“关闭页眉和页脚”按钮返回到文档编辑视图。

② 设置页码格式

双击文档中某页的页眉或页脚区域,进入“页眉和页脚”视图,在“页眉和页脚工具”下“设计”选项卡上的“页眉和页脚”组中,单击“页码”按钮,从下拉列表中选择“设置页码格式”,弹出“页码格式”对话框,如图 4.40 所示。选择合适的编号格式,然后单击“确定”按钮。

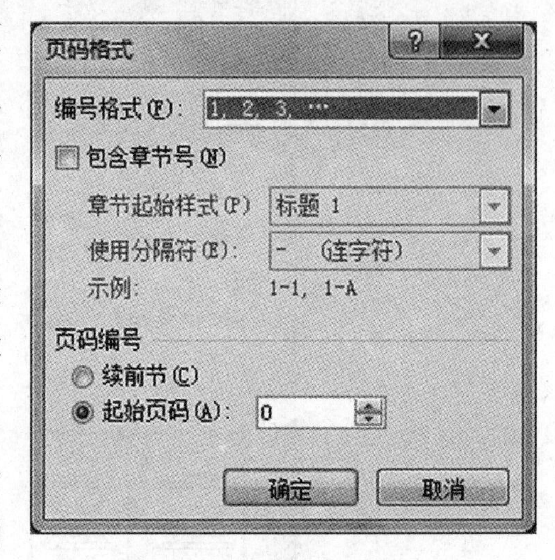

图 4.40 页码格式对话框

或者,在“插入”选项卡“页眉和页码”工作组中,单击“页码”命令,从下拉列表中选择“设置页码格式”,同样弹出“页码格式”对话框。

③ 修改页码的字体和字号

首先,进入“页眉和页脚”视图。选中页码。在所选页码上方显示的浮动工具栏上,用该工具栏更改字体和设置字体等。也可以在“开始”选项卡的“字体”组中设置字体大小等。

④ 设置起始页码

有的时候,文章的起始页码不一定是从“1”开始,例如有封面并且希望文档的第一页编号从“0”开始,此时则需要设置起始页码。进入页眉和页脚视图,打开“页码格式”对话框,在“页码编号”区域选中“起始页码”单选按钮,在其后的文本框中输入设定值即可。

⑤ 删除页码

在“插入”选项卡上的“页眉和页脚”组中,单击“页码”按钮,从下拉列表中选择“删除页码”命令;如果“删除页码”为灰色,则需要在“页眉和页脚”视图中手动删除页码。无论是单击“删除页码”还是手动删除文档中单个页面的页码时,都将自动删除所有页码。

如果文档首页页码不同,或者奇偶页的页眉或页脚不同,就必须从每个不同的页眉或页脚中删除页码。

e) 设置页面边框

页面边框与段落边框底纹添加方式相同,“开始”选项卡中“段落”功能组“边框命令”下拉菜单,打开“边框与底纹”对话框,切换至“页面边框”选项卡;或是“页面布局”选项卡“页面背景”功能组中点击“页面边框”,打开“边框与底纹”对话框,并自动切换至“页面边框”选项卡。

(4) 图形对象:图片、形状、文本框以及艺术字

a) 图片或剪贴画

① 插入图片或剪贴画

若要插入图片,首先将光标置于文档中要插入图片的位置,在“插入”选项卡中“插图”功能组中,单击“图片”按钮,弹出“插入图片”对话框,如图 4.41 所示。然后找到要插入的

图片并双击图片。此时图片将被插入。

图 4.41　插入图片对话框

若要插入剪贴画,则在“插入”选项卡上的“插图”组中,单击“剪贴画”按钮,会弹出“剪贴画”任务窗格。搜索需要的剪贴画,单击剪贴画将其插入。

图 4.42　“剪贴画”任务窗格

② 选中图片

单击文档中的图片,图片边框会出现8个尺寸控点,表示该图形已被选中,同时将出现"图片工具"选项卡。利用图片的尺寸控点和"图片工具"选项卡,可以设置图片的格式。

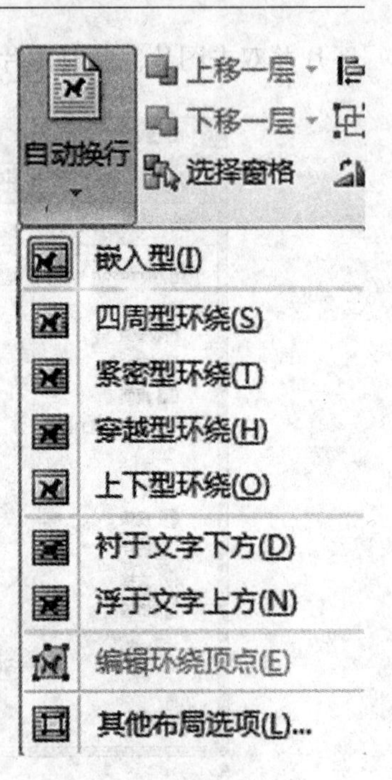

图 4.43　自动换行命令

③ 更改图片的环绕方式

插入的图片一般默认为"嵌入型",若要将改变图片的环绕方式,首先选中图片,然后在"页面布局"选项卡,或是"图片工具"——"格式"选项卡中的"排列"功能组内,单击"自动换行"命令按钮,在下拉列表中选择其他环绕方式,如图4.43所示。

单击"其他布局选项",将弹出"布局"对话框的"文字环绕"选项卡,如图4.44所示。

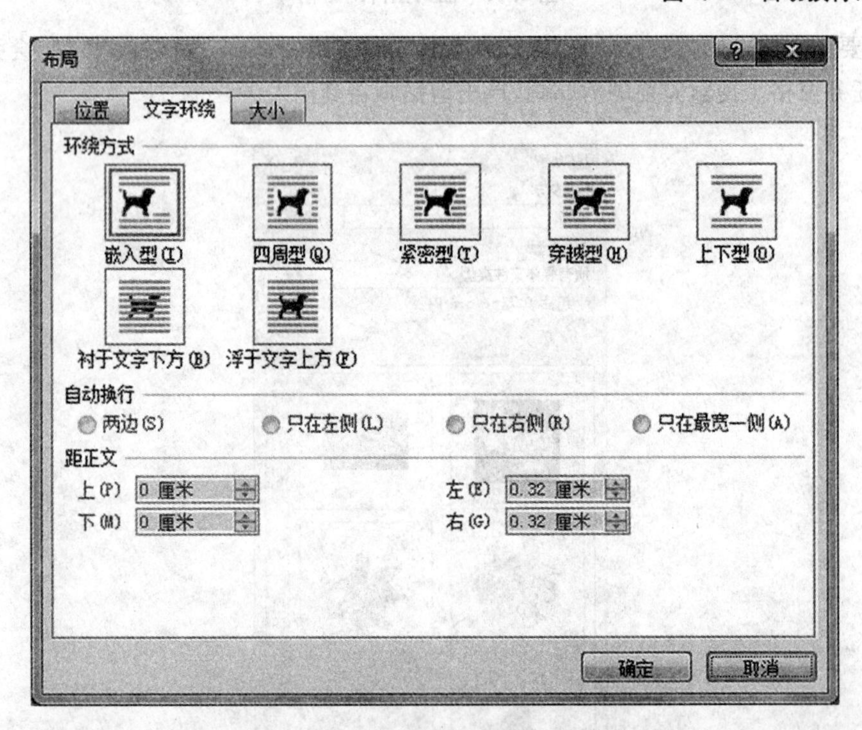

图 4.44　"布局"对话框——"文字环绕"选项卡

注意,后面介绍的形状、文本框以及艺术字其实均属于图片对象的一种,均可以通过以上方式更改图片环绕方式操作。

④ 调整图片大小与位置

图片大小调整有两种方式粗略调整和精确调整。

i）粗略调整

先选中图片，然后将指针置于其中的一个控点上，直至鼠标指针变为双箭头，左键拖动控制点即可。待图片大小合适后，松开左键。

ii）精确调整

先选中图片，然后在"图片工具"下"格式"选项卡 "大小"功能组中，通过"高度"和"宽度"命令调整图片的大小。

或者单击"大小"功能组的对话框启动器，再或者从右键快捷菜单中单击"大小和位置"按钮，将弹出"布局"对话框的"大小"选项卡，如图4.45所示。选择"锁定纵横比"命令可保持图片不变形，"相对原始图片大小"可以设定缩放图片的基准。

单击"重置"按钮则图片复原。

图片位置也在"布局"对话框中进行设定，切换至"位置"选项卡，可以设定图片在文档中的固定位置，如图4.45-a，图4.45-b所示。

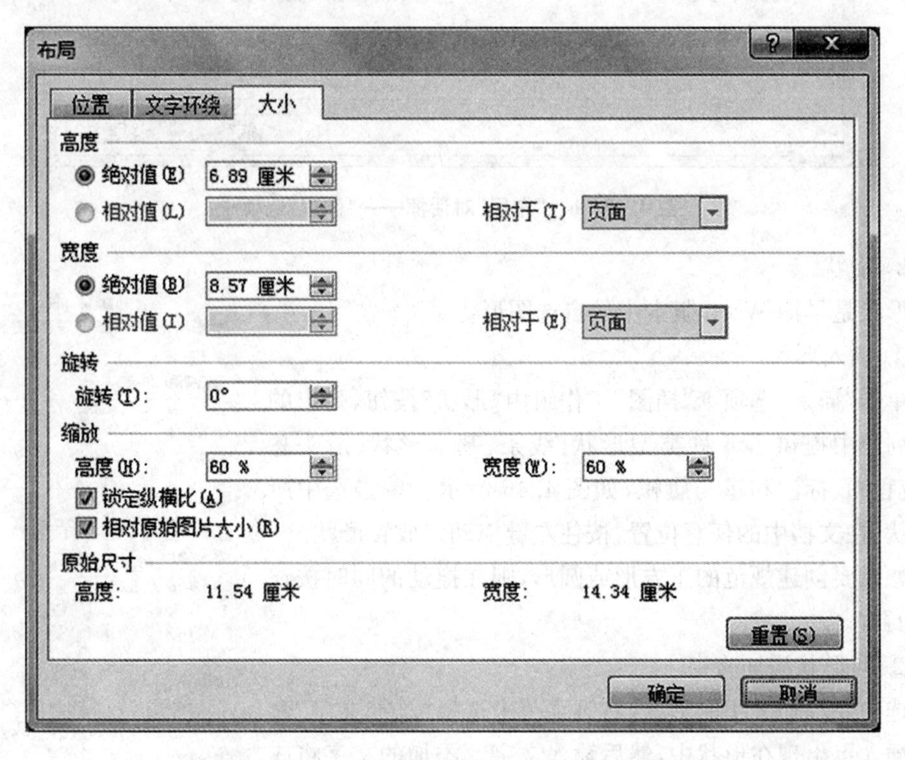

图4.45-a "布局"对话框——"大小"选项卡

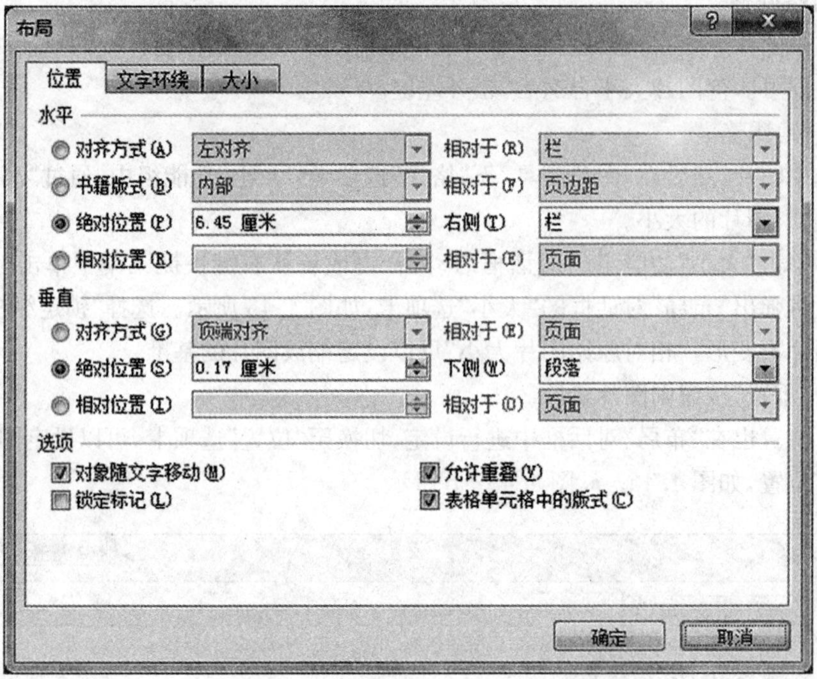

图 4.45 - b “布局”对话框——“位置”选项卡

b）形状

形状是早期 Word 版本中的自选图形。

① 插入形状

单击“插入”选项卡“插图”工作组内“形状”按钮，弹出的形状列表中提供了 6 种类型形状：线条、基本形状、箭头总汇、流程图、标注和星与旗帜，如图 4.46 所示。单击选中所需形状，在文档中的任意位置，按住左键拖动以放置形状。

如果要创建规范的正方形或圆形，则在拖动的同时按住【Shift】键。

② 向形状添加文字

选中要添加文字的形状，右键菜单中选择“添加文字”命令。插入点出现在形状中，然后输入文字。添加的文字将成为形状的一部分。同时，也可以为形状中的文字添加项目符号或列表。右击选定的文字，在弹出的快捷菜单上，选择“项目符号”或“编号”命令。

③ 设置形状线条与填充

选中要添加文字的形状，右键菜单“设置形状格式”，或是在“绘图工具”功能区“格式选项卡”中单击“形状样式”对话框启动器，弹出“设置形状格式”对话框，如图 4.47 所示，在左侧菜单中选择“填充”、“线条颜色”与“线型”进行设置。

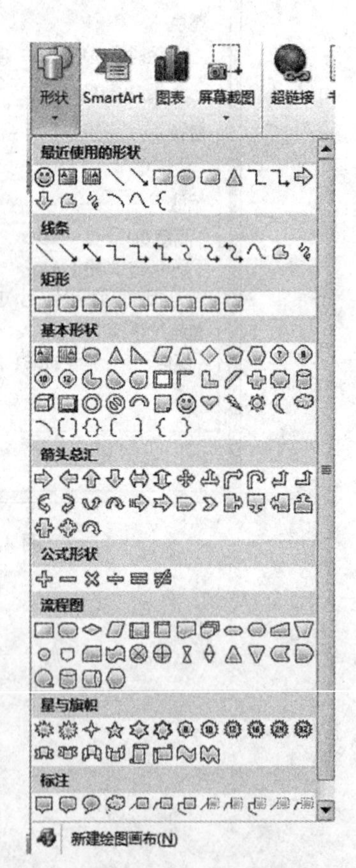

图 4.46 形状下拉菜单

或者在“绘图工具”功能区“格式”选项卡中单击“形状样式”功能组中，设定“形状填充”与“形状轮廓”。“形状轮廓”即调整形状的线条效果。

图 4.47　“设置形状格式”对话框

④ 形状的大小与环绕方式

形状大小与环绕方式设置与图片相同。

⑤ 形状的效果

在“绘图工具”功能区“格式”选项卡中单击“形状样式”功能组中，可以设定“形状效果”，如图 4.48 所示。

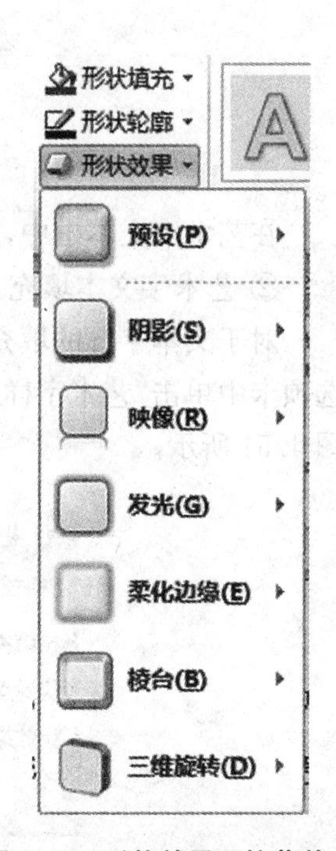

图 4.48　形状效果下拉菜单

c）文本框

① 绘制文本框

在“插入”选项卡上的“文本”组中，单击“文本框”按钮，弹出文本框列表。单击列表下部的“绘制文本框”“绘制竖排文本框”按钮，指针变为：“十”，在文档中需要插入文本框的位置左键拖动所需大小的文本框。文本框是形状的一种，因此也可在形状中选择文本框并绘制。

向文本框中添加文本，则可单击文本框，然后输入文本。若要设置文本框中文本的格式，请选择文本，然后使用“开始”选项卡上“字体”功能组中的格式设置选项。

② 更改文本框的边框与填充

操作方法与形状相同。

d) 艺术字

① 插入艺术字

在文档中要插入艺术字的位置单击。在“插入”选项卡上的“文本”功能组中,单击“艺术字”按钮,从弹出的下拉列表中单击任一艺术字样式,如图 4.49 所示,然后出现艺术字编辑文本框,如图 4.50 所示。

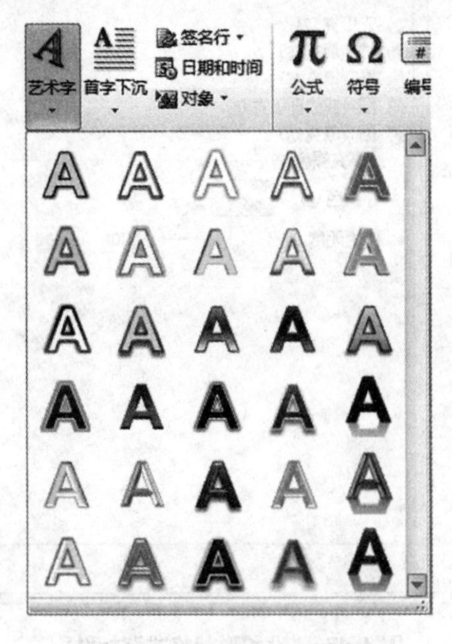

图 4.49 艺术字命令下拉菜单

请在此放置您的文字

图 4.50 艺术字文本框

在艺术字文本框中,用户可以编辑文本,并重新设置字体格式等。

② 艺术字文本填充、文本线条以及外观效果设置

对于文本字符的填充效果以及线条设置和外观效果可以在“绘图工具”功能区“格式”选项卡中单击“艺术字样式”功能组中,设定“文本填充”、“文本轮廓”以及“文本效果”,如图 4.51 所示。

图 4.51 艺术字样式功能组

艺术字设定以上三种操作之后的效果显示，如图 4.52－a，图 4.52－b，图 4.52－c 和图 4.52－d 所示。

请在此放置您的文字　　请在此放置您的文字

图 4.52－a　艺术字默认效果 　　**图 4.52－b　艺术字“文本填充”效果**

请在此放置您的文字　　请在此放置您的文字

图 4.52－c　艺术字“文本轮廓”效果 　　**图 4.52－d　艺术字倒 V 形转换“文本效果”**

③ 艺术字文本框效果设置以及环绕方式

不同于艺术字文本样式设置，文本框效果设定如图 4.53 所示。

请在此放置您的文字

图 4.53　艺术字文本框设置填充与线条样式效果

艺术字属于文本框，因此文本框效果设定方式与普通文本框相同，详见前文。同时艺术字也属于图片，因此环绕方式等操作与图片相同。

(5) 表格

a) 插入表格

在“插入”选项卡的“表格”组中，单击“表格”按钮，按住利用鼠标在网格上选择需要的行数和列数(无须点击，只需在网格上方划过)，确定行列数后左键单击，表格被插入，如图 4.54 所示。

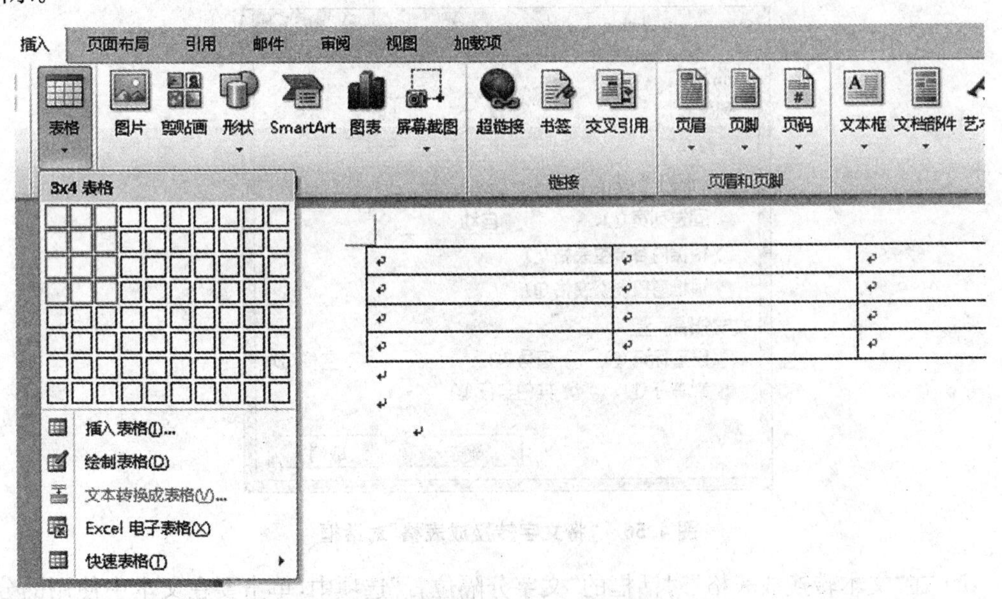

图 4.54　鼠标选定行列数插入表格

或者可以使用对话框插入表格。在“插入”选项卡上的“表格”组中,单击“表格”按钮,从下拉菜单中选择“插入表格”命令,弹出“插入表格”对话框,在“表格尺寸”下,输入列数和行数。在“自动调整”操作下,调整表格尺寸。单击“确定”按钮,完成操作,如图4.55所示。

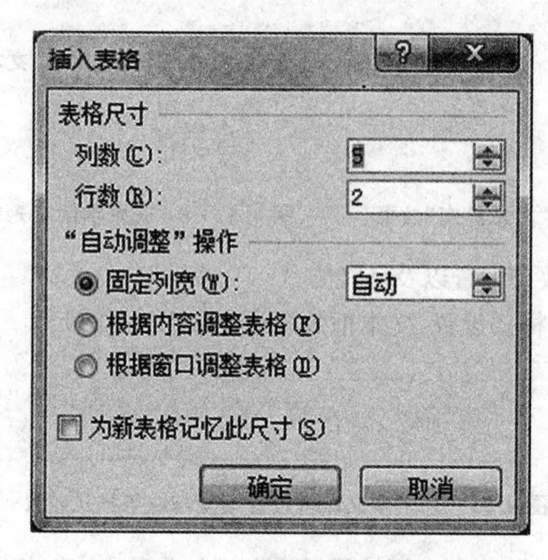

图4.55 “插入表格”对话框

又或者可以通过绘制表格命令手动绘制。

b) 文本和表格相互转换

① 将文本转换成表格

i) 选定要转换的文本。在“插入”选项卡的“表格”组中,单击“表格”按钮,在下拉列表中单击“文本转换成表格”按钮,弹出“将文字转换成表格”对话框,如图4.56所示。

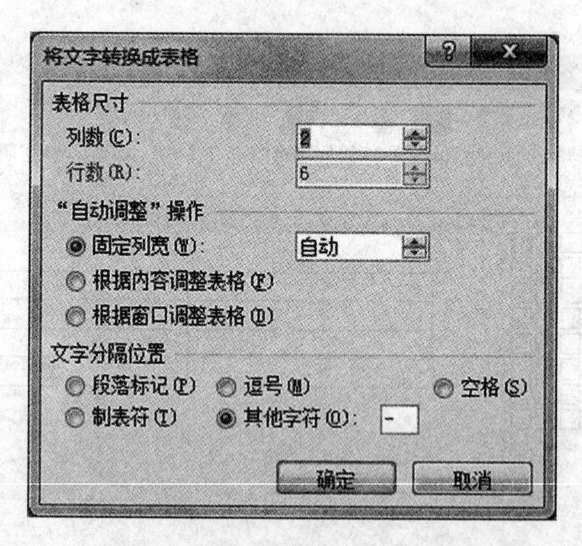

图4.56 “将文字转换成表格”对话框

ii) 在“文本转换成表格”对话框的“文字分隔位置”选项中,单击要在文本中使用的分隔符的选项。

iii）在“列数”框中选择列数。如果未显示设置的列数，则可能是文本中的一行或多行缺少分隔符。选择需要的任何其他选项，单击“确定”按钮。

② 将表格转换成文本

选择要转换成段落的行或表格。在“表格工具”中“布局”选项卡“数据”组内，或者在“插入”选项卡“表格”功能组“表格”下拉菜单中，单击“转换为文本”按钮，弹出“表格转换成文本”对话框，如图 4.57 所示。在“文字分隔位置”组下，单击要用于代替列边界的分隔符对应的选项。表格各行用段落标记分隔，最后单击“确定”按钮。

图 4.57　表格转换成文本对话框

c）设置表格格式

① 选中表格

将鼠标置于表格左上角，单击⊞图标，即可选中整个表格。或者在“表格工具”工具栏下，单击“布局”选项卡，在“表”组中单击“选择”按钮，从弹出的下拉列表中选择“选择表格”命令。

选中行、列，将鼠标移至列标题上方或行左侧，待鼠标变为黑色实心箭头单击即可。

② 绘制表格框线

然后单击“设计”选项卡，在“设计”选项卡的“表格样式”组中，单击“边框”按钮后箭头，从弹出的下拉列表中，单击预定义边框集之一，如图 4.58 所示。

如需绘制自定义框线，则先在“绘图边框”功能组中设定线条样式、宽度与颜色，再单击“边框”，从弹出的下拉列表中，单击合适的边框类型。

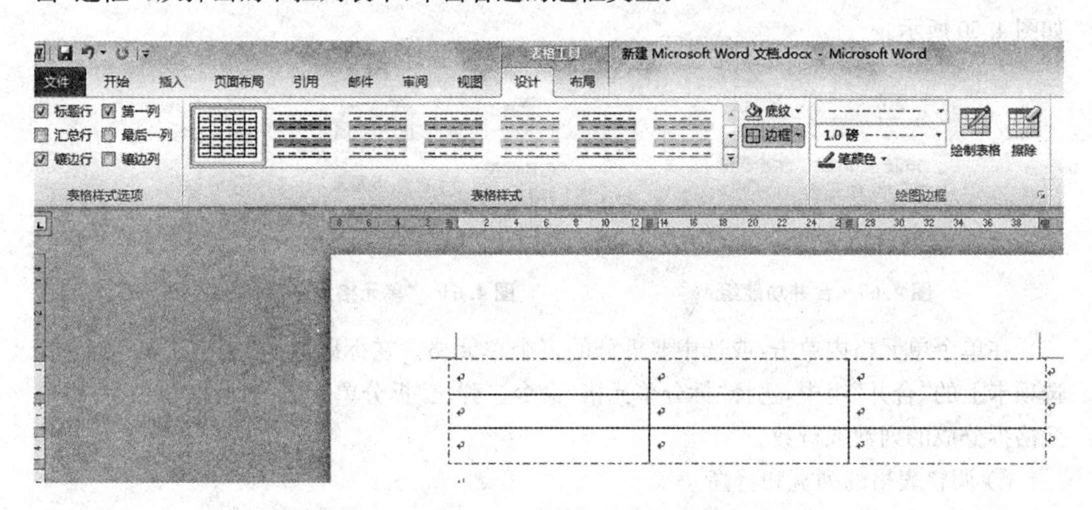

图 4.58　表格框线绘制

③ 修改底纹

选择所需要的单元格。在“表格工具”下，单击“设计”选项卡。在“表样式”组中，单击“边框”按钮后的箭头，从列表中单击“边框和底纹”按钮。弹出“边框和底纹”对话框，然后单击“底纹”选项卡。单击“填充”“样式”“ 颜色”选项后的箭头，从列表中选择选项。在

“应用于”选项列表中,选取“单元格”或“表格”。如果要取消底纹,选择“无颜色”。

用户也可以选中表格,右击该表格,从弹出的快捷菜单中选择“边框和底纹”命令。

④ 插入行、列

在要添加行或列的任意一侧单元格内单击。在标题栏的“表格工具”下,单击“布局”选项卡,在“行和列”功能组中选插入位置。如图 4.59 所示。

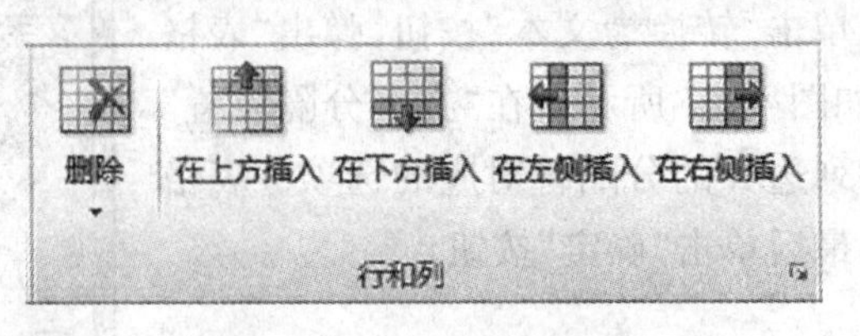

图 4.59 行和列功能组

如果要在表格末尾快速添加一行,则可把插入点放置到表格右下角的单元格中,按【Tab】键。或者,把插入点放置到表格最后一行的右端框线外的换段符前,按【Enter】键,即可在表格最后一行后添加一空白行。

⑤ 删除单元格、行或列

选中要删除的单元格、行或列。在标题栏的“表格工具”下,单击“布局”选项卡。在“行和列”组中,单击“删除”按钮,从弹出下拉列表中,根据需要,选择“删除单元格”、“删除行”或“删除列”命令。

⑥ 合并或拆分单元格

用户可以将同一行、列中的两个或多个单元格合并为一个单元格。选中要合并的多个单元格,在标题栏的“表格工具”下,“布局”选项卡上的“合并”组中,选择“合并单元格”命令,如图 4.60 所示。

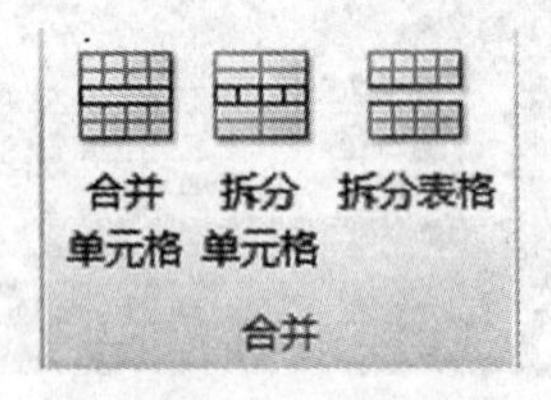

图 4.60 合并功能组

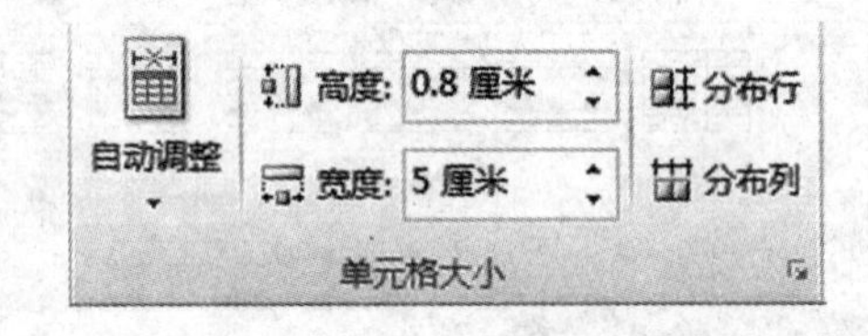

图 4.61 “单元格大小”功能组

在单个单元格内单击,或选中要拆分的多个单元格。在标题栏的“表格工具”“布局”选项卡上的“合并”组中,选择“拆分单元格”命令。弹出“拆分单元格”对话框,输入要将单元格拆分成的列数或行数。

⑦ 调整表格的列宽和行高

快速调整:将指针停留在需更改其宽度的列的边框上(或者高度的行的边框上),待鼠标变成双线双箭头形式,按住左键并拖动边框,调整到所需的列宽。

精准调整:在“单元格大小”功能组中进行设置如图 4.61 所示,或者在“表格属性”对话框的“行”(或列)选项卡中通过设置改变行高(列宽),如图 4.62 所示。

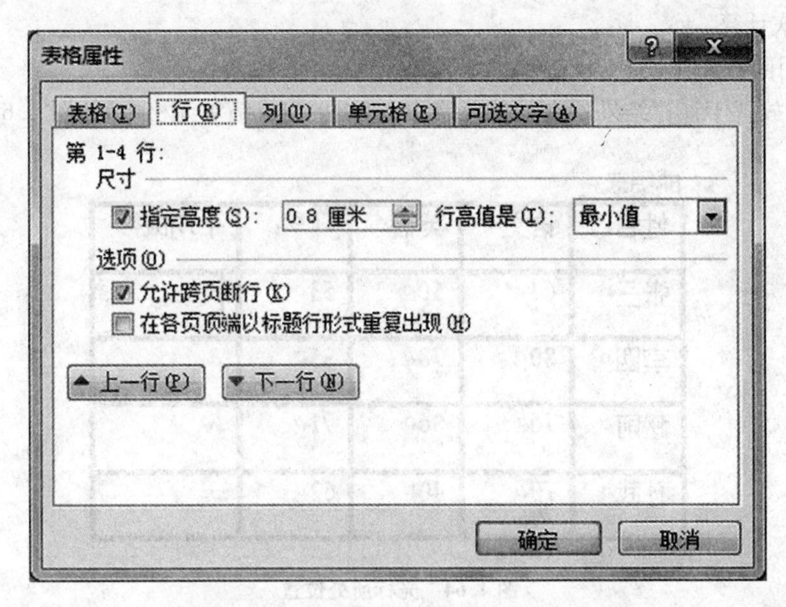

图 4.62　“表格属性”对话框“行”选项卡

d) 表格内数据的排序与计算

① 表格内容的排序

选中表格,在标题栏的“表格工具”下“布局”选项卡上的“数据”组中,单击“排序”按钮,弹出“排序”对话框,在“主要关键字”选定排序主要字段,若排序条件为多个,则继续设定“次要关键字”以及“第三关键字”等。在“列表”选项组下,更具选定表格内容是否含有标题内容选择“有标题行”或“无标题行”两个选项。最后选择“升序”或“降序”选项,如图 4.63 所示。

如果按姓名笔画升序排序,则可在“主要关键字”组下选择“姓名”选项,在“类型”中选“笔画”、“升序”选项,然后选择“确定”命令。完成后,表格内容按要求排序。

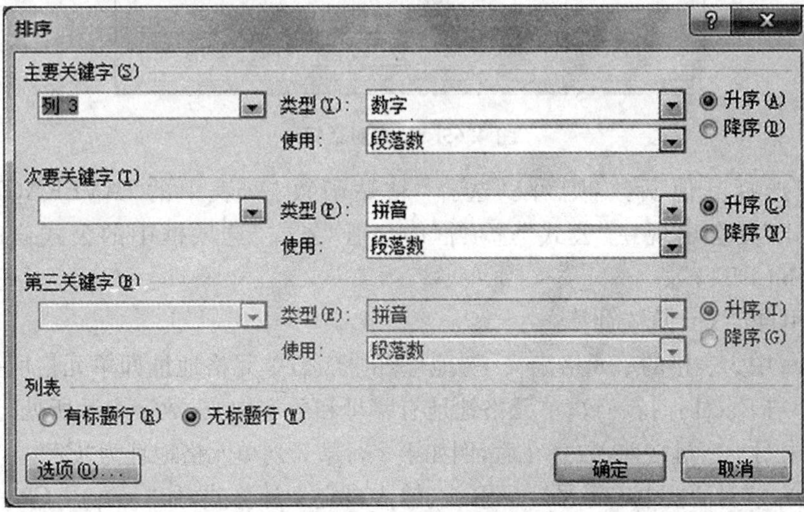

图 4.63　排序对话框

② 公式计算

i) 利用函数计算

• 光标放置于计算结果所在的单元格中,例如平均成绩单元格中,如图 4.64 所示。

成绩表

姓名	语文	英语	数学	平均成绩
张三	64	50	53	
李四	80	78	85	
赵前	76	86	91	
孙武	70	40	62	

图 4.64　光标所处位置

• 在标题栏的“表格工具”下“布局”选项卡上的“数据”组中,单击“公式”按钮。弹出“公式”对话框,如果选定的单元格位于一行数值的右侧,则在“公式”文本框中显示“=SUM(LEFT)”,表示对左侧的数值求和;如果选定的单元格位于一列数值的下方,则在“公式文本框中显示“=SUM(ABOVE)”,表示对上方的数值求和,如图 4.65 所示。

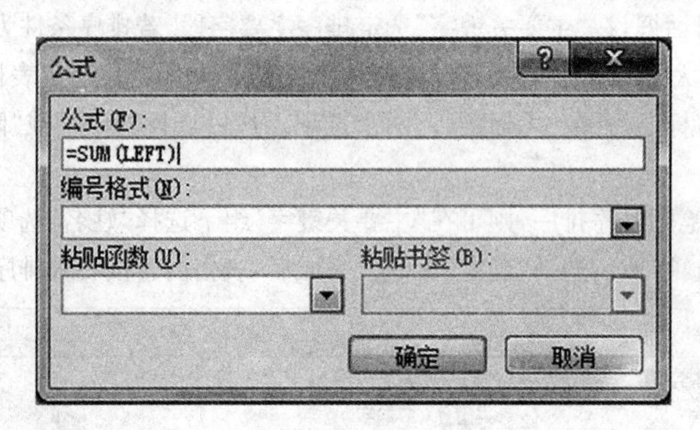

图 4.65　公式对话框

• 如需选择其他函数,则可以选择“粘贴函数”列表中的“AVERAGE”命令,“AVERAGE”则会出现在“公式”选项框中。把“公式”选项框中的公式修改为“=AVERAGE(LEFT)”。

ii) 利用自定义计算式计算

• Office 中为表格的单元格定义了“地址”的概念,单元格地址即单元格所处行列的命名方式。与 Excel 保持一致,单元格地址有字母和数字构成,数字表示所处行,字母表示所处列,书写上字母在前,数字在后,例如第 2 行第 3 列单元格地址为“C2”。

• 在“公式”对话框中以等号“=”开头,输入自定义计算式,如“=A3+C2 * 2”,如图 4.66 所示。

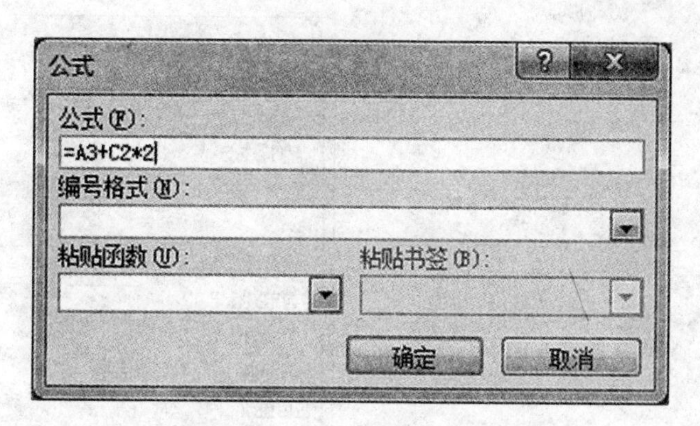

图 4.66　自定义计算式输入

iii）在“编号格式”列表中选定保留一位小数位数，如可改为“0.0”。

（6）脚注与尾注

文章常会出现一下需要添加注释的文本，对于这些文本我们就可以在页面底端添加脚注。尾注是一种对文本的补充说明，一般位于文档的末尾，列出引文的出处等。区别为脚注在每页页面底端区域，尾注只出现在文章的末尾，如图 4.67 所示。

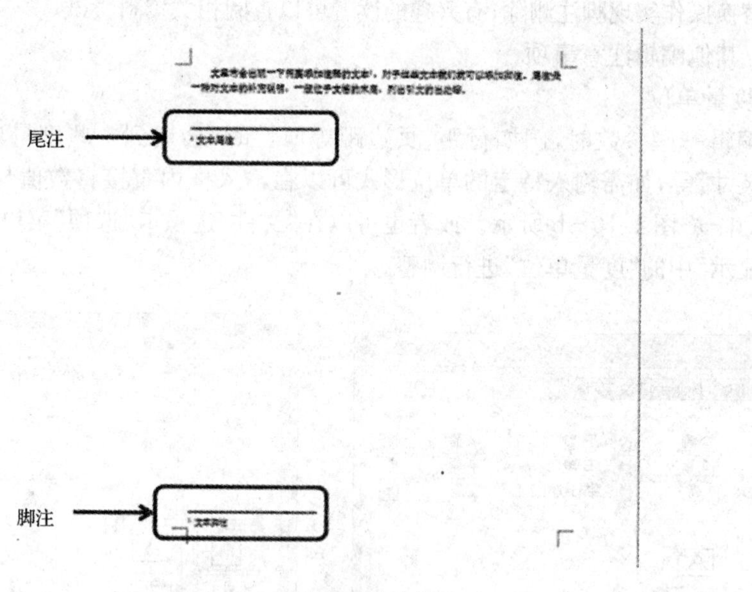

图 4.67　脚注与尾注位置区别

脚注或尾注的添加方式为光标移至需添加文本处，无须选中文本，功能区切换至“引用”选项卡，在脚注功能组中，单击“插入脚注”或者“插入尾注”。

如需更改已插入脚注，则先将光标置于脚注区域内，如图 4.68 所示。点击“脚注”功能组右下对话框启动器，打开“脚注和尾注”对话框，如图 4.69 所示。在对话框“编号格式”下拉菜单中选择合适的格式类型，或者可以“自定义标记”，设置“起始编号”以及“编号”方式，完成之后不要点击“插入”，而是点击“应用”。否则会造成重复插入。

1 脚注文本编辑区域

图 4.68　脚注文本编辑区域

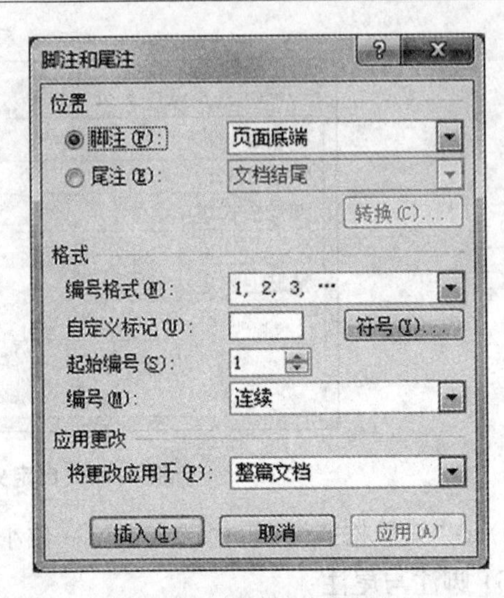

图 4.69　脚注和尾注对话框

如需删除脚注,删除正文中脚注编号即可,方法是鼠标左键选中脚注编号,按“Delete”键删除。如果无法直接删除,则要先删除的脚注内容,再将脚注删除。尾注删除方式相同也可以通过替换操作实现脚注删除,有兴趣的读者可以查阅相关资料尝试。

(7) 其他编辑注意事项

a) 度量单位

在编辑一些参数时,例如行距、页边距等属性时,会遇到一些度量单位,如“厘米”、“磅”、“英寸”等,如需输入特定的单位形式可以在输入框内直接将数值与单位同时输入,如图 4.70 - a,图 4.70 - b 所示。或者也可以在“文件”选项卡“选项”菜单中的“高级”设置内,将“显示”中的“度量单位”进行调整。

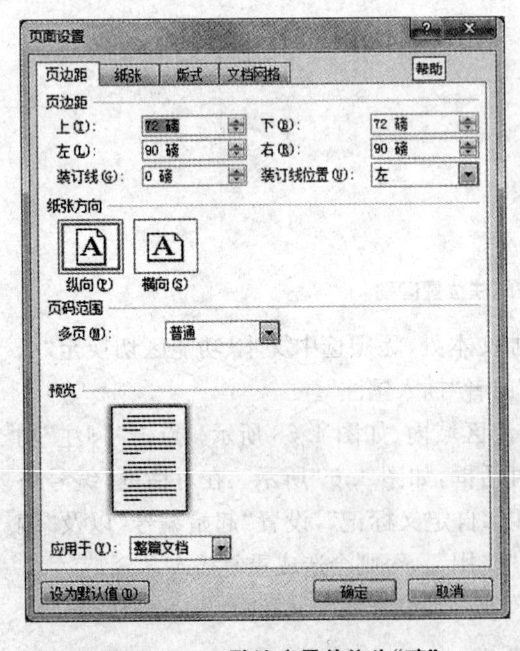

图 4.70 - a　默认度量单位为“磅”

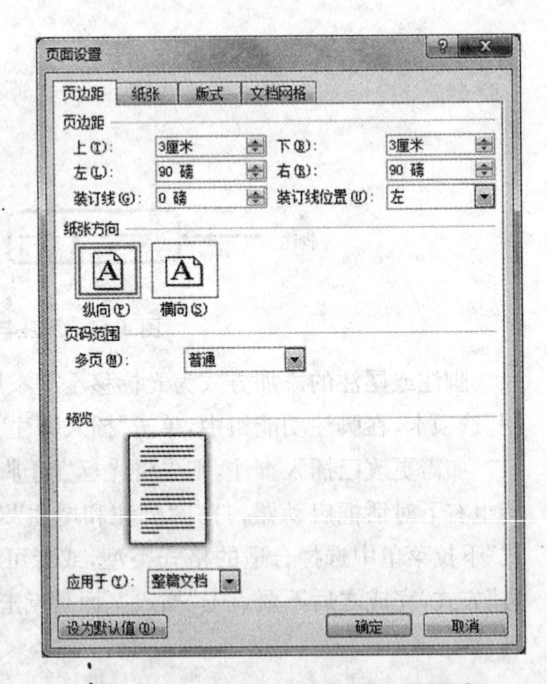

图 4.70 - b　手动输入度量单位为“厘米”

b）格式刷操作

格式刷 格式刷 操作位于“开始”选项卡“剪贴板”功能组中，该功能可以实现不同格式之间的复制，以减少重复劳动。

使用格式刷操作要注意操作顺序，首先选中已编辑好格式的文本或段落，然后点击格式刷命令，此时格式刷图标呈现黄色突出 格式刷 状态，鼠标会变成刷子状态，此时将鼠标移动到待编辑文本开头处，按下鼠标左键并一直拖动，直至文本结尾，松开左键即可。

实验九　WORD 操作案例

一、实验目的

1. 掌握 Word 的基本编辑功能。
2. 掌握图片、文本框、艺术字等的编排方法。
3. 掌握表格的制作方法等。

二、实验内容与步骤

1. WORD 文档的基本操作与图形对象编排示例

根据下述要求将文档素材“低碳化. docx”编辑成图 4.71 所示。

注：本示例中给出的操作步骤多为功能选项的大致步骤，功能详细设定请参照前文对应章节。

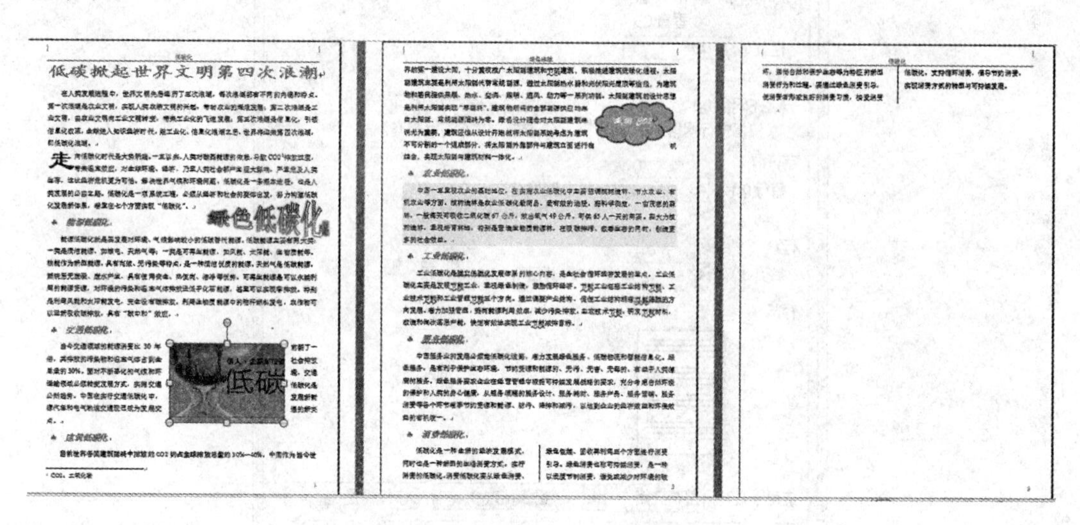

图 4.71　“低碳化. docx”编辑样张

(1) 将页面设置为：B5(JIS)纸，上、下页边距为 1.8 厘米，左、右页边距为 2 厘米，每页 42 行，每行 40 个字符；

【操作】:

"页面布局"选项卡→"页面设置"功能组→"页面设置"对话框,如图4.72所示。

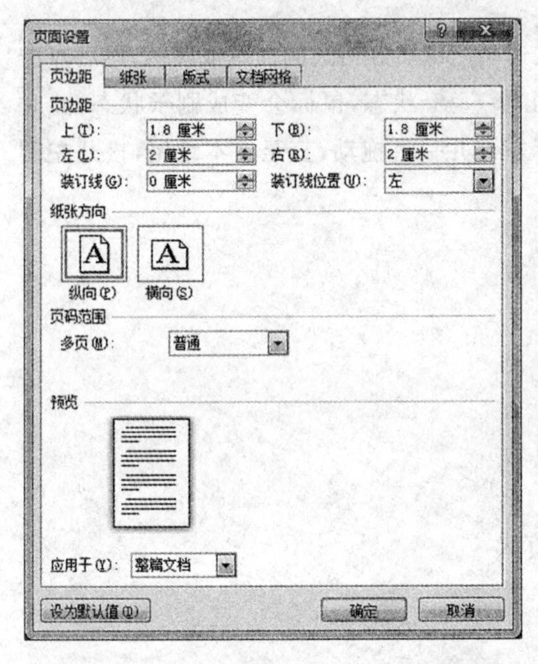

图4.72-a 页面设置对话框——页边距选项卡

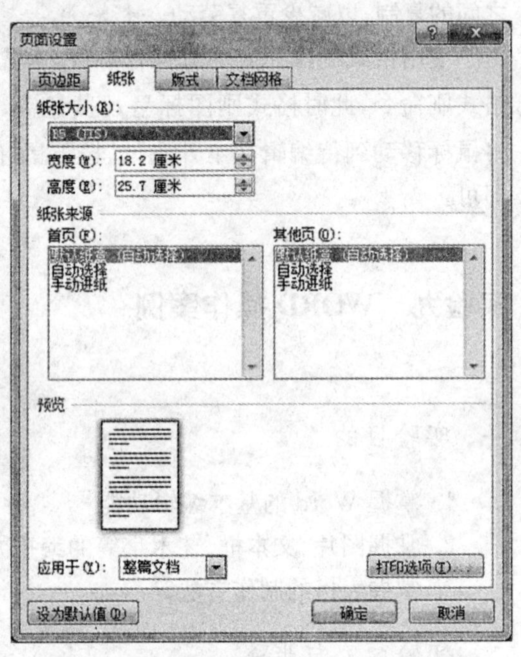

图4.72-b 页面设置对话框——纸张选项卡

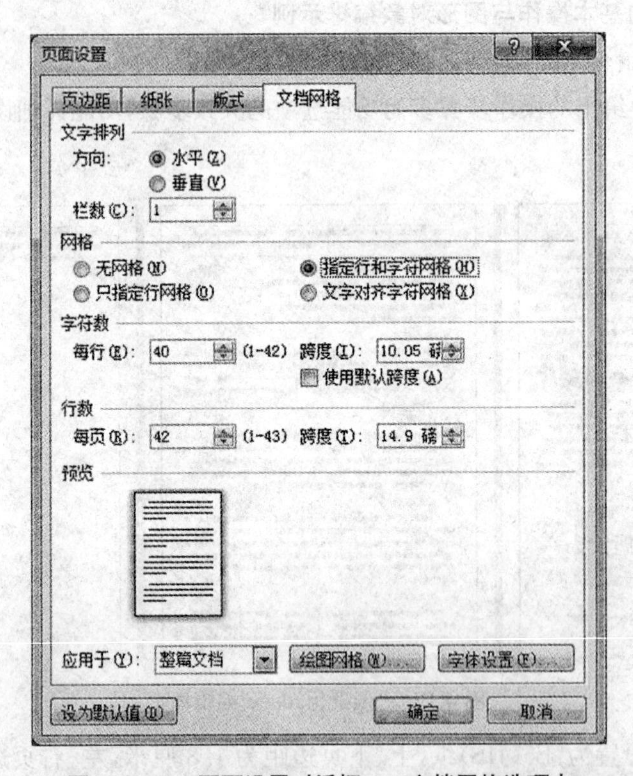

图4.72-c 页面设置对话框——文档网格选项卡

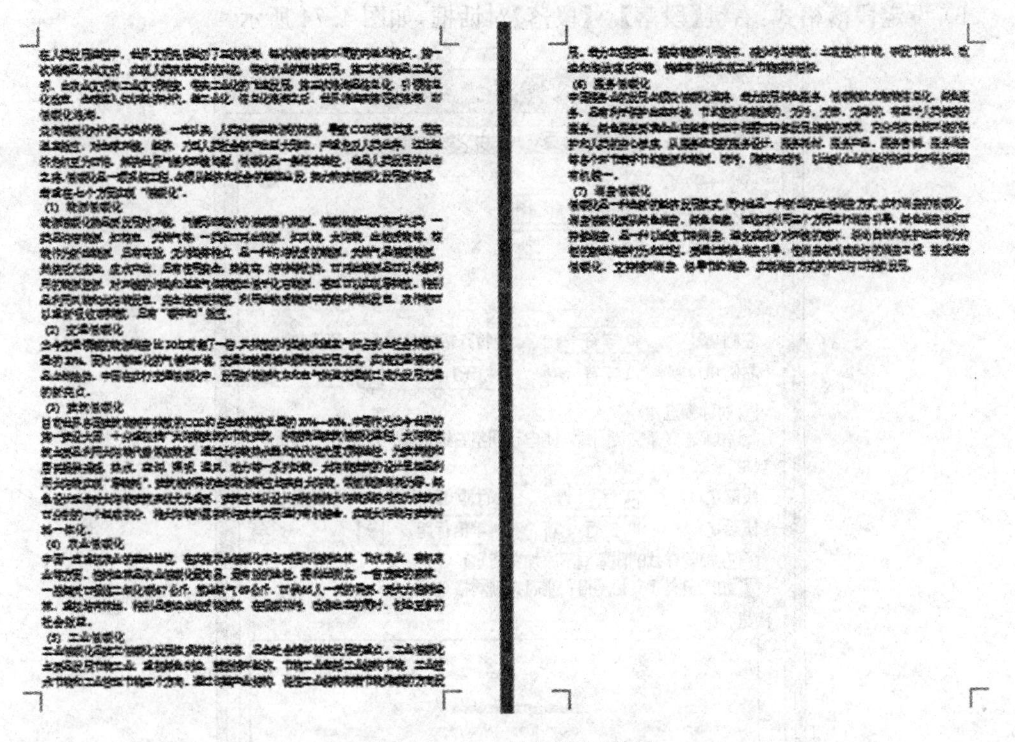

图 4.72 - d　页面设置后效果

(2) 给文章加标题“低碳掀起世界文明第四次浪潮”，居中显示，设置其格式为楷体、二号字、加粗、绿色，字符缩放为 120%，居中显示，并设置段后间距 0.5 行；

【操作】：

a) 设定字体格式：标题文本→右键“字体”→对话框，如图 4.73 所示。在设置字符缩放时由于内置选项没有 120%，因此需要手动调整数值。

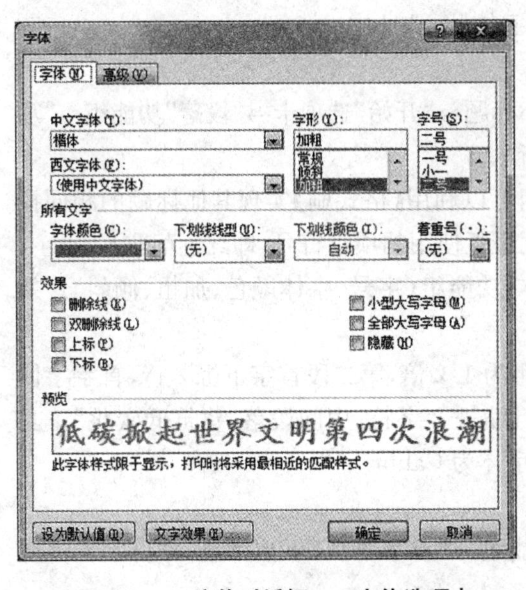

图 4.73 - a　字体对话框——字体选项卡

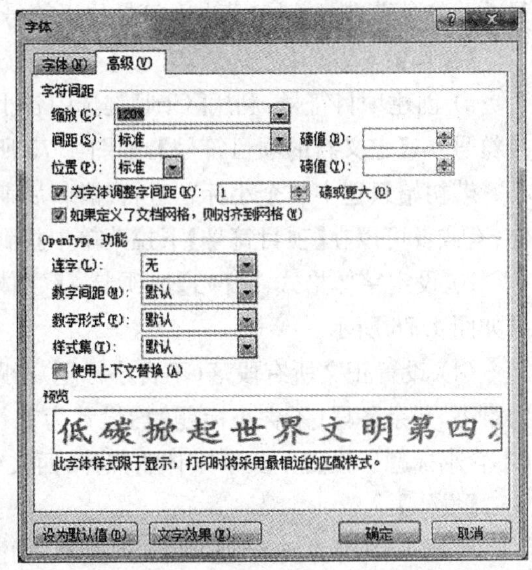

图 4.73 - b　字体对话框——高级选项卡

b) 设定段落格式:右键【段落】→【段落】对话框,如图4.74所示。

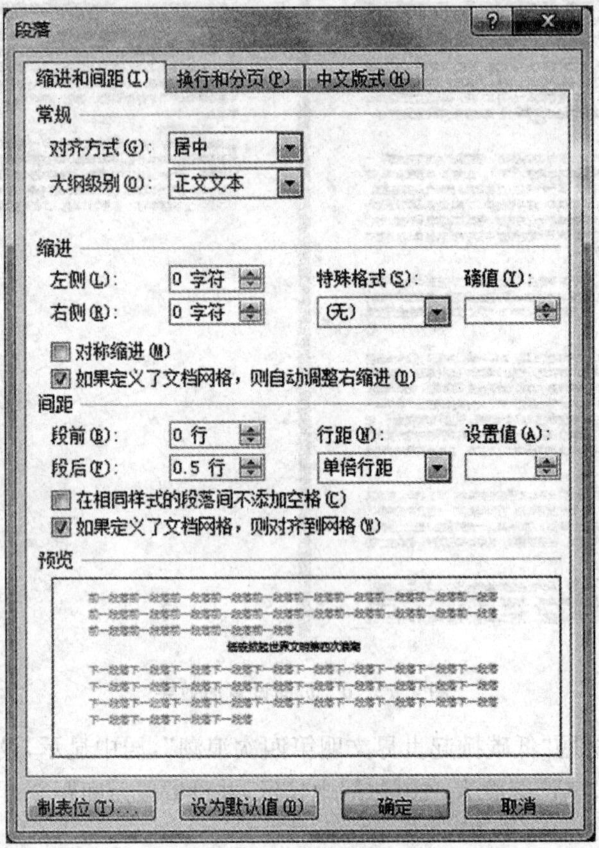

图4.74　段落对话框设置

(3) 将正文中所有小标题设置为绿色、小四号字、加粗、倾斜,并将各小标题的数字编号改为红色草花♣符号(草花♣符号位于符号字体symbol中);

【操作】:

a) 创建项目符号:利用【Ctrl】键选中各小标题→“开始”选项卡→“段落”功能组→“项目符号”→【定义新的项目符号】,如图4.75所示。

若初始只选中一个小标题进行编辑,后期可以利用【格式刷】实现其他标题的相同操作;有或者可以在【项目符号】下拉菜单中找到最近使用的项目符号,即红色草花♣。

b) 设定字体格式:【开始】选项卡→【字体】功能组(字号、字体颜色、加粗、倾斜)。效果如图4.76所示。

(4) 设置正文所有段落(不含小标题)行距为1.2倍,第二段首字下沉2行,首字字体为隶书,其余各段(不含小标题)均设置为首行缩进2字符;中间段落“建筑低碳化”正文(不含小标题),设置中文字字体为黑体,西文字体为Calibri。

【操作】:

a) 首字下沉:“插入”选项卡→“文本”功能组→“首字下沉”下拉菜单→“首字下沉选项”→“首字下沉”对话框,如图4.77所示。

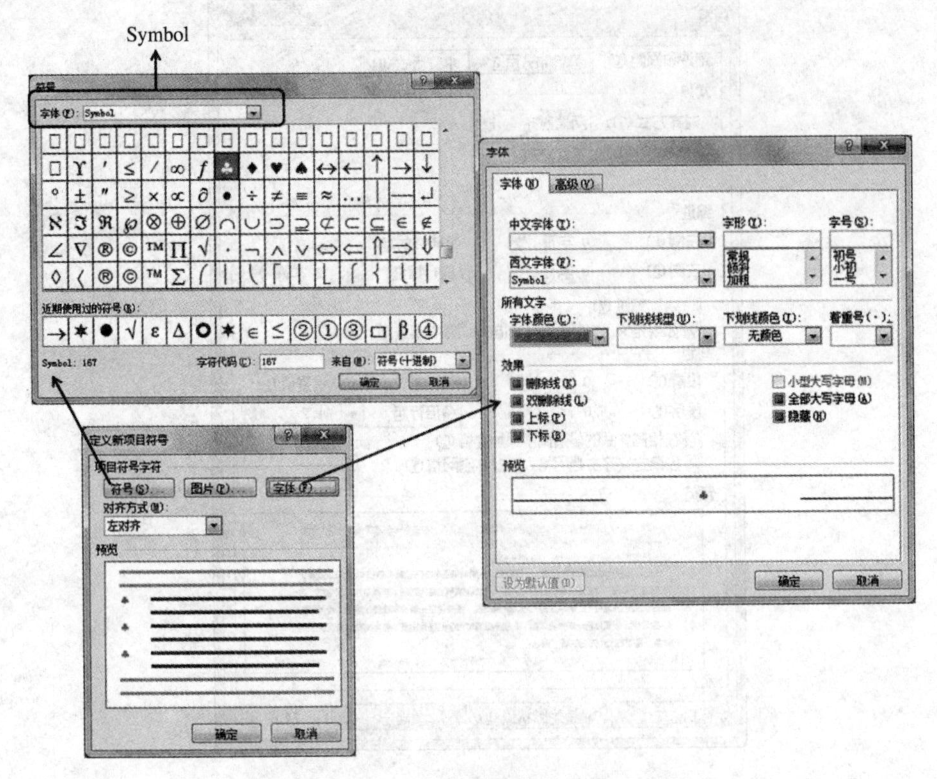

图 4.75　定义新的项目符号

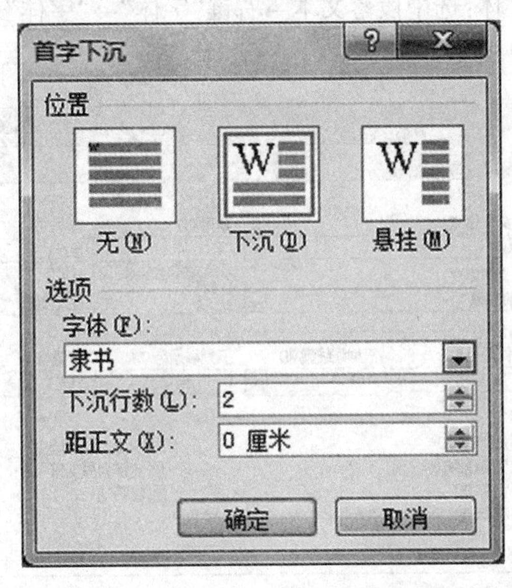

图 4.77　首字下沉对话框

b) 设置正文段落格式:利用【Ctrl】键选中待编辑段落→右键"段落"→"段落"对话框→"缩进"特殊格式→"行距"多倍行距(手动输入 1.2),如图 4.78 所示。

若未同时选中多个段落,则其余段落可以利用相同操作实现,也可以利用"格式刷"复制相同格式。

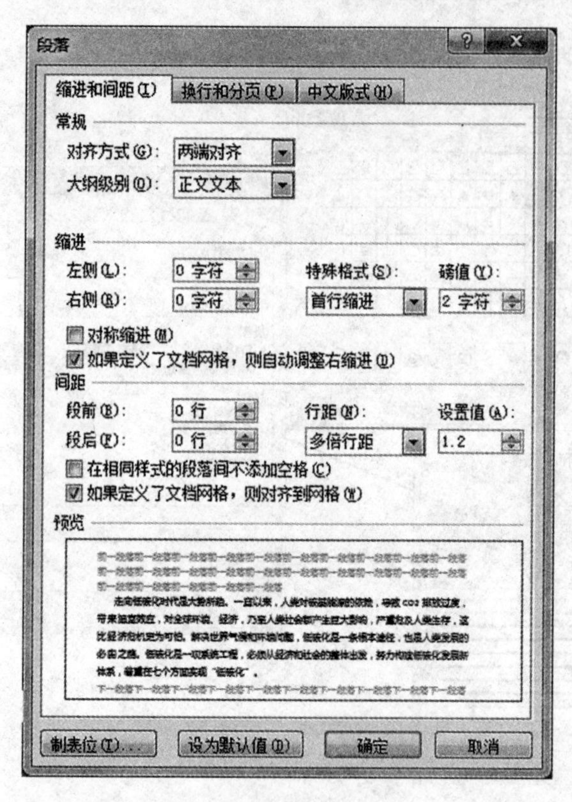

图 4.78　段落对话框

c) 设置中间段落字体:选中段落文本→右键“字体”→“字体”对话框(设定中文字体与西文字体),如图 4.79 所示。

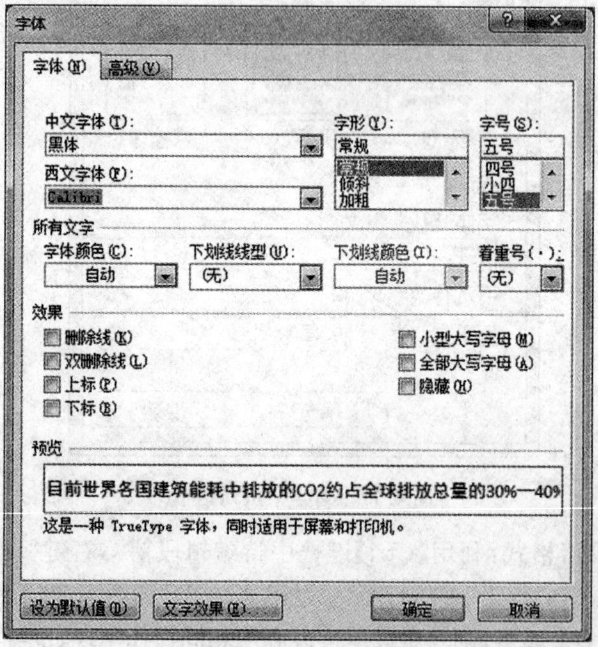

图 4.79　字体对话框

(5) 将正文(不含标题)中所有的“结能”替换为“节能”,字体颜色为紫色,带波浪下划线,线条颜色也为紫色。

【操作】:

选中所有正文文本→“开始”选项卡→“编辑”功能组→“替换”→“查找与替换”对话框→“查找:结能,替换:节能”→“更多”→“格式”→“全部替换”,如图 4.80 所示。

设定完成弹出对话框“是否搜索文档的其余部分?”选择“否”。

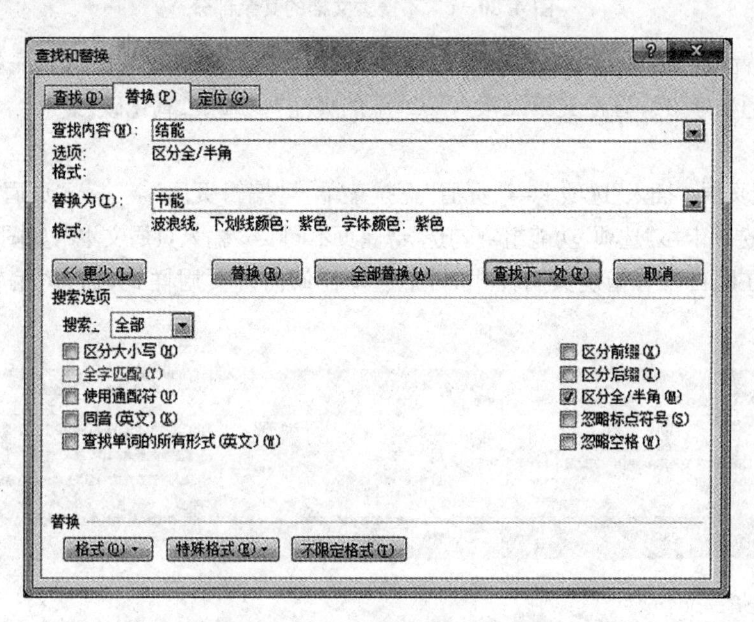

图 4.80 - a　查找与替换对话框

图 4.80 - b　更多——格式——字体对话框

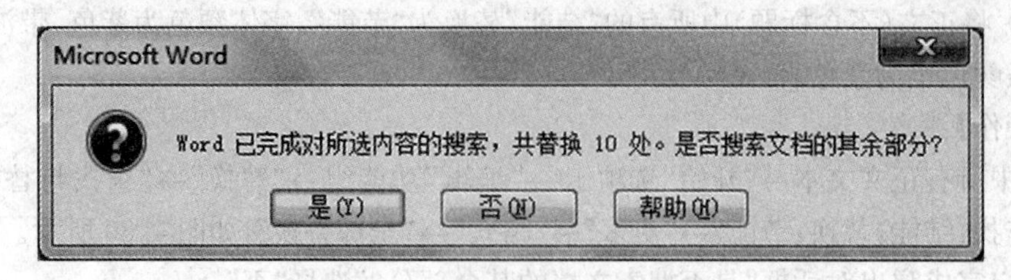

图 4.80-c 不搜索文档的其余部分

(6) 设置奇数页页眉为“低碳化”，偶数页页眉为“绿色地球”，在页面底端插入页码，类型为“普通数字 3”；为正文第二段“CO2”添加脚注“CO2:二氧化碳”。

【操作】:

a) 设置页眉:“插入”选项卡→“页眉”下拉菜单→“编辑页眉”→进入“页眉页脚”编辑视图→“设计”选项卡→“选项”功能组→勾选“奇偶页不同”→“输入页眉文本”，如图 4.81 所示。

注意:在题目没有指定页眉样式时，不选择任何内置页眉样式，通过“编辑页眉”命令插入页眉。

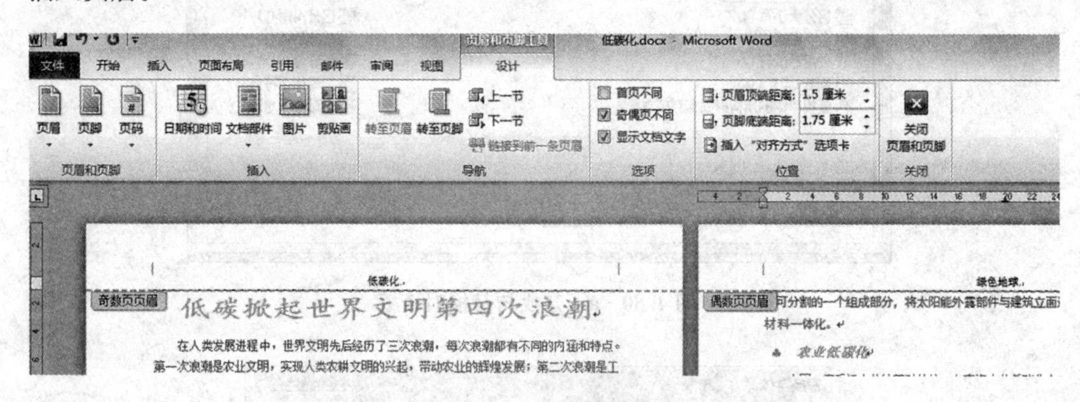

图 4.81 页眉编辑

b) 插入页码:保持“页眉页脚”编辑视图→“页眉和页脚”功能组→“页码”下拉菜单→“页面底端”→“普通数字 3”→“对偶数页(或奇数页)再进行一次页码插入操作”→“关闭页眉和页脚”，如图 4.82 所示。

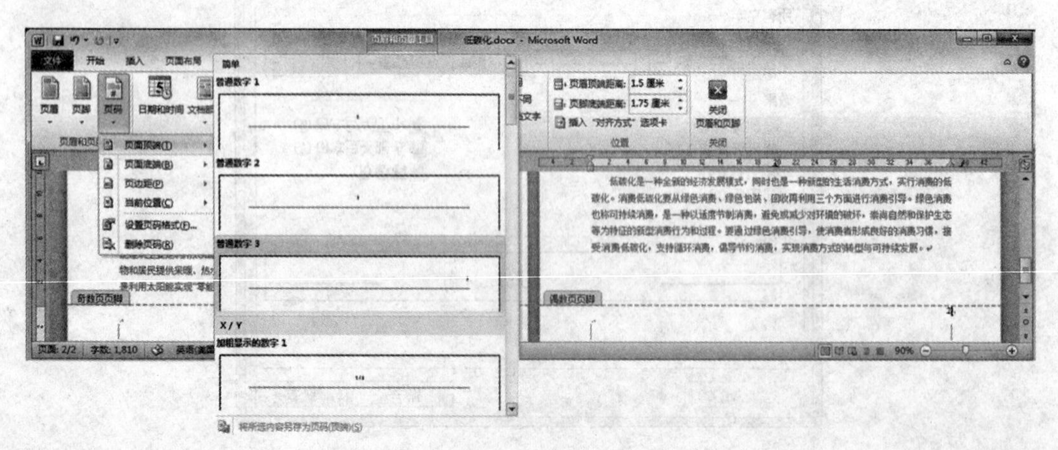

图 4.82 页码插入

由于编辑页眉时设置了奇偶页不同，因此在插入页码是也可以插入格式不同的奇偶页页码，从而导致在插入页码时必须插入两次。

如果编辑完页眉关闭了页眉和页脚视图，则可以从“插入”选项卡“页眉和页脚”功能组中的“页码”命令插入指定要求的页码格式，并再次进入页眉页脚视图。

c) 添加脚注：光标置于“CO2”处→“引用”选项卡→“插入脚注”→“编辑脚注”，如图 4.83 所示。

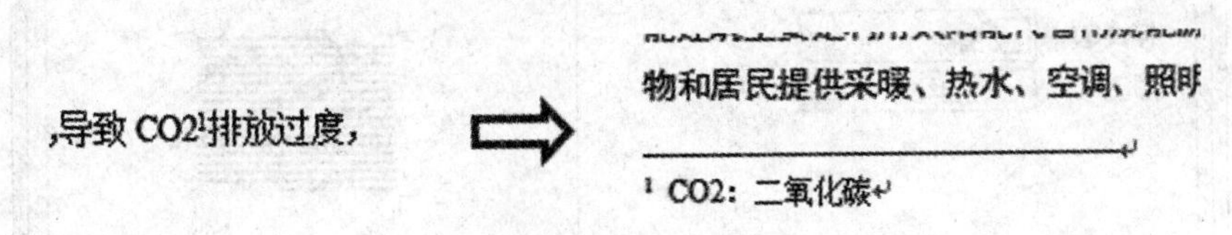

图 4.83　脚注插入效果

(7) 在文章中插入艺术字“绿色低碳化”，艺术字样式“填充-白色，渐变轮廓-强调文字颜色 1”，艺术字文本效果为“转换-左远右近”。

【操作】：

“插入”选项卡→“文本”功能组→“艺术字”下拉菜单→“选择艺术字”→“绘图工具-格式”选项卡→“艺术字样式”功能组→“文本效果”→“转换”→“左远右近”。如图 4.84 所示。

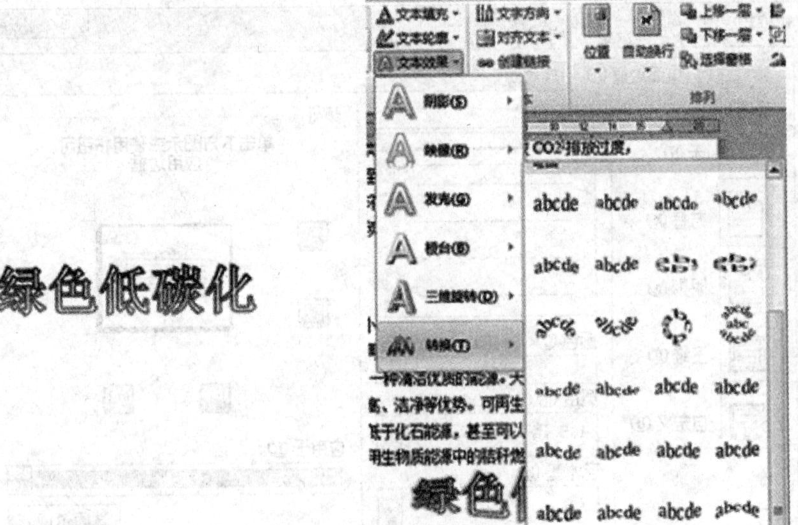

图 4.84　艺术字样式设定

注意，在选定插入艺术字文本框后，有时会出现文本有缩进的现象，遇到此类情况只需将前面缩进空白删除即可。

(8) 为“农业低碳化”正文段落（不包含小标题）添加黄色底纹，为整篇文档添加添加 1.5 磅带阴影页面边框。

【操作】：

“开始”选项卡→“段落”功能组→“边框”下拉菜单→“边框与底纹”→“边框与底纹”

对话框→“底纹”选项卡→“边框与底纹”对话框→“页面边框”选项卡,如图4.85所示。

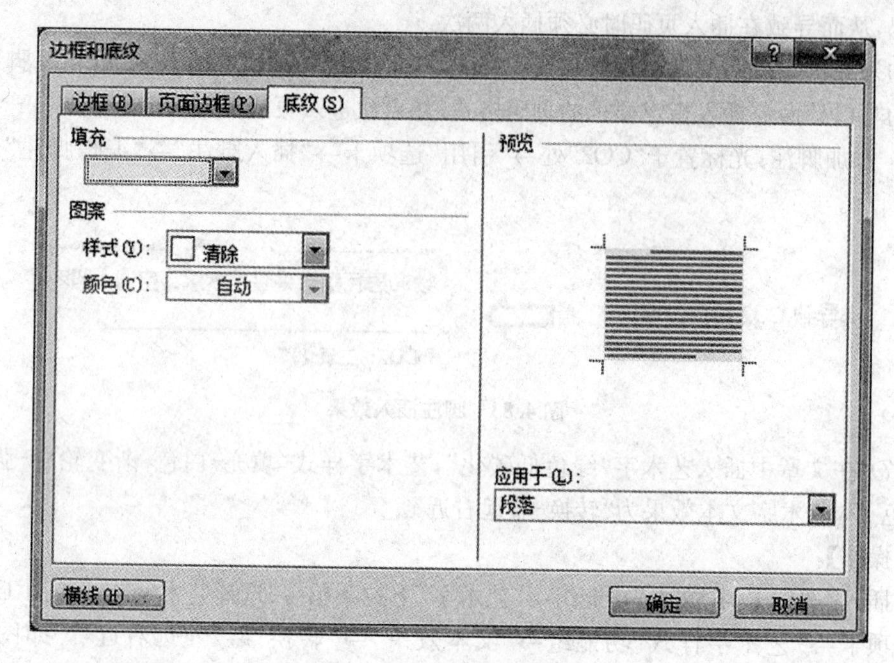

图4.85-a 段落底纹设定

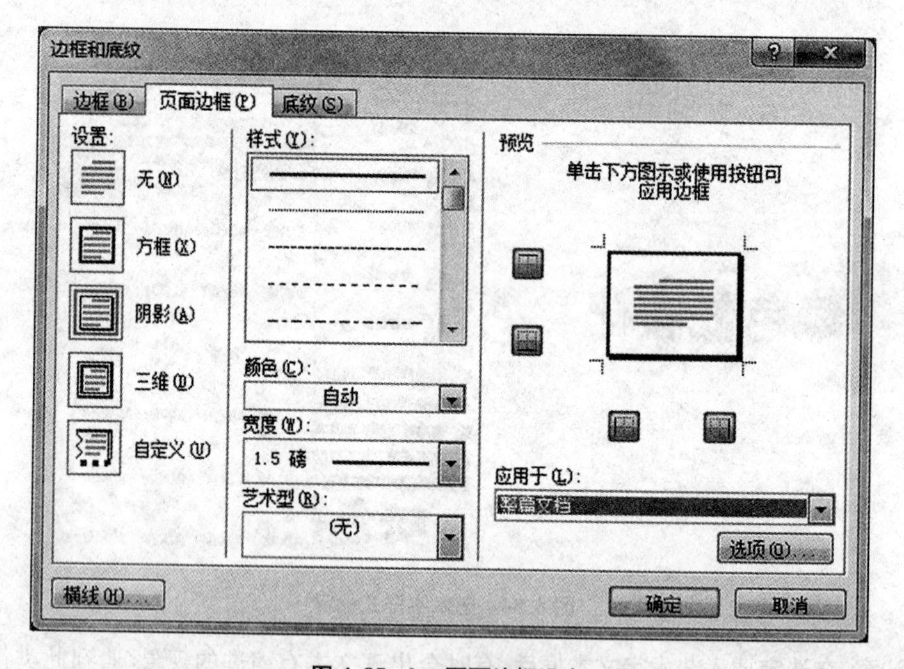

图4.85-b 页面边框设定

(9) 在正文适当位置插入图片pic.jpg,设置图片高度、宽度分别为4厘米、6厘米,环绕方式为四周型;

【操作】:

“插入”选项卡→“插图”功能组→“图片”→“插入图片”对话框→右键“大小和位置”→“布局”对话框。

插入图片对话框如图 4.86 - a 所示,布局对话框如图 4.86 - b 所示。在设定图片大小时,务必将“锁定纵横比”的选项去掉,否则,图片的大小始终都会满足某种比例。

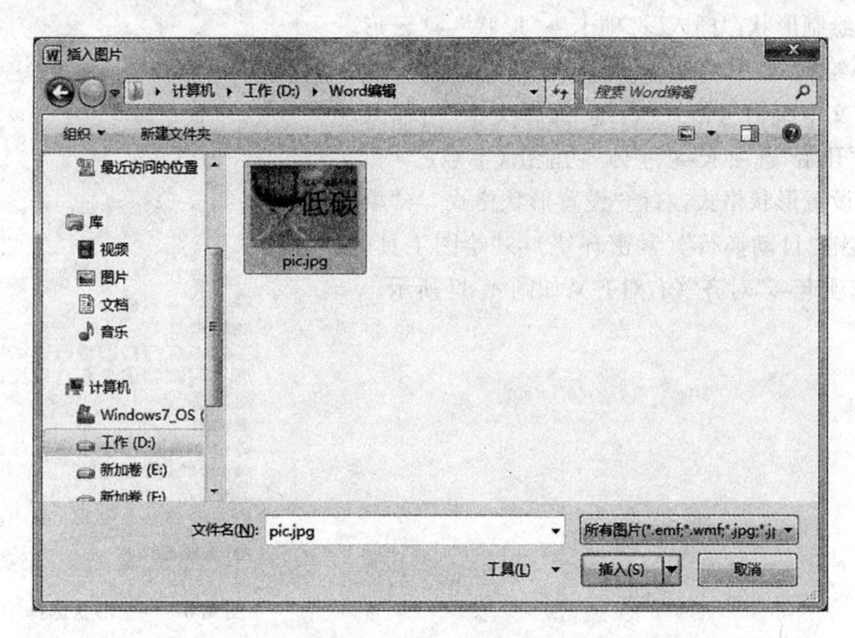

图 4.86 - a　插入图片对话框

布局
位置　文字环绕　大小
高度
绝对值(E)　4 厘米
相对值(L)　相对于(T)　页面
宽度
绝对值(B)　6 厘米
相对值(I)　相对于(E)　页面
旋转
旋转(T):　0°
缩放
高度(H):　67 %　宽度(W):　76 %
锁定纵横比(A)
相对原始图片大小(R)
原始尺寸
高度:　5.95 厘米　宽度:　7.94 厘米
重置(S)
确定　取消

图 4.86 - b　布局对话框

(10) 在正文适当位置插入云形形状,添加文字“减排 CO2”,设置文字格式为:华文行楷、小三号字,设置形状格式为:浅绿色填充色、紧密型环绕,右对齐;

【操作】:

a) 绘制形状:“插入”选项卡→“形状”→“云形形状”→绘制,如图 4.87 所示。

b) 文本编辑与格式:右键“编辑文字”→输入文本→“开始”选项卡→“字体”功能组(字号)。

c) 设置形状格式:右键“设置形状格式”→“填充”→右键“自动换行”(紧密环绕)→“绘图工具-格式”选项卡→“对齐”(右对齐),如图 4.87 所示。

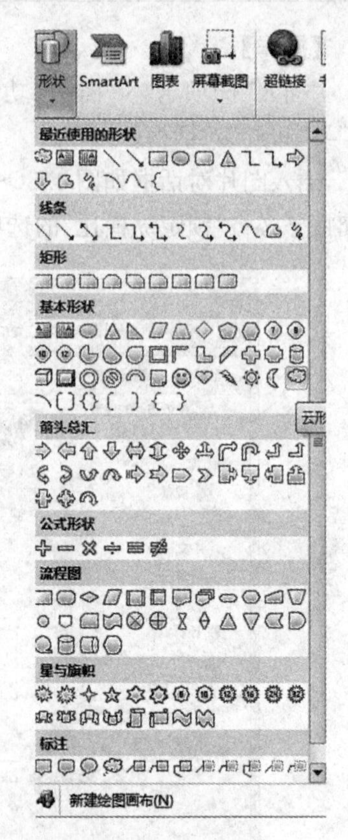

图 4.87-a　形状选择

图 4.87-b　设置形状格式填充效果

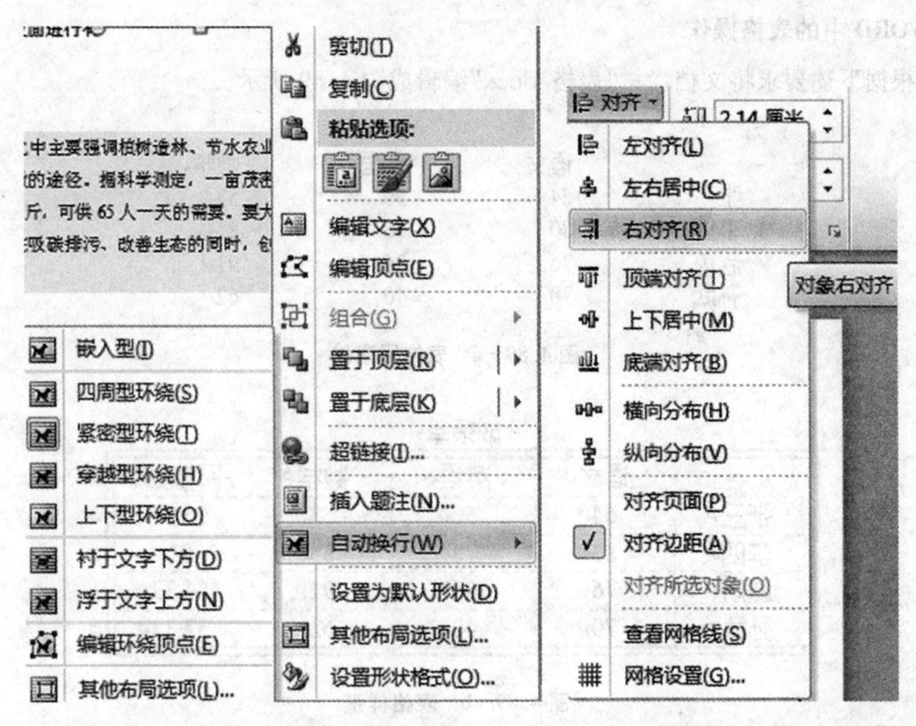

图 4.87 - c 自动换行-紧密环绕　　　　图 4.87 - d 右对齐设置

(11) 为文章最后一段分栏,分成等宽两栏,中间有分隔线。

【操作】:

选中最后一段文本(注意,最后一段分栏不能包括回车符)→“页面布局”选项卡→“分栏”→“更多分栏”→“分栏”对话框(预设两栏,勾选分隔线),如图 4.88 所示。

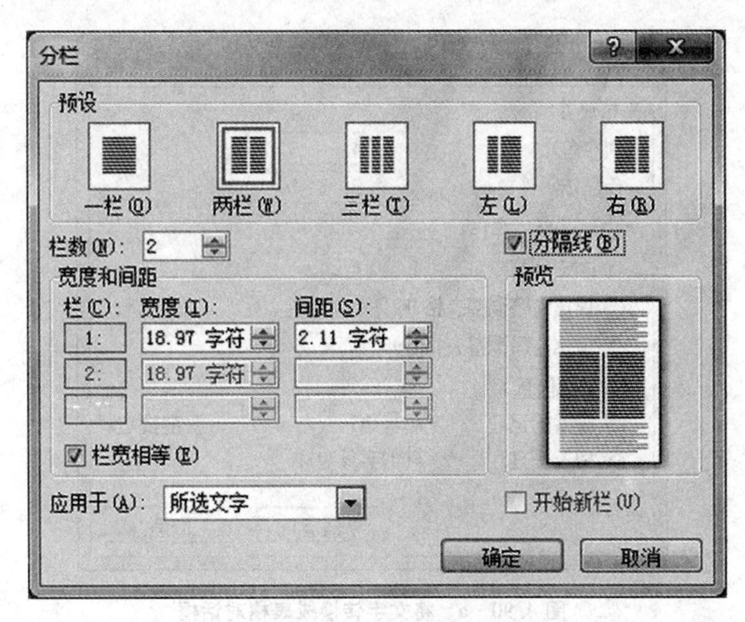

图 4.88 分栏对话框

2. WORD中的表格操作

根据下述要求将文档素材“表格.docx”编辑成图4.89所示。

	语文	英语	数学
张三	64	50	53
李四	80	78	85
赵前	76	86	91
孙武	70	40	62

图4.89-a 表格原素材

成绩单

	语文	英语	数学	平均成绩
张三	64	50	53	55.67
李四	80	78	85	81
赵前	76	86	91	84.33
孙武	70	40	62	57.33

图4.89-b 表格样张

(1) 将文本转换为5行4列的表格,表格居中显示。

【操作】:

“插入”选项卡→“表格”下拉菜单→“将文字转换成表格”“选中表格”→“开始”→“选项卡”→“段落”功能组→“居中对齐”,弹出对话框如图4.90所示。或者可以直接选择“插入表格”,则文本会直接转换成表格,不会有对话框弹出。

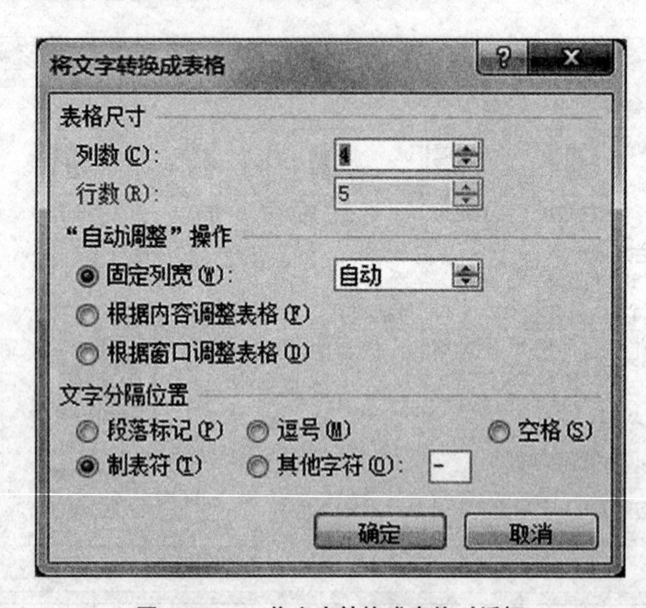

图4.90-a 将文字转换成表格对话框

	语文	英语	数学
张三	64	50	53
李四	80	78	85
赵前	76	86	91
孙武	70	40	62

图 4.90－b　将文字转换成表格效果

(2) 在最右侧插入一列,命名为“平均成绩”。

【操作】:

光标置于最后一列,或者选中最后一列

方法一:右键“插入”→“在右侧插入列”,如图 4.91 所示。

方法二:“表格工具-布局选项卡”→“行和列”功能组→“在右侧插入”,如图 4.91 所示。

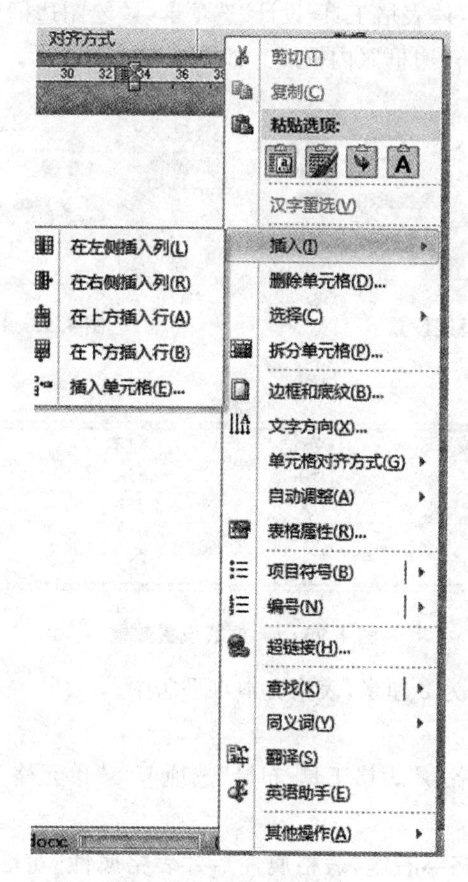

图 4.91　右键插入菜单

(3) 为表格添加标题“成绩单”,居中显示。

【操作】:

将光标置于左上角第一个单元格中→敲击回车键→输入文本→“开始”选项卡→“段落”功能组→“居中”。效果如图 4.92 所示。

成绩单

	语文	英语	数学	平均成绩
张三	64	50	53	
李四	80	78	85	
赵前	76	86	91	
孙武	70	40	62	

图 4.92 添加标题效果

(4) 设置表格外框线为 1.5 磅,蓝色双线,内框线为 1 磅,红色虚线,效果如图 4.93-c 所示。

【操作】:

a) 外框线:选中表格→“表格工具-设计”选项卡→“绘图边框”功能组(线型、线宽、颜色)→“表格样式”功能组→“边框”(外框线),如图 4.93-a 所示。

b) 内框线:选中表格→“表格工具-设计”选项卡→“绘图边框”功能组(线型、线宽、颜色)→“表格样式”功能组→“边框”(内框线),如图 4.93-b 所示。

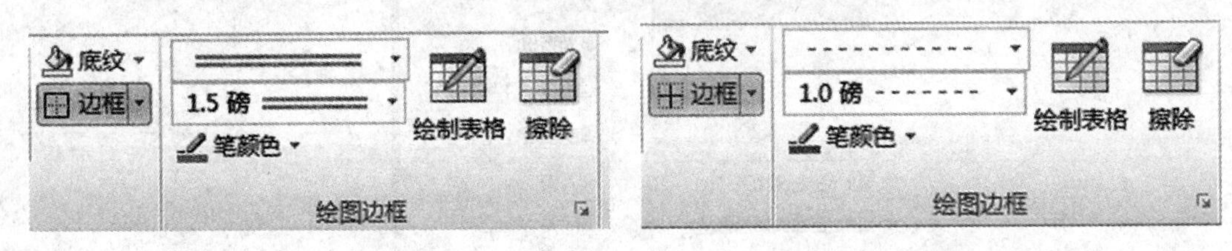

图 4.93-a 外框线设置 **图 4.93-b 内框线设置**

成绩单

	语文	英语	数学	平均成绩
张三	64	50	53	
李四	80	78	85	
赵前	76	86	91	
孙武	70	40	62	

图 4.93-c 框线设置效果

(5) 令表格列宽固定为 2 厘米,表格文本水平居中。

【操作】:

列宽方法一:选中表格→“表格工具-布局”选项卡→“单元格大小”功能组(宽度:2 厘米),如图 4.94-a 所示。

列宽方法二:选中表格→右键“表格属性”→“表格属性”对话框→“列”选项卡→“指定宽度”,如图 4.94-b 所示。

文本水平居中:选中表格→“表格工具-布局”选项卡→“对齐方式”功能组(水平居中),如图 4.94-c 所示。

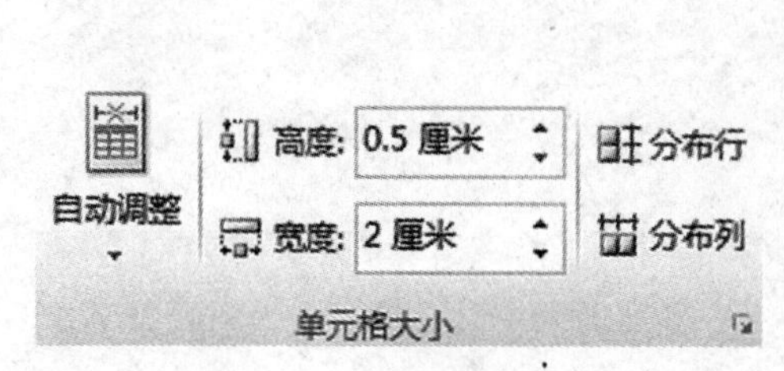

图 4.94-a 单元格大小设定

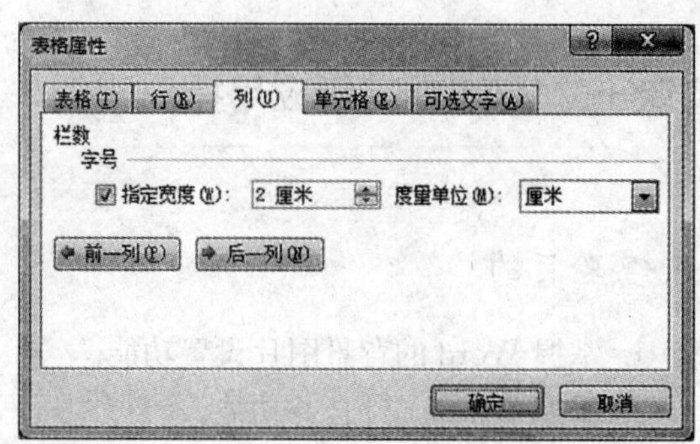

图 4.94-b 表格属性对话框列选项卡

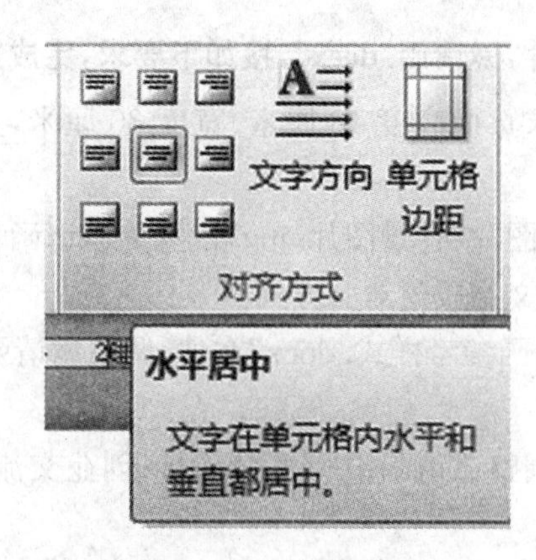

图 4.94-c 水平居中对齐

(6) 在平均成绩单元格计算出平均成绩。

【操作】:

选中表格→“表格工具-布局”选项卡→“数据”功能组→“fx 公式”→“公式”对话框→使用 Average 函数/自定义计算式,如图 4.95 所示。

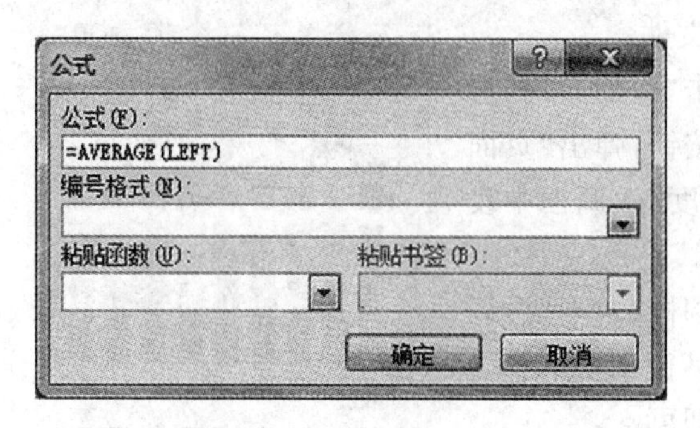

图 4.95-a 使用函数计算

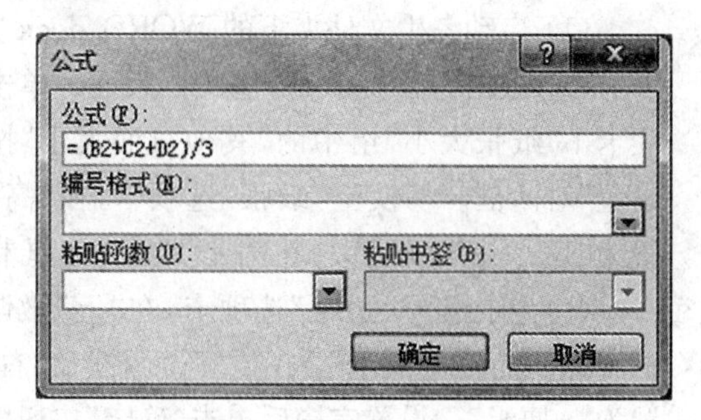

图 4.95-b 使用自定义计算式计算

实验十 WORD高级应用操作案例

一、实验目的

1. 掌握Word的背景图片设置功能。
2. 掌握Word邮件合并功能。

二、实验内容与步骤

1. 在素材文件夹下打开文件"邀请函.docx",按如下要求,完成邀请函的制作

(1) 调整文档版面,要求页面高度18厘米、宽度30厘米,页边距(上、下)为2厘米,页边距(左、右)为3厘米。

(2) 将素材文件夹下的图片"背景图片.jpg"设置为邀请函背景。

(3) 调整邀请函中内容文字段落对齐方式。

(4) 根据"Word - 邀请函参考样式.docx"文件,调整邀请函中内容文字的字体、字号和颜色。

(5) 据页面布局需要,调整邀请函中"大学生网络创业交流会"和"邀请函"两个段落的间距。

(6) 在"尊敬的"和"(老师)"文字之间,插入拟邀请的专家和老师姓名,拟邀请的专家和老师姓名在考生文件夹下的"通讯录.xlsx"文件中。每页邀请函中只能包含1位专家或老师的姓名,所有的邀请函页面请另外保存在一个名为"word - 邀请函.docx"文件中。

(7) 邀请函文档制作完成后,请保存"邀请函.docx"文件。

2. 第(1)题解题步骤

(1) 启动考生文件夹下的WORD.docx文件。

(2) 根据题目要求,调整文档版面。单击"页面布局"选项卡下"纸张大小"组中的"其他页面大小"按钮,弹出"页面设置"对话框。切换至"纸张"选项卡,在"高度"微调框中设置为"18厘米",宽度微调框中设置为"30厘米"。

(3) 切换至"页边距"选项卡,在"上"微调框和"下"微调框中都设置为"2厘米",在"左"微调框和"右"微调框中都设置为"3厘米"。设置完毕后单击"确定"按钮即可。

3. 第(2)题解题步骤

(1) 在"页面布局"选项卡的"页面背景"选项组中单击"页面颜色"按钮,从下拉列表中选择"填充效果"命令,如图4.96所示。

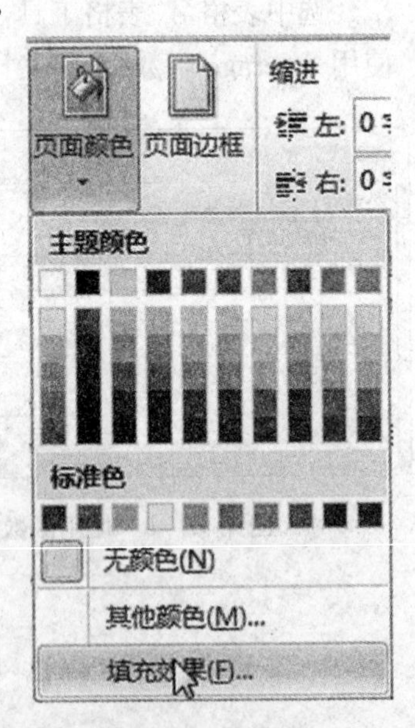

图4.96 页面填充

(2) 弹出"填充效果"对话框,切换至"图片"选项卡。单击“图片”按钮，弹出“选择图片”对话框，从素材文件夹下选择“背景图片.jpg”，单击“插入”按钮，如图4.97所示。

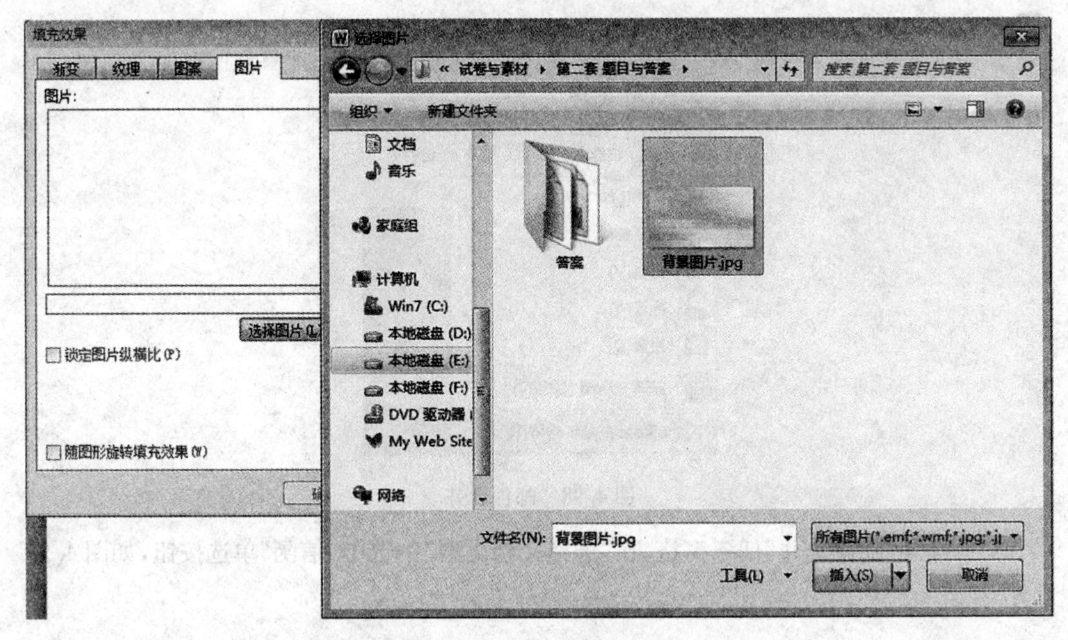

图4.97 背景

4. 第(3)题解题步骤

(1) 选中标题，单击“开始”选项卡下“段落”组中的“居中”按钮。再选中“大学生网络创业交流会”，单击“开始”选项卡下字体组中的“字体”按钮，弹出“字体”对话框。切换至“字体”选项卡，设置“中文字体”为“微软雅黑”，“字号”为“二号”，“字体颜色”为“蓝色”。

(2) 按照同样的方式，设置“邀请函”字体为“微软雅黑”，字号为“二号”，字体颜色为“自动”。最后选中正文部分，字体设置为“微软雅黑”，字号为“五号”，字体颜色为“自动”。

5. 第(4)题解题步骤

(1) 选中文档内容。

(2) 单击“开始”选项卡下段落组中的“段落”按钮，弹出“段落”对话框，切换至“缩进和间距”选项卡，单击“缩进”选项中“特殊格式”下拉按钮，选择“首行缩进”，在“磅值”微调框中调整磅值为“2字符”。

(3) 选中文档最后两行的文字内容，单击“开始”选项卡下“段落”组中“文本右对齐”按钮。

6. 第(5)题解题步骤

选中“大学生网络创业交流会”和“邀请函”，单击“开始”选项卡下“段落”组中的“段落”按钮，弹出“段落”对话框，切换至“缩进和间距”选项卡，单击“间距”选项下的“行距”下拉按钮，选择“单倍行距”。设置完毕后单击“确定”按钮。

7. 第(6)题解题步骤

(1) 把鼠标定位在“尊敬的”和“(老师)”文字之间，在“邮件”选项卡的“开始邮件合并”选项组中单击“开始邮件合并”按钮,从下拉列表中选择“邮件合并分步向导”命令。如图4.98所示。

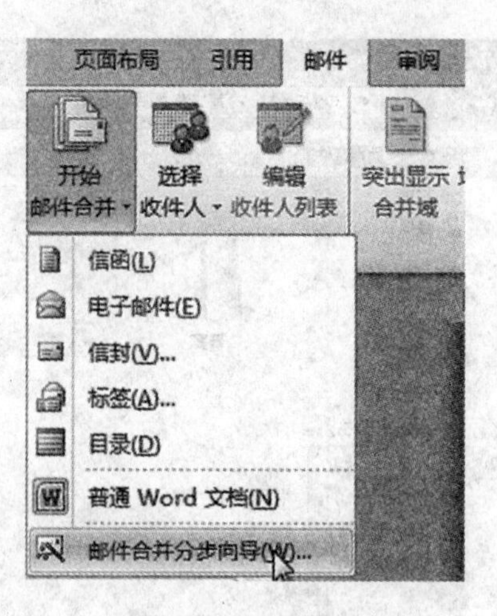

图4.98 邮件合并

(2) 打开“邮件合并”任务窗格,在“选择文档类型”中选中“信函”单选按钮,如图4.99所示。

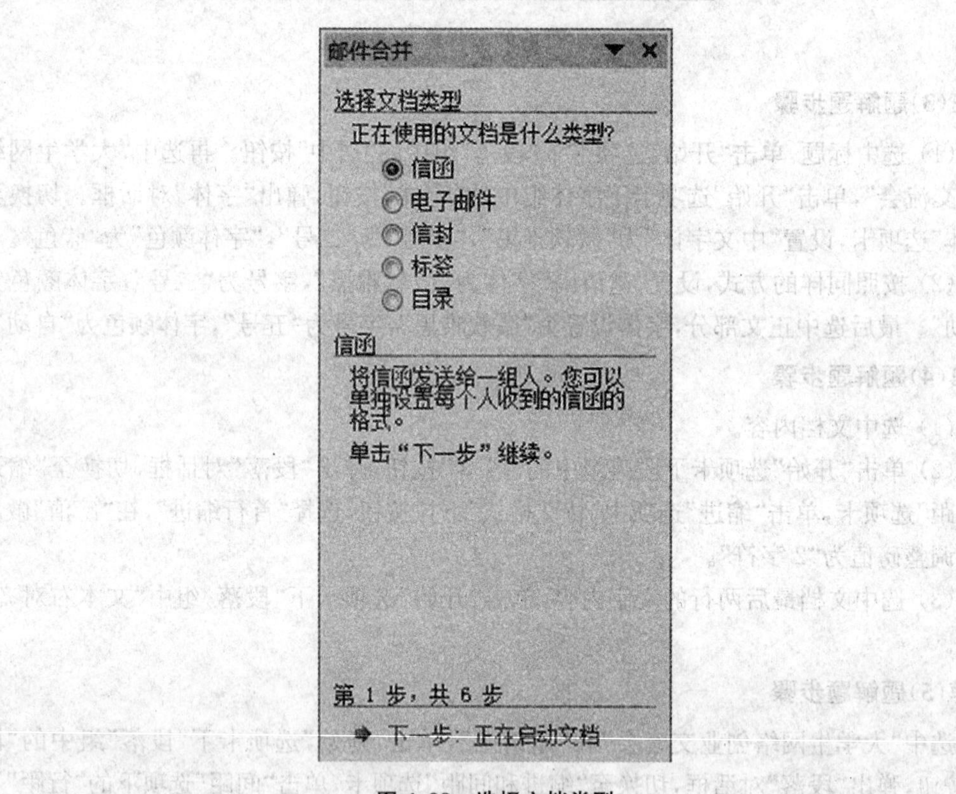

图4.99 选择文档类型

(3) 单击“下一步:正在启动文档”超链接,在“选择开始文档”选项区域中选中“使用当前文档”单选按钮,以当前文档作为邮件合并的主文档,如图4.100所示。

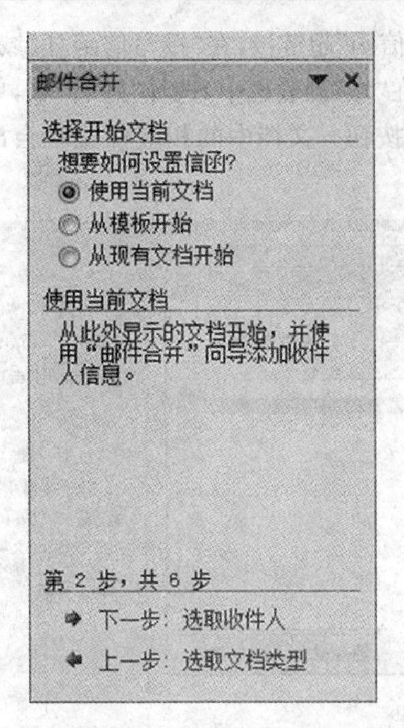

图 4.100　选择开始文档

(4) 单击“下一步:选取收件人”超链接,在“选择收件人”选项区域中选中“使用现有列表”单选按钮。然后单击“浏览”超链接,打开“选取数据源”对话框,选择“通讯录.xlsx”文件后单击“打开”按钮,进入“邮件合并收件人”对话框,单击“确定”按钮完成现有工作表的链接工作,如图 4.101 所示。

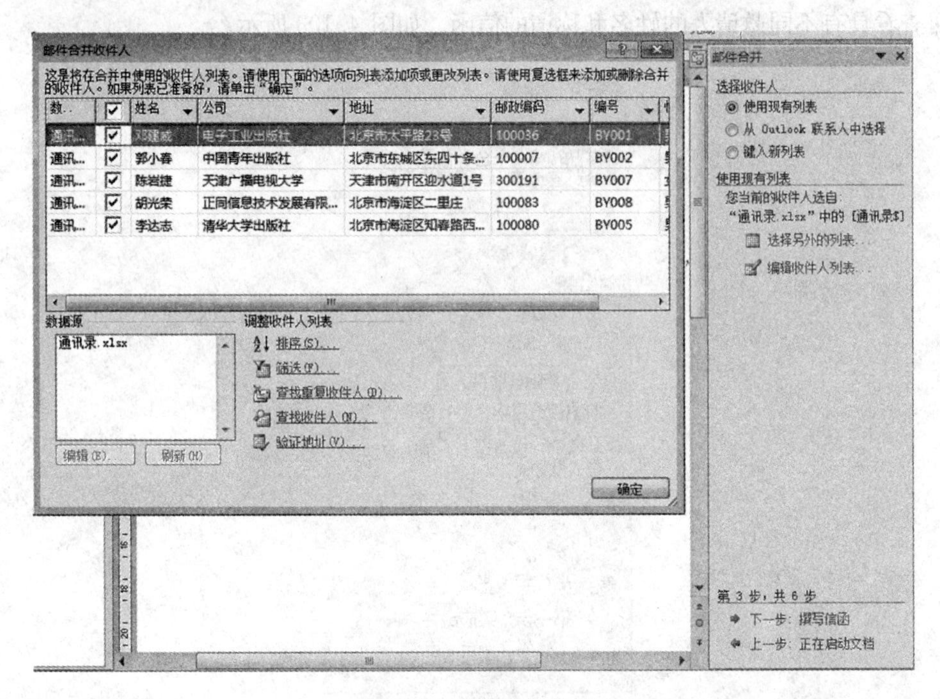

图 4.101　选择收件人

(5) 单击“下一步:撰写信函”超链接,在“撰写信函”区域中选择“其他项目”超链接。打开“插入合并域”对话框,在“域”列表框中,选择“姓名”域,单击“插入”按钮。插入完所需的域后,单击“关闭(×)”按钮。文档中的相应位置就会出现已插入的域标记,如图4.102所示。

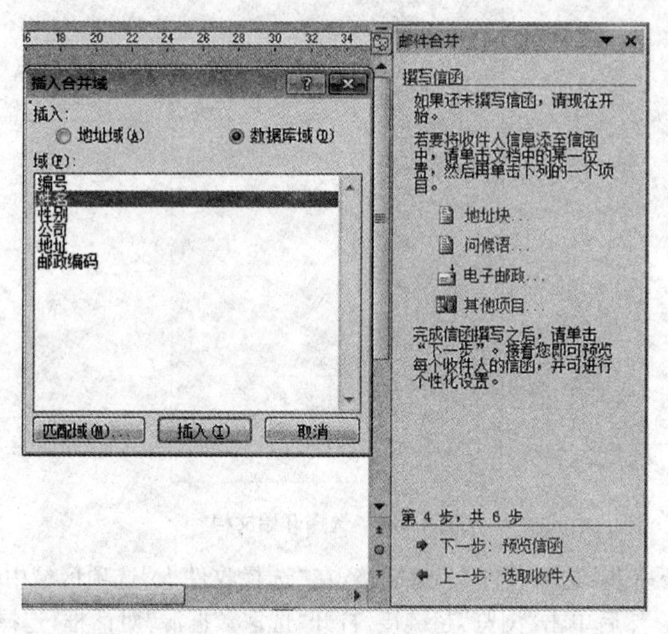

图 4.102　撰写信函

(6) 单击“下一步:预览信函”超链接,在“预览信函”选项区域中,单击“<<”或“>>”按钮,可查看具有不同邀请人的姓名和称谓的信函。如图4.103所示。

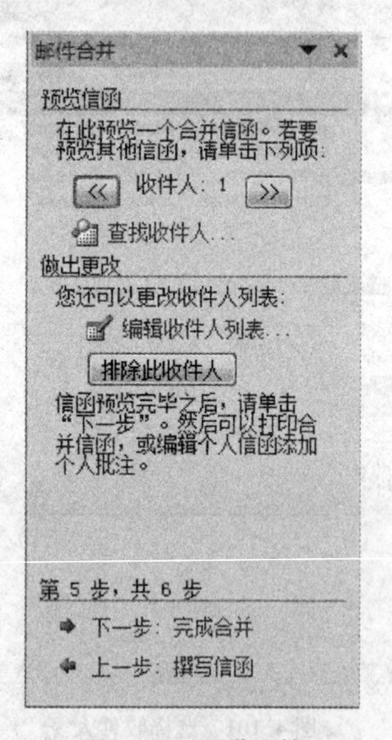

图 4.103　预览文档

(7) 单击“下一步:完成合并”超链接,进入“邮件合并分步向导”的最后一步。这里择“编辑单个信函”超链接,打开“合并到新文档”对话框,在“合并记录”选项区域中,选中“全部”单选按钮。单击“确定”按钮,即可在文中看到,每页邀请函中只包含 1 位专家或老师的姓名,如图 4.104 所示。

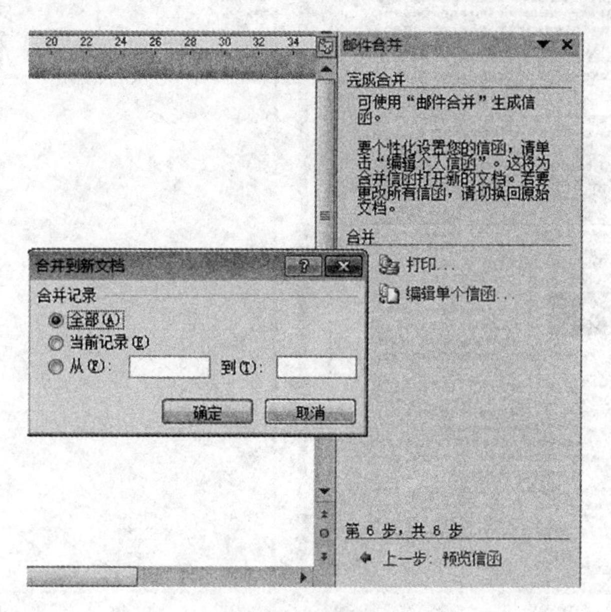

图 4.104　完成合并

(8) 在“文件”选项卡下单击“另存为”按钮,保存文件名为“Word—邀请函.docx”。

◆ 课后练习

1. 打开“练习 1.docx”,完成下列操作并保存。

(1) 将页面设置为:A4 纸,上、下、左、右页边距均为 2.7 厘米,每页 40 行,每行 40 个字符;

(2) 给文章加标题“外汇储备的规模”,设置其字体格式为华文行楷、小一号字、加粗,字符间距缩放 150%,居中显示,为标题段文字添加 2.25 磅橙色方框;

(3) 设置正文第一段首字下沉 2 行、距正文 0.5 厘米,首字字体为黑体、浅蓝色,其余各段设置为首行缩进 2 字符;

(4) 为正文第二段设置 1.5 磅蓝色带阴影边框,填充浅绿色底纹,为页面设置双波浪线方框,颜色绿色;

(5) 参考样张,在正文第三段适当位置插入图片 pic.jpg,设置图片高度宽度缩放 90%,环绕方式为四周型;水平绝对位置向页边距右侧移动 3.5 厘米,垂直绝对位置向段落下侧 1 厘米;

(6) 将正文中所有的“外汇”设置为红色,并加着重号;

(7) 分别将正文第四段与正文第六段分为等宽两栏,第六段分栏需添加分隔线(第四段无分隔线);

(8) 参考样张,在正文适当位置插入形状“云形标注”,添加文字“外汇储备应回归本质”,字号为四号字,设置自选图形格式为:紫色填充色、四周型环绕方式、右对齐。

样张：

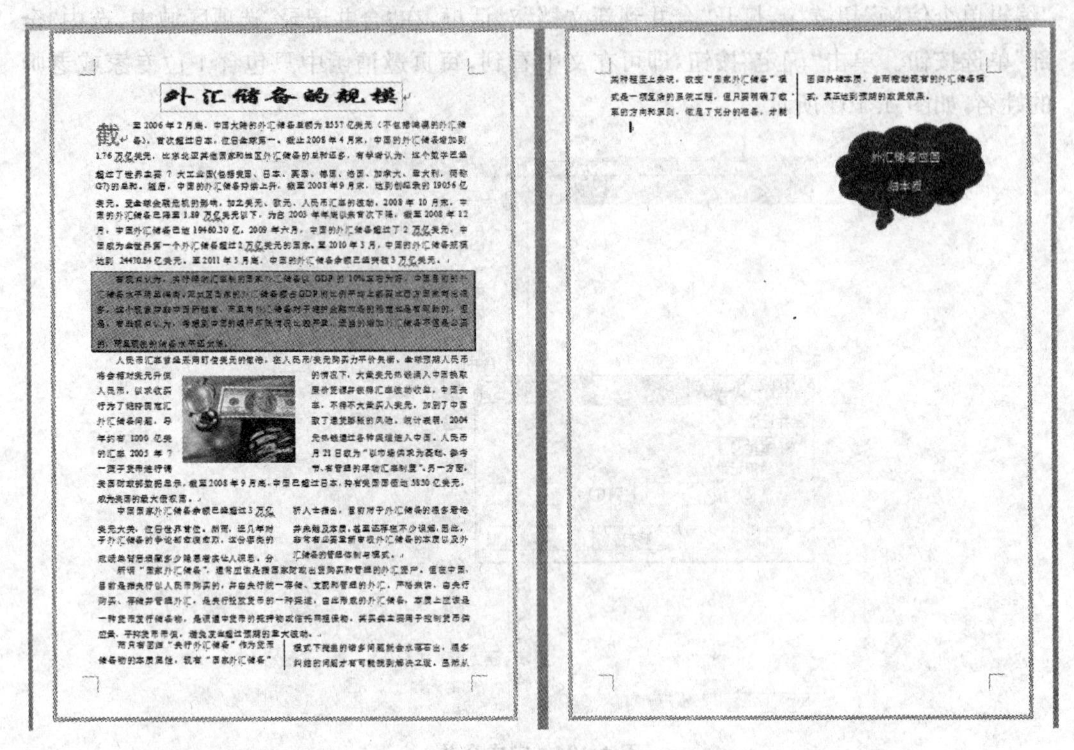

练习1样张

2. 打开“练习2.docx”,完成下列操作并保存。

(1) 打开Word文档,设置纸张为A4纸;左右页边距均为3厘米,上下页边距均为2.5厘米。

(2) 给文章加个标题“糖果不是龋齿的始作俑者”,字体格式:黑体,加粗,红色,四号字,居中显示。

(3) 设置正文第一段首字下沉3行,字体为华文彩云,颜色为浅绿色,其余各段首行缩进2个字符,段前间距0.5行,所有正文行距1.5倍。

(4) 设置两页纸的奇数页页眉为“糖果与龋齿”,偶数页页眉为“糖果的真相”;页面底端插入页码,类型为“普通数字2”,格式为“－1－、－2－、－3－、…”。

(5) 将正文部分出现的“甜点”替换为紫色加波浪线的“糖果”。

(6) 将正文部分第二段加浅绿色1.5磅阴影边框,使用浅蓝色作为填充色。

(7) 参考样张,在正文的适当位置插入艺术字样式“填充-红色,强调文字颜色2,双轮廓,强调文字颜色2”,艺术字文本内容输入“甜点与生活”,艺术字文本效果为“转换-跟随路径-上弯弧”,设置环绕方式为紧密型环绕。

(8) 参考样张,在正文的适当位置插入竖排文本框,添加文本“甜点不可缺少”,设置文本框黄色填充,文本框线型为“圆点”短划线,环绕方式为紧密型环绕,右对齐。

(9) 在文字部分倒数第二段适当位置插入图片“糖果.jpg”,设置图片格式为高3厘米、宽5厘米,环绕方式四周型,对齐方式左右居中。

(10) 将文字部分最后一段分为等宽三栏,栏间加分隔线。

样张：

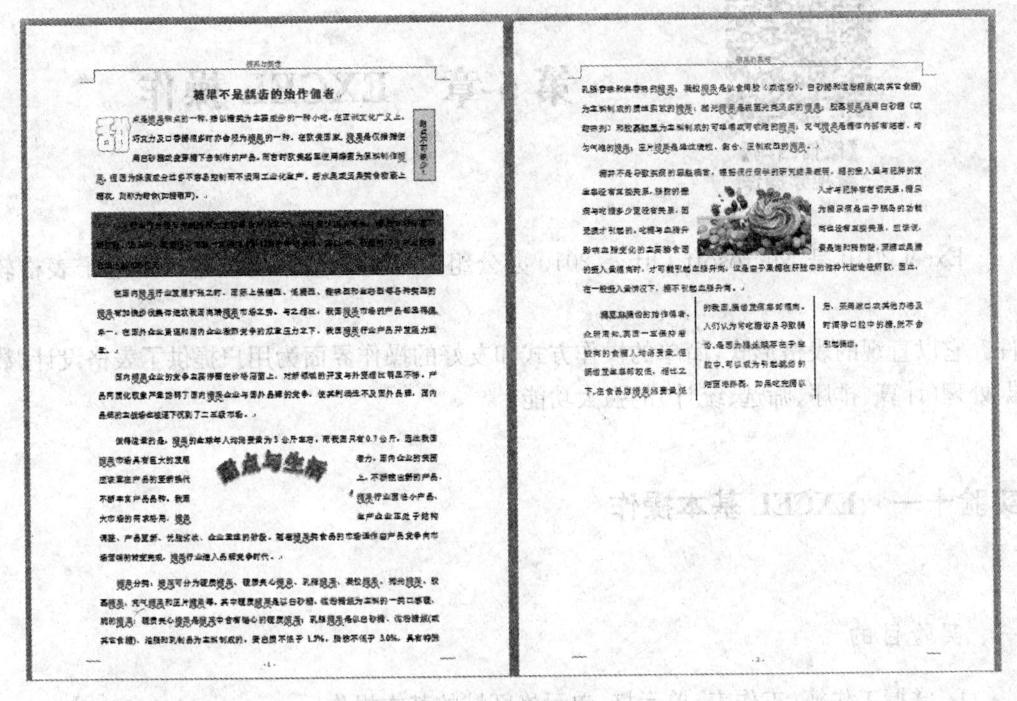

练习 2 样张

3. 打开“练习 3. docx”，完成下列操作并保存。

(1) 将文本转换为 7 行 4 列的表格；设置行高为 0.8 厘米，列宽为 3 厘米，表格居中显示。

(2) 为表格加标题“水果库存表”，字体格式为华文琥珀，三号字，居中显示。

(3) 将表格按照商品单价升序进行排序，并利用公式“库存金额＝单价 * 库存量”计算库存金额。

(4) 设置标题行为浅蓝色填充，设置表格外框线为蓝色，1.5 磅双线，内框线为红色，0.5 磅细实线。

(5) 设置表格文本为靠下居中对齐。

样张：

水果库存表

商品名称	单价	库存量	库存金额
梨	7.6	2537	19281.2
苹果	12.58	2342	29462.36
草莓	24.8	890	22072
橙子	25.6	2134	54630.4
枇杷	30	623	18690
车厘子	75	258	19350

【微信扫码】

习题解答 & 其他资源

练习 3 样张

【微信扫码】
看视频操作

第5章　EXCEL 操作

Excel 2010 是 Microsoft Office 2010 办公组件中用于数据处理的一个电子表格软件。它以直观的表格形式,简单的操作方式和友好的操作界面为用户提供了表格设计、数据处理(计算、排序、筛选、统计)的强大功能。

实验十一　EXCEL 基本操作

一、实验目的

1. 掌握工作簿、工作表、单元格、单元格区域的基本操作。
2. 掌握数据的录入、填充、公式计算、函数计算等操作。
3. 掌握数据的格式化操作。
4. 掌握数据的排序、筛选、分类汇总。
5. 掌握图表的制作。

二、实验内容与步骤

1. 启动 Excel

(1) 单击“开始”按钮,选择“所有程序”组中的 Microsoft Office,再单击 Microsoft Office2010,打开 Microsoft Office Excel 2010;

(2) 若桌面上有 Excel 快捷方式图标,双击它也可启动 Excel。

2. Excel 窗口

启动 Excel 后,即打开 Excel 应用程序窗口。他的工作窗口及界面与 Word 很相似,窗口由标题栏、菜单栏、功能区、数据编辑区、名称栏、状态栏、工作表区等组成。如图 5.1 所示。

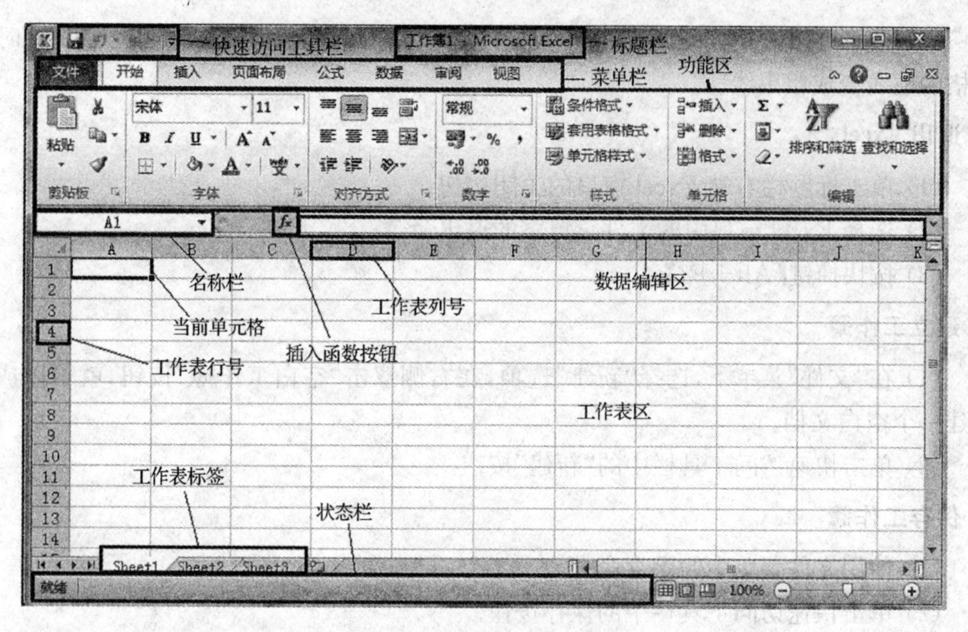

图5.1 Excel2010窗口界面

3. 工作簿、工作表和单元格

(1) 工作簿:一个excel文档就是一个工作簿。其扩展名为.xlsx。工作簿有多种类型,包括Excel工作簿(*.xlsx)、Excel启用宏的工作簿(*.xlsm)、Excel二进制工作簿(*.xlsb)、Excel 97—2003工作簿(*.xls)等类型。其中*.xlsx是Excel 2010默认的保存类型。

(2) 工作表:默认情况下每个工作簿中包括名称为Sheet1、Sheet2与Sheet3的3个工作表,可改名。工作表可根据需要增加或减少,工作表可容纳的最大工作表数目与可用内存有关。工作表是Excel窗口的主体,由行和列组成,每张工作表包含1048576行和16384列,工作表由工作表标签来标识。单击工作表标签按钮可以实现不同工作表之间的切换。

(3) 单元格:工作表中行和列相交形成的框称为单元格,它是组成工作表的最小单位,每个单元格用其所在的列标和行号标识。列标是字母,行号是数字,字母在前,数字在后。例如,A3单元格位于工作表第一列第三行的单元格。用户单击某单元格时,在名称框中会出现该单元格的名称。如图5.2所示。单元格中可以输入文本、数值、公式等。

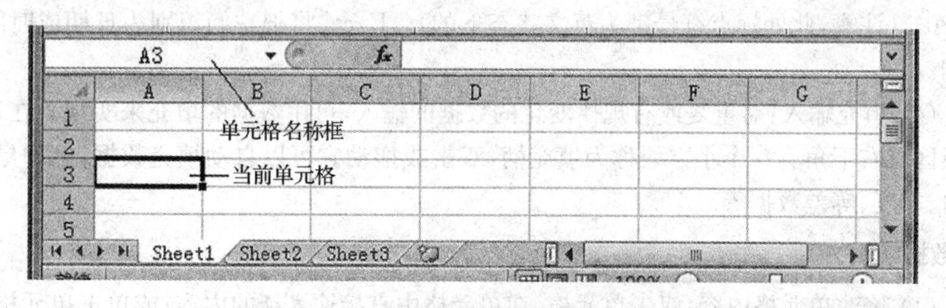

图5.2 单元格名称和当前单元格

(4) 当前单元格:用鼠标单击一个单元格,该单元格就是当前(选定)单元格。此时单元格的框线变成粗黑线。

4. 退出 Excel

(1) 单击标题栏右端 Excel 窗口的关闭按钮。

(2) 选择 Excel 窗口中的文件菜单下的退出命令。

(3) 按快捷键【Alt+F4】。

5. 建立工作簿

(1) 在“文件”菜单下,选择“新建”选项,在右侧双击“空白工作簿”按钮,就可以成功创建一个空白文档。

(2) 单击快速访问工具栏中的“新建”按钮。

6. 保存工作簿

(1) 使用文件菜单中的保存命令。

(2) 单击快速访问工具栏中的保存按钮。

(3) 直接按快捷键【Ctrl+S】。

(4) 换名保存。使用“文件”菜单中的“另存为”命令,在“另存为”对话框中进行保存操作。

7. 数据的输入

(1) 输入文本数据:选定单元格,直接由键盘输入,完成后按回车键或单击编辑栏中输入按钮。默认情况下,输入到单元格中的文本数据是左对齐的。在输入由数字组成的文本时,以英文状态的单引号“'”作为前导开始输入数字。或者以等号作为前导并将数据用双引号括起,系统会将输入的内容自动识别为文本数据,并以文本形式在单元格中保存和显示。例如键入“'01087365288”,或者键入“="01087365288"”,则 01087365288 是文本数据。(注意,此处标点符号都是英文状态的)。

(2) 输入数值数据:数值数据的输入与文本数据输入类似,但数值数据的默认对齐方式是右对齐。在一般情况下,如果输入的数据长度超过了 11 位,则以科学计数法(例如 1.23456E+14)显示数据。

(3) 输入日期和时间:日期和时间也是数据,具有特定格式,输入日期时,可用“/”或“-”分隔年、月、日部分,如 2014-9-18;输入时间时,可用“:”分隔时、分、秒部分,如 11:23:30。(注意,此处标点符号都为英文状态下的)。Excel 将把它们识别为日期或时间型数据。

(4) 填充输入:对重复或有规律变化的数据的输入,可用数据的填充来实现。在单元格或区域右下角有一个小方块称为填充柄,双击或拖动它可以自动填充数据,例如星期、月份、季度、等差数据等。

8. 数据编辑

(1) 修改单元格内容:双击单元格,在单元格中直接输入新的内容;或单击单元格,输入内容,以新内容取代原有内容。

(2) 插入单元格、行或列:选择插入位置,在“开始”功能区的“单元格”组中单击“插入”下拉箭头,选择需要的插入方式,然后单击“确定”按钮。

(3) 删除单元格、行或列:选定要删除的单元格或行或列,在“开始”功能区的“单元格”组中单击“删除”下拉箭头,选择需要删除单元格、行或列。

(4) 清除单元格数据:选定要清除的单元格区域,在“开始”功能区的“编辑”分组中,单击“清除”下拉按钮,有 6 个选项可供选择,分别为“全部清除”、“清除格式”、“清除内容”、“清除批注”、“清除超链接”和“删除超链接”。全部清除:清除单元格中的格式、数据内容和批注。清除格式:只清除所选单元格中的格式。清除内容:只清除所选单元格中的数据内容。清除批注:只清除所选单元格中的批注。清除超链接:只清除所选单元格中的超链接,不清除格式。删除超链接:删除所选单元格中的超链接。

(5) 复制和移动单元格:选择需要移动的单元格,并将鼠标置于单元格的边缘上,当光标变成四向箭头形状时,拖动鼠标即可。复制单元格时,将鼠标置于单元格的边缘上,当光标变成四向箭头形状时,按住【Ctrl】键拖动鼠标即可。也可利用工具栏中的“剪切”或“复制”以及“粘贴”按钮完成。

(6) 单元格与区域的选择:

a) 单元格选取:单击要选择的单元格即可。

b) 连续的单元格区域:首先选择需要选择的单元格区域中的第一个单元格,然后拖动鼠标即可或按住【Shift】键,再单击要选区域右下角单元格。此时,该区域的背景色将以蓝色显示。

c) 不连续的单元格区域:首先选择第一个单元格,然后按住【Ctrl】键逐一选择其他单元格即可。

d) 选择整行:将鼠标置于需要选择行的行号上,当光标变成向右的箭头时,单击即可。另外,选择一行后,按住【Ctrl】键一次选择其他行号,即可选择不连续的整行。

e) 选择整列:与选择行的方法大同小异,也是将鼠标置于需要选择的列的列标上,单击即可。

f) 选择整个工作表:直接单击工作表左上角行号与列标相交处的“全部选定”按钮即可,或者按住【Ctrl+A】组合键选择整个工作表。

9. 工作表的基本操作

(1) 选定工作表:

a) 选定多个相邻的工作表:单击这几个工作表中的第一个工作表标签,然后按【Shift】键并单击工作表中的最后一个工作表标签。

b) 选定多个不相邻的工作表:按住【Ctrl】键并单击每一个要选定的工作表标签。

(2) 插入工作表:在“开始”功能区的“单元格”组中单击“插入”按钮的下拉箭头,并选择“插入工作表”命令。或选中工作表标签,右键单击,在弹出的快捷菜单中选择“插入…”选择 “工作表”。

(3) 删除工作表:选中要删除的工作表,在“开始”功能区的“单元格”组中单击“删除”按钮的下拉箭头,并选择“删除工作表”命令。或选中工作表标签,右键单击,在弹出的快捷菜单中选择“删除”命令。

(4) 重命名工作表:鼠标右击要重命名的工作表标签,在弹出的快捷菜单中选择“重命名”命令,或者双击工作表标签,输入新的名字后,按回车键即可。

(5) 移动和复制工作表:

a) 在同一个工作簿移动(或复制)工作表:拖动(或按住【Ctrl】键+拖动)工作表标签至合适的位置后放开即可

b) 在不同工作簿移动(或复制)工作表:打开源工作簿和目标工作簿,单击源工作簿中要移动(或要复制)的工作表标签,使之成为当前工作表;在“开始”功能区的“单元格”分组中,单击“格式”下拉按钮,在“组织工作表”项中选择“移动或复制工作表”命令,弹出的“移动或复制工作表”对话框,在对话框的“工作簿”栏中选中目标工作簿,在“下列选定工作表之前”栏中选定在目标工作簿中插入的位置。

10. 设置单元格格式

选定要格式化的单元格或单元格区域,选择“开始”功能区“对齐方式”组中的下拉箭头,在弹出的对话框中可对单元格内容的数字格式、对齐方式、字体、填充、单元格边框以及保护方式等格式进行定义。如图5.3,图5.4,图5.5,图5.6,图5.7所示。

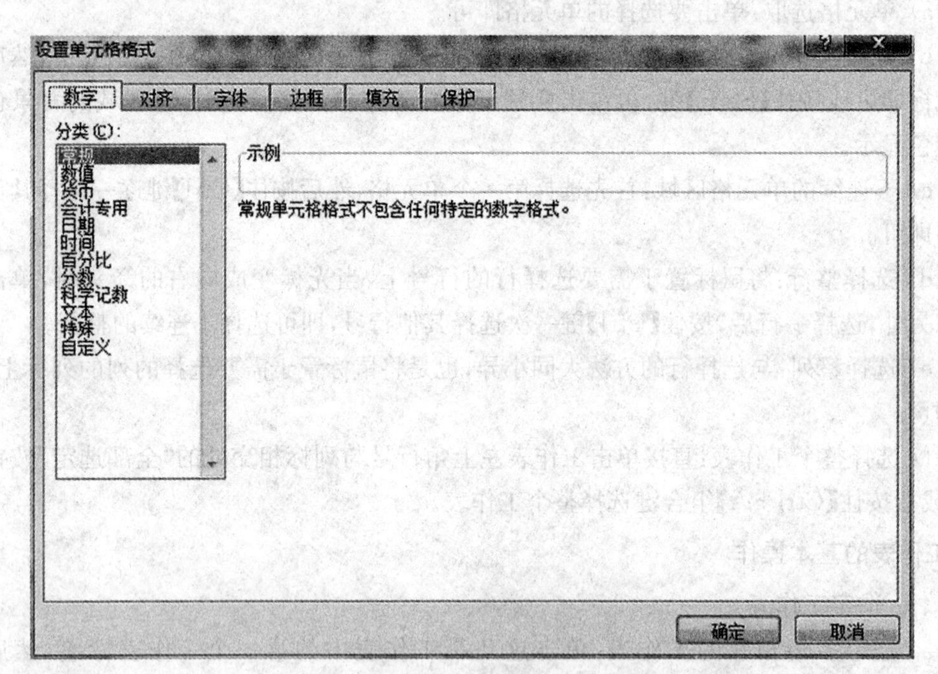

图5.3 设置单元格格式——数字格式

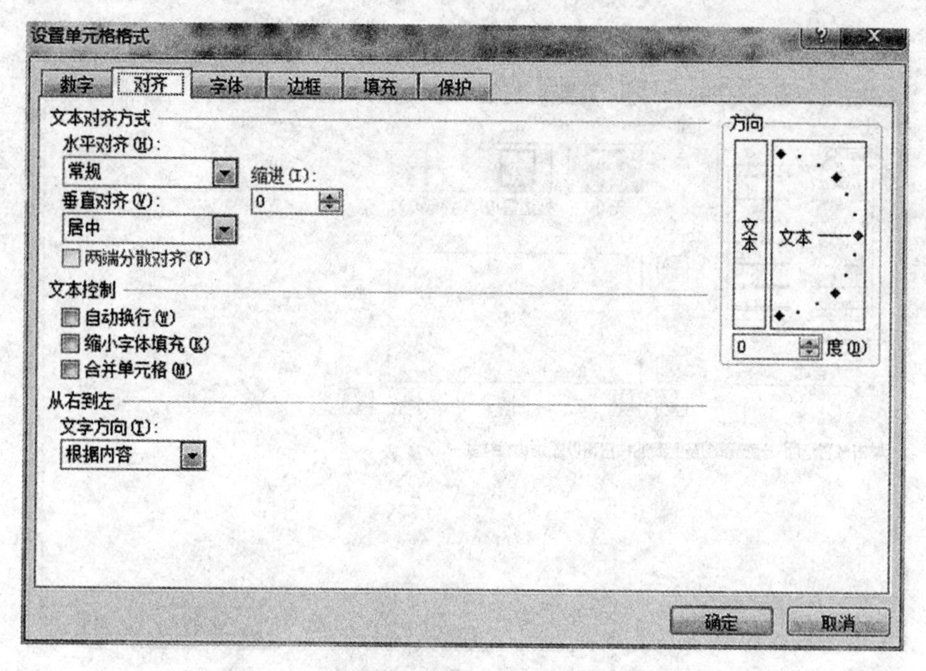

图 5.4 设置单元格格式——单元格对齐方式

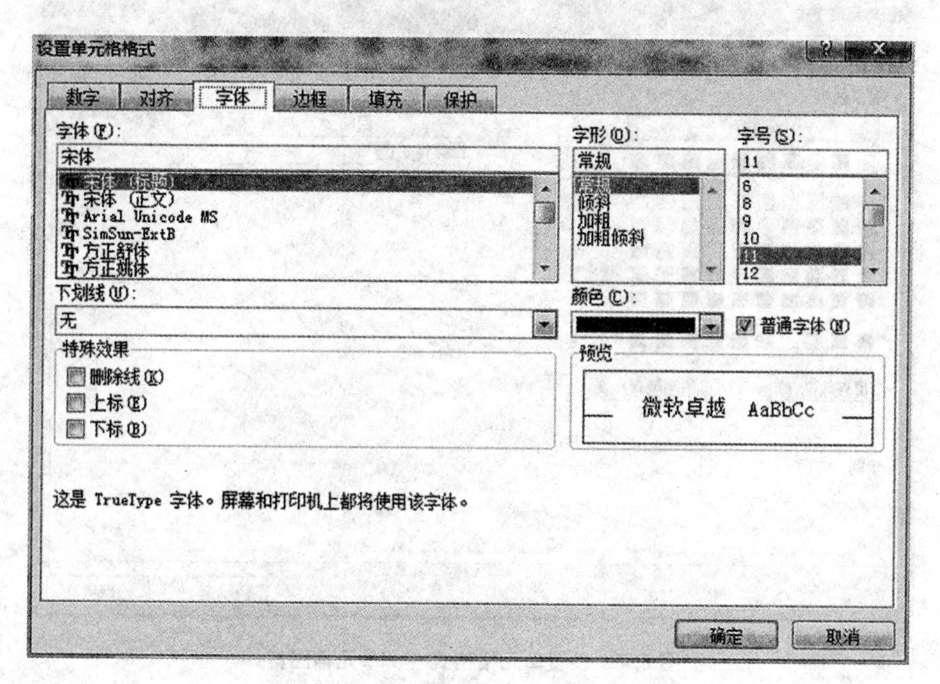

图 5.5 设置单元格格式——单元格字体

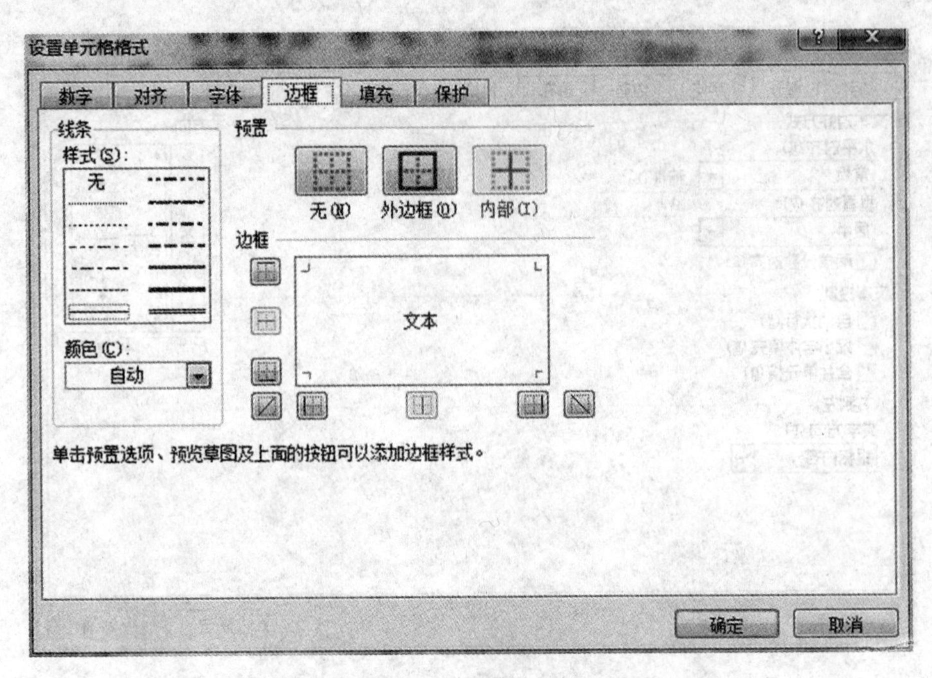

图 5.6 设置单元格格式——单元格边框

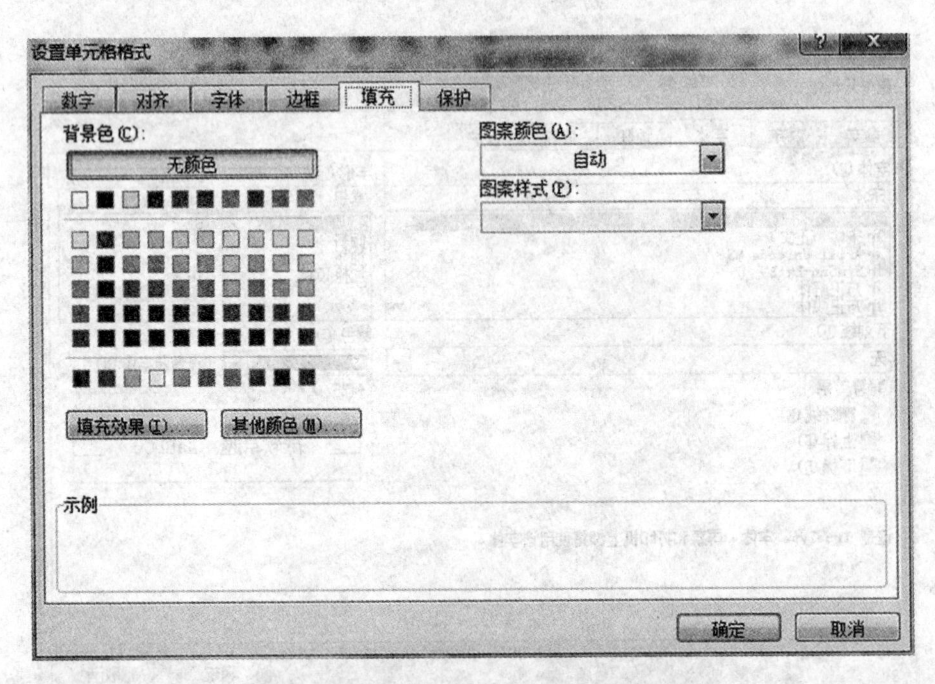

图 5.7 设置单元格格式——单元格图案

11. 设置列宽和行高

(1) 行高和列宽的精确调整:选中需要调整的行或列,在“开始”功能区的“单元格”组中单击“格式”下拉箭头,进行相应的选项,如图 5.8 所示。

(2) 行高和列宽的鼠标调整：鼠标指向要调整的行高(或列宽)的行标(或列标)的分隔线上，这时鼠标指针会变成一个双向箭头的形状，拖曳分割线至适当的位置即可。

(3) 行高和列宽的自动调整：选定要调整的行，将鼠标移到要调整的行标号左下界，当鼠标指针呈一个双向箭头的形状时，双击即可；或者在"开始"功能区的"单元格"组中单击"格式"下拉箭头，选择"自动调整行高"。列宽的自动调整类似。

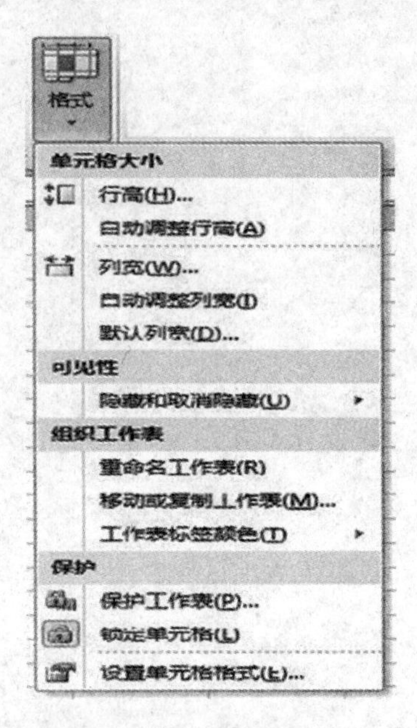

图5.8 行高列宽的设置

12. 行列的隐藏和取消

选定要隐藏的行(或列)，单击鼠标右键，在弹出的快捷菜单中选择"隐藏"命令。或者在"开始"功能区的"单元格"组中单击"格式"下拉箭头，选择"隐藏和取消隐藏"。进行相应设置，如图5.9所示。

图5.9 行列的隐藏和取消

13. 设置条件格式

使用条件格式，可以实现数据的突出显示，并且可以使用"数据条"、"色阶"和"图表集"3种内置的单元格图形效果样式。要设置条件格式，可以在"开始"功能区的"样式"组中，单击"条件格式"下拉列表框中的相应按钮，有突出显示单元格规则、项目选取规则、数据条、色阶、图表集等项，如图5.10所示。

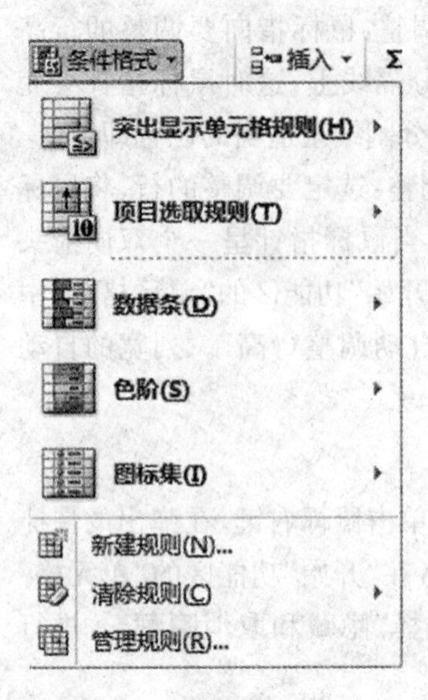

图 5.10　设置条件格式

14. 使用样式

样式是单元格的字体、字号、边框等属性特征的组合。这些属性特征的组合可以被保存下来,提供给用户使用。可以在“开始”功能区的“样式”分组中,单击“单元格样式”下拉按钮,如图 5.11 所示。

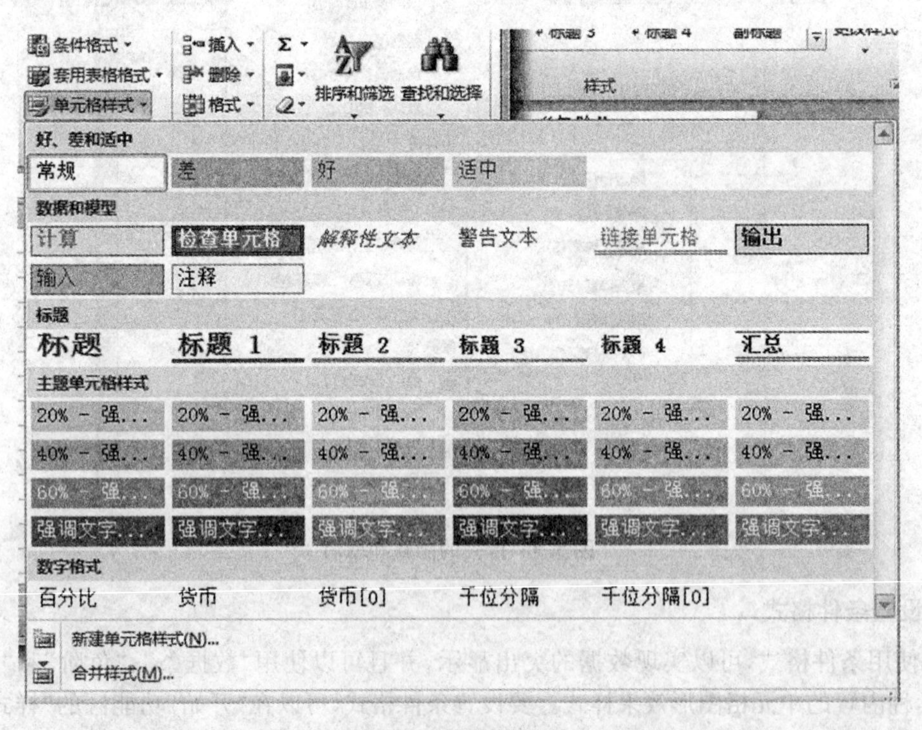

图 5.11　单元格样式

15. 自动套用格式

Excel 套用表格格式功能提供了 60 种表格格式，使用它可以快速对表格进行格式化操作。套用表格格式的步骤如下：选中需格式化的单元格，在“开始”功能区的“样式”组中，单击“套用表格格式”下拉列表框中的相应按钮，打开“套用表格”对话框，根据实际情况确定是否勾选“表包含标题”复选框，单击“确定”按钮，如图 5.12 所示。

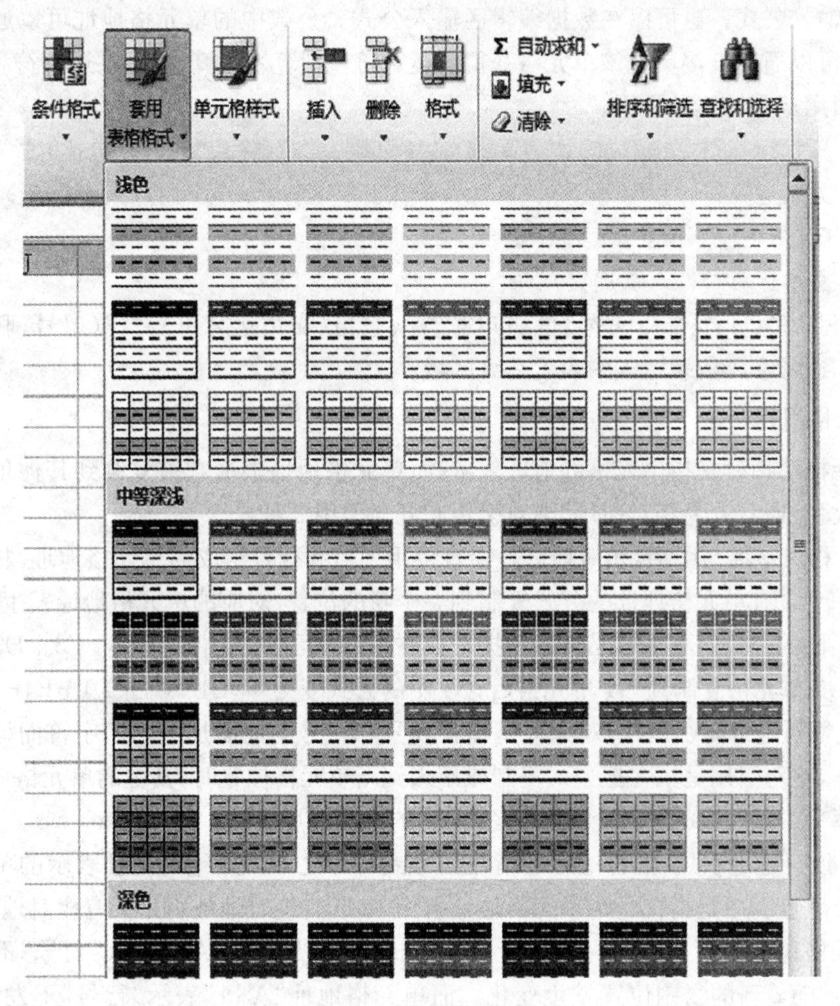

图 5.12　自动套用格式

16. 使用模板

模板是含有特定格式的工作簿。在“文件”菜单下，选择“新建”选项，在右侧双击选择所需的模板按钮，就可以成功用模板建立新工作簿。

17. 自动计算

自动计算是指无需公式就能自动计算一组数据的累加和、平均值、最大值、最小值等数据功能。运用自动计算可以计算相邻的数据区域，也可以计算不相邻的数据区域。如多区域自动求和的方法：选定存放结果的目标单元格，在“公式”功能区的“函数库”分组中，单击“自动求和”按钮，此时，数据编辑区显示为：SUM。选定参与求和的各区域(选定区域会被动态的虚线框为主)。按回车确认。

18. 公式的使用

在Excel中,公式是以等号(=)开始,由数值、单元格引用(地址)、函数或操作符组成的序列。利用公式可以根据已有的数值计算出一个新值,当公式中相应单元格的值改变时,由公式生成的值亦随之改变。公式的输入方法是:选定存放结果的单元格后,双击该单元格,输入公式。也可以在数据编辑区输入公式。公式中的单元格地址可以通过键盘输入,也可以通过直接单击该单元格获得。运算符包括算术运算符、关系运算符和文本运算符和引用运算符4种类型。

(1) 算术运算符:"+"(加)、"-"(减)、"*"(乘)、"/"(除)、"%"(百分比)、"^"(指数)

(2) 关系运算符:"="(等于)、">"(大于)、"<"(小于)、">="(大于等于)、"<="(小于等于)、"<>"(不等于)

(3) 文本运算符:"&"(连接)

(4) 引用运算符:":"(冒号,区域运算符)、空格(交集运算符)、","(逗号,联合运算符),它们通常在函数表达式中表示运算区域。

19. 单元格引用

单元格引用就是指单元格的地址表示,而单元格地址根据它被复制到其他单元格时是否会改变,通常分为相对引用、绝对引用和混合引用3种。

(1) 相对地址与引用:相对地址是指直接用列号和行号组成的单元格地址,相对引用是指把一个含有单元格地址的公式复制到一个新的位置,对应的单元格地址发生变化,即引用单元格的公式而不是单元格的数据。如在G3单元格中输入"=B3+C3+D3+E3+F3",将G3单元格复制到G4单元格后,G4中的公式变为"=B4+C4+D4+E4+F4"。

(2) 绝对地址与引用:绝对地址是指在列号和行号的前面加上"$"字符而构成的单元格地址,绝对引用是指在把公式复制或填入到新单元格位置时,其中的单元格地址与数据保持不变。如"$B$2",表示对单元格B2的绝对引用。

(3) 混合地址引用:混合地址是指在列号或行号之一采用绝对地址表示的单元格地址。混合地址引用是指在一个单元格地址引用中,既有绝对地址引用又有相对地址引用,是在单元格地址的行号或列号前加上"$",如单元格地址"$A1"表示"列号"不发生变化,而"行"随着新的复制位置发生变化。而单元格地址"A$1"表示"行号"不发生变化,而"列"随着新的复制位置发生变化。

20. 函数的使用

函数是系统预先定义并按照特定的顺序、结构来执行、分析等数据处理任务的功能模块。函数既可作为公式中的一个运算对象,也可作为整个公式来使用。

Excel函数的一般形式如下。

函数名(参数1,参数2,…)

其中:函数名指明要执行的运算,参数指定使用该函数所需的数据。参数可以是常量、单元格、区域、区域名、公式或其他函数。

(1) 函数输入

a) 直接输入法。直接在单元格中输入公式。如:"=MAX(A3:A5)"。

b) 插入函数法。在"公式"功能区的"函数库"分组中,单击"插入函数"按钮,弹出"插入函数"对话框,选择所需的函数即可。如图5.13,图5.14所示。

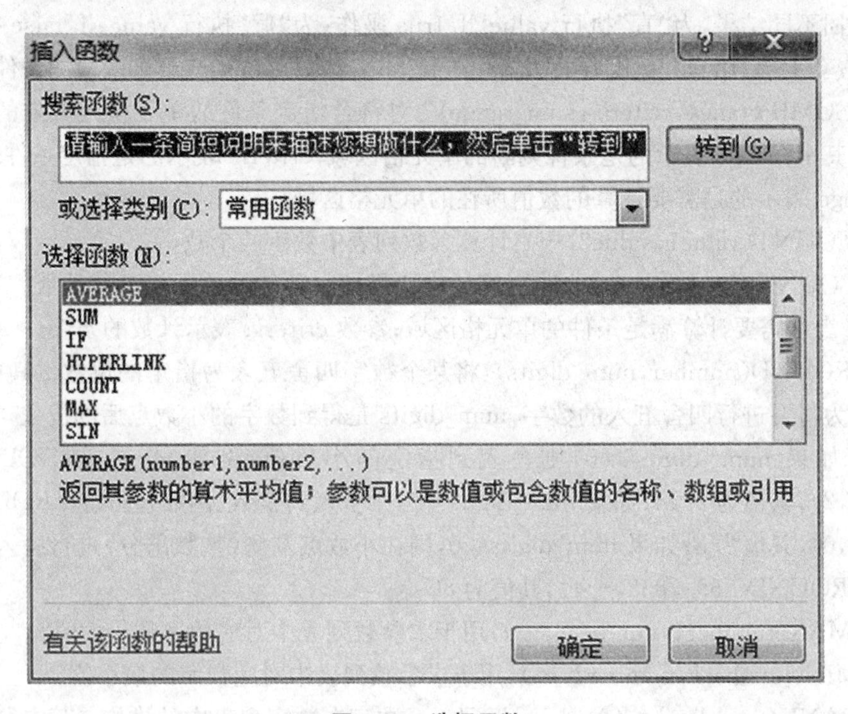

图5.13　选择函数

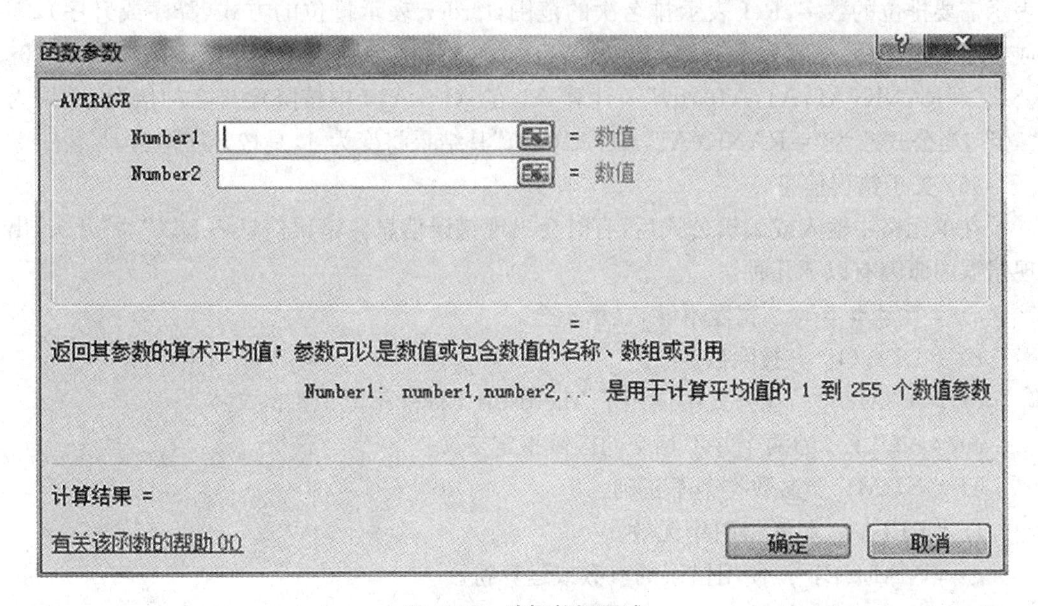

图5.14　选择数据区域

(2) 常用函数介绍

a) SUM(number1,number2,…):求指定参数所表示的一组数值之和。

b) AVERAGE(number1,number2,…):求指定参数所表示的一组数值的平均值。该函数只对参数的数值求平均数,如区域引用中包含了非数值的数据,则AVERAGE不把它包含在内。

c) IF(logical_test,value_if_true,value_if_false):根据logical_test的逻辑计算的真假值,返回不同结果,为“真”执行value_if_true操作;为“假”执行value_if_false操作,IF函数可嵌套7层,用value_if_true及value_if_false参数可以构造复杂的检测条件。

d) SUMIF(range,criteria,sum_range):对符合指定条件的单元格区域内的数值进行求和,其中:range表示的是条件判断的单元格区域;criteria表示的是指定条件表达式;sum_range表示的是需要计算的数值所在的单元格区域

e) COUNT(value1,value2,…):计算参数列表中数字的个数。

f) COUNTIF(range,criteria):对区域中满足指定条件的单元格进行计数。其中:参数range表示需要计算满足条件的单元格区域;参数criteria表示计数的条件。

g) ROUND(number,num_digits):将某个数字四舍五入为指定的位数。其中:参数number为将要进行四舍五入的数字,num_digits是得到数字的小数点后的位数。需要说明的是:如果num_digits>0,则舍入到指定的小数位,例如,公式:=ROUND(3.1415926,2),其值为3.14;如果num_digits=0,则舍入到整数,例如,公式:=ROUND(3.1415926,0),其值为3;如果num_digits<0,则在小数点左侧(整数部分)进行舍入,例如,公式:=ROUND(759.7852,-4),其值为800。

h) MAX(number1,number2,…):用于求参数列表中对应数字的最大值。

i) MIN(number1,number2,…):用于求参数列表中对应数字的最小值。

j) RANK(number, ref,order):返回一个数字在数字列表中的排位。其中:number表示需要排位的数字,Ref表示排名次的范围,Order表示排位的方式(降序或升序),零或省略表示降序;非零表示升序。例如A1:A10单元格分别为1,2,3,4,5,6,7,8,9,10。公式“=RANK(A1,A1:A10,0)”为计算A1在A1~A10中按降序排名的情况,结果为“10”,当公式改为“=RANK(A1,A1:A10,1)”其结果将变为1,是按升序排名。

(3) 关于错误信息

在单元格中输入或编辑公式后,有时会出现错误信息。错误信息一般以“#”开头,出现错误的原因有以下几种:

a) ####### 宽度不够,显示不全。

b) #DIV/O! 被除数为0。

c) #NAME? 在公式中使用了Microsoft Excel不能识别的文本。

d) #NULL 为两个并不相交的区域指定交叉点。

e) #NUM! 参数类型不正确。

f) #REF! 单元格引用无效。

g) #VALUE! 使用错误的参数或运算符。

21. 图表

(1) 创建图表

选定要绘图的单元格区域,在“插入”功能区的“图表”分组中,单击“图表”按钮,弹出

“插入图表”对话框，选择所需图表类型，单击确定键。分别在“图表工具”的“设计”、“格式”、“布局”功能区对图表属性进行设置，以确定图表标题、图例、数据表等。

(2) 编辑和修改图表

图表创建完成之后，如果对工作表进行了修改，图表的信息也会随着变化。

a) 修改图表类型

单击已建立好的图表区域，切换到“图表工具”的 “设计”功能区，单击“类型”组中的“更改图表类型”按钮，弹出对话框，单击左侧窗口内的图表类型的选项，选定右侧窗口内该类型的子类型后，点击“确定”，工作表中的图表类型就改变了。

b) 修改图表源数据

单击图表绘图区，切换到“图表工具”的“设计”功能区，单击“数据”组中的“选择数据”按钮，弹出对话框，单击“图表数据区域”右侧的单元格引用按钮选择新的数据源区域，然后再单击单元格引用按钮，返回到“选择数据源”对话框，此时在“图表数据区域”文本对话框中已经引用了新的数据源的地址，单击“确定”。若要删除工作表和图表中的数据，只要删除工作表中的数据，图表将自动删除。如果只要从图表中删除数据，则在图表上单击所要删除的图表系列，按【Del】键即可。

c) 修改图表标题、坐标轴标题，图例、数据标签等

选择图表区域，利用“图表工具”的“布局”功能区的“标签”分组，通过“图表标题”、“坐标轴标题”、“图例”、“数据标签”等按钮，作对应设置，如图5.16所示。

(3) 修饰图表

a) 利用图表区格式对话框

选择图表区域，单击鼠标右键，在弹出的快捷菜单中选择“设置图表区格式”命令，打开相应对话框，进行图表边框、颜色、字体、属性等设置，如图5.15所示。

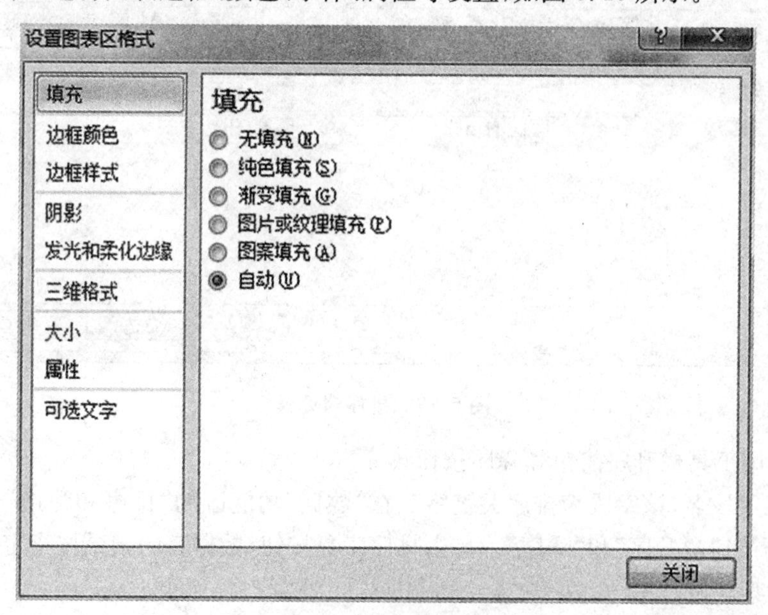

图5.15　设置图表区格式

b) 利用“图表工具”的“布局”功能区的“背景”分组

选择图表区域,通过“绘图区”、“图表背景墙”、“图表基地”、“三维旋转”等按钮,可以更改绘图区和背景墙的图案、字体和属性的设置,如图5.16所示。

c) 利用“图表工具”的“布局”功能的“坐标轴”分组

选择图表区域,通过“坐标轴”、“网格线”等按钮,可以更改坐标轴的图案、刻度、数字、字体、对齐等设置,如图5.16所示。

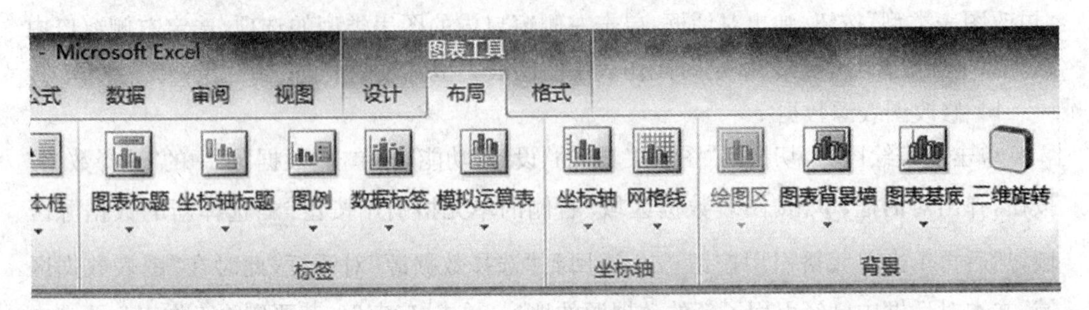

图5.16 图表工具布局功能

22. 数据排序

(1) 用“排序”菜单命令排序

选择工作表数据区任一单元格。在“数据”功能区的“排序和筛选”分组,单击“排序”按钮,弹出“排序”对话框。在“主关键字”栏中选择第一排序的列名,并在其后选择排序次序(升序或降序),点击“添加条件”,在“次要关键字”栏中选择第二排序的列名,并在其后选择排序次序(升序或降序),勾选“数据包含标题”,点击“确定”,如图5.17所示。

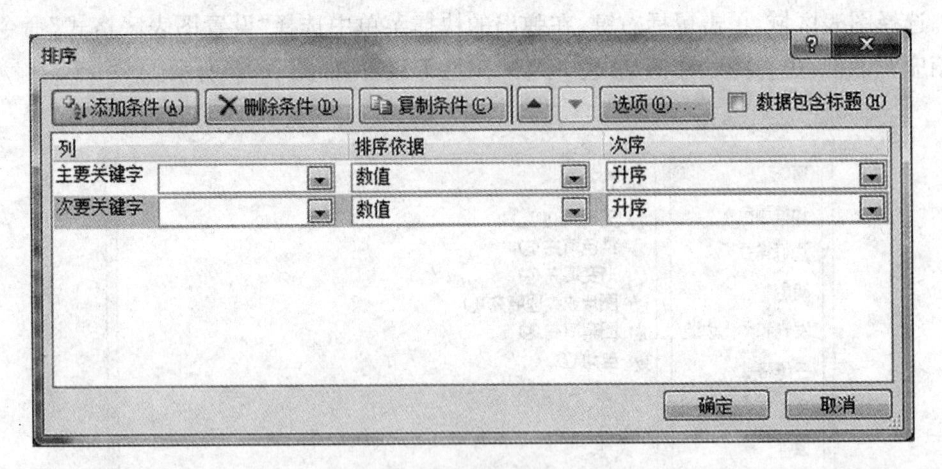

图5.17 排序对话框

(2) 利用工具栏升序按钮和降序按钮排序

单击某字段名,该字段为排序关键字。在“数据”功能区的“排序和筛选”分组中的两个排序工具按钮,“升序”和“降序”。单击排序工具按钮,数据表的记录按指定顺序排列。

(3) 对某区域排序

若只对数据表的部分记录进行排序,则先选定排序的区域,然后用上述方法进行排序。

23. 数据筛选

数据筛选是指从工作表包含的众多行中挑选出符合条件的一些行的操作方法。

(1) 自动筛选

a) 在“开始”功能区的“编辑”分组中，单击“排序和筛选”下拉按钮，选择“筛选”选项；或者在“数据”功能区的“排序和筛选”分组，单击“筛选”按钮。此时，数据表的每个字段名旁边出现下拉按钮，单击下拉按钮，将出现下拉列表框。

b) 单击与筛选条件有关的字段的下拉按钮。在出现的下拉列表中进行条件选择。

c) 如要取消筛选，在“开始”功能区的“编辑”分组中，单击“排序和筛选”下拉按钮，选择“清除”选项即可取消筛选。或在“开始”功能区的“编辑”分组中，单击“排序和筛选”下拉按钮，选择“筛选”选项同样可以取消筛选。另外，利用“数据”功能区的“排序和筛选”分组也可以实现相同的功能。

(2) 高级筛选

首先在工作表空白处输入筛选条件，单击工作表数据清单中的任意单元格，在“数据”功能区的“排序和筛选”分组中，单击“高级筛选”按钮，弹出“高级筛选”对话框，单击“列表区域”右侧的折叠按钮，弹出“高级筛选－列表区域”对话框，用鼠标选择筛选区域，也可以在文本框中手动输入筛选区域，然后再次按右侧的折叠按钮，返回“高级筛选”对话框，再用同样的方法设置“条件区域”，“复制到”右侧的文本框则可以让用户自定义筛选出来的记录所放置的区域，如果不选择，那么筛选结果显示在原来的工作表中。最后点击“确定”完成高级筛选操作。

在使用高级筛选构造筛选条件时，在数据表前插入若干行作为条件区域，空行的个数以能容纳的条件为限。根据条件在相应字段的上方输入字段名，并在刚输入的字段名下方输入筛选条件。写在相同行的条件是需要同时满足的，写在相同列的条件满足其一即可。

24. 数据分类汇总

分类汇总是对数据内容进行分析的一种方法。分类汇总只能应用于数据清单，数据清单的第一行必须要有列标题。在进行分类汇总前，必须根据分类汇总的数据类对数据清单进行排序。

(1) 创建分类汇总

选择数据区域中的任意单元格，在“数据”功能区的“分级显示”分组中，单击 “分类汇总”命令，在弹出的“分类汇总”对话框中设置各种选项即可，如图 5.18 所示。

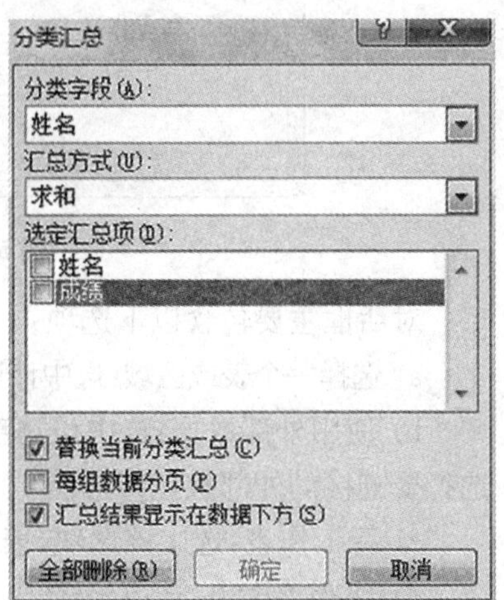

图 5.18　分类汇总对话框

该对话框中主要包含下列几种选项：

a) 分类字段：用来设置分类汇总的字段依据，包含数据区域中的所有字段。

b) 汇总方式：用来设置汇总函数，包含求和、平均值、最大值等 11 种函数。

c) 选定汇总项：设置汇总数据列。

d) 替换当前分类汇总：表示在进行多次汇总操作

时,选中该复选框可以清除前一次的汇总结果,按照本次分类要求进行汇总显示。

e) 每组数据分页:选中该复选框,表示打印工作表时,将每一类分别打印。

f) 汇总结果显示在数据下方:选中该复选框,可以将分类汇总结果显示在本类最后一行(系统默认是放在本类的第一行)。

(2) 删除分类汇总

如果要删除已经创建的分类汇总,可以通过执行"分类汇总"对话框中的"全部删除"命令来清除工作表中的分类汇总。

(3) 隐藏分类汇总数据

在显示分类汇总结果的同时,分类汇总表的左侧会自动显示分级显示按钮,使用分级显示按钮可以显示或隐藏分类数据。单击工作表左边列表数的"－"号可以隐藏分类数据,此时"－"号变成"＋"号,单击"＋"号,即将隐藏的数据记录信息显示出来。

25. 数据透视表

(1) 创建数据透视表

选择需要创建数据透视表的工作表数据区域,该数据区域要包含列标题。执行"插入"功能区"表格"分组,选择"数据透视表"命令,选择"数据透视表"选项,即弹出"创建数据透视表"对话框,如图5.19所示。

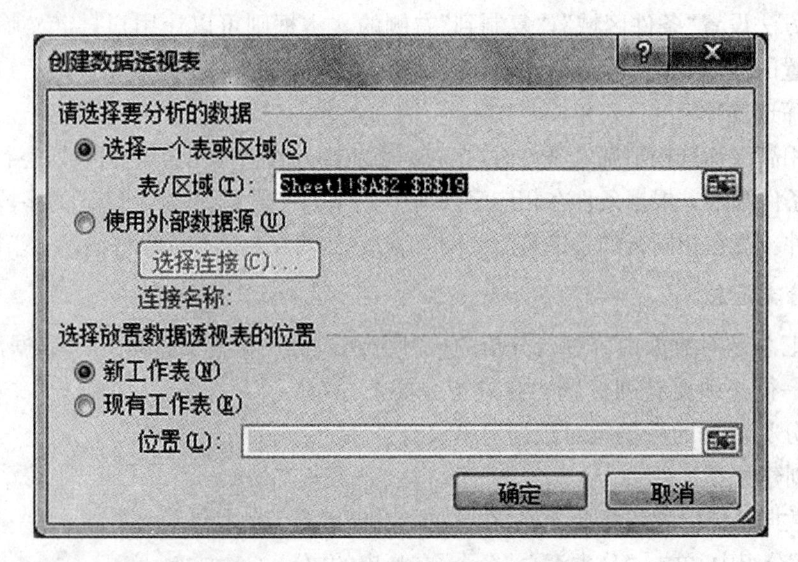

图5.19 创建数据透视表对话框

对话框主要包含以下选项:

a) 选择一个表或区域:选中该选项,表示可以在当前工作簿中创建数据透视表的数据。

b) 使用外部数据:选中该选项后单击"选择连接"按钮,在弹出"现有链接"对话框中选择要链接的外部数据即可。

c) 新工作表:选中该选项,表示可以将创建的数据透视表显示在新的工作表中。

d) 现有工作表:选中该选项,表示可以将创建的数据透视表显示在当前工作表指定位置中。

e) 在对话框单击"确定",即可在工作表插入数据透视表,并在窗口右侧自动弹出"数据透视表字段列表”任务窗格，在“选择要添加到报表的字段”列表框中选择需要添加的字段即可。

(2) 编辑数据透视表

创建数据透视表之后，为了适应分析数据，需要编辑数据透视表。其编辑内容主要包括更改数据的计算类型，筛选数据等。

a) 更改数据计算类型

在“数据透视表”字段列表任务窗格中的“数值”列表框中，单击数值类型选择“值字段设置”选项，在弹出的“值字段设置”对话框中的“计算类型”列表框中选择需要的计算类型即可。

b) 设置数据透视表样式

Excel 2010 为用户提供了浅色、中等深浅、深色 3 种类型共 65 种表格样式选择。执行“设计”功能区的“数据透视表样式”分组中选择一种样式即可。

c) 筛选数据

选择数据透视表，在“数据透视表”字段列表任务窗格中，将需要筛选数据的字段名称拖动到“报表筛选”列表框中，此时，在数据透视表上方将显示筛选列标，用户可单击“筛选”按钮对数据进行筛选。

此外，用户还可以在“行标签”、“列标签”或“数值”列表框中单击需要筛选的字段名称后面的下三角按钮，在下拉列表中选择“移动到报表筛选”选项，也可以将该字段设置为可筛选的字段。

26. 工作表的页面设置

在需要打印工作表之前，应正确设置页面格式，这些设置可以通过“页面设置”对话框完成。在“页面布局”功能区的“页面设置”分组中单击“页面设置”右侧下三角对话框启动器按钮，打开如图 5.20 所示的“页面设置”对话框。

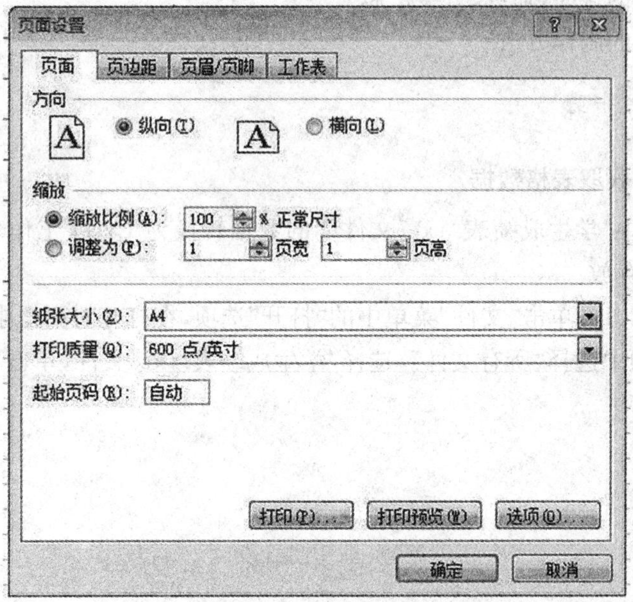

图 5.20　页面设置对话框

(1) 设置页面。在“页面”选项卡内,可以选择横向或纵向打印,缩小或放大工作簿,或强制它适合于特定的页面大小以及起始页码等。

(2) 设置页边距。在“页边距”选项卡内,设置工作表上、下、左、右4个边界的大小,还可设置水平居中方式和垂直居中方式。

(3) 设置页眉页脚。在“页眉页脚”选项卡内,可设置页眉和页脚,还可以通过任意勾选其中的复选框对页眉页脚的显示格式进行设置。

(4) 设置工作表。在“工作表”选项卡内,可以对打印区域、打印标题、打印效果及打印顺序进行设置。

27. 工作表和工作簿的保护

保护工作表。用户可通过执行“审阅”功能区的“更改”分组中,选择“保护工作表”命令,在弹出的“保护工作表”对话框中选中所需保护的选项,并输入保护密码。

保护工作簿。通过为文件添加保护密码的方法,来保护工作簿文件。用户只需执行“文件”功能区的“另存为”命令,在弹出的“另存为”对话框中单击“工具”下拉按钮,选择“常规选项”,并输入打开权限与修改权限密码。

实验十二　EXCEL 操作案例

一、实验目的

1. 掌握工作表的基本操作及工作表中数据的格式化操作。
2. 掌握公式和函数的计算。
3. 掌握数据的排序、筛选、分类汇总。
4. 掌握图表的制作方法

二、实验内容与步骤

1. 从外部文件中获取表格数据

将实验素材中“学生成绩表.txt”文件中的数据转换为Excel工作表,要求数据自第一行第一列开始存放。

启动Excel 2010,单击“文件”菜单中的“打开”选项,在打开对话框中选择实验素材路径,在右下角选项中选择“所有文件”,选择“学生成绩表.txt”文件,单击“打开”按钮,如图5.21所示。

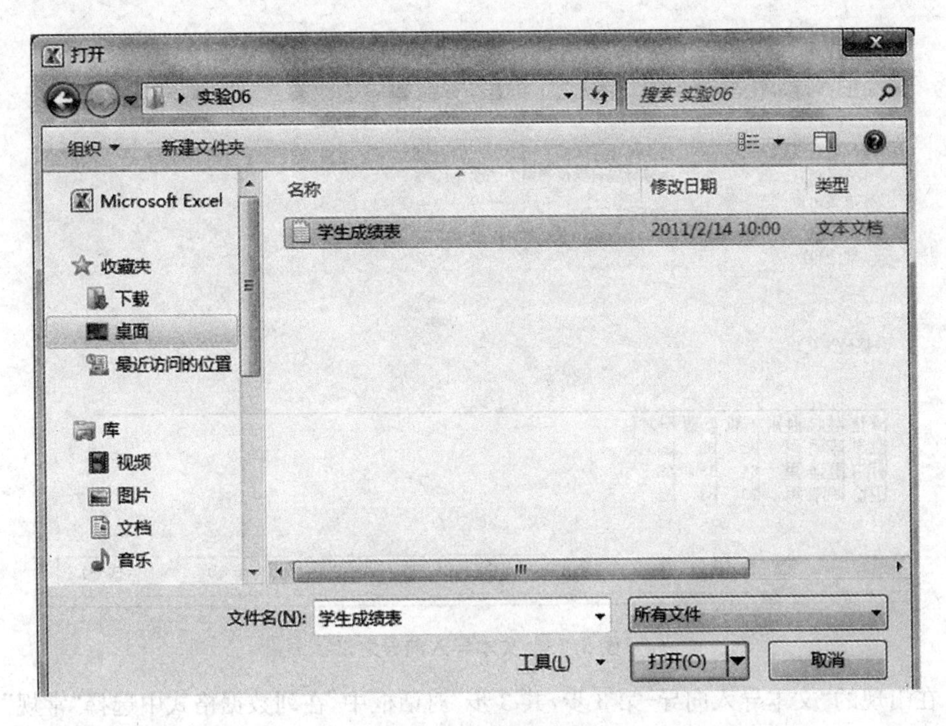

图 5.21　打开文本文件

在出现的“文本导入向导-第 1 步，共 3 步”对话框中，使用默认项“分隔符号”，如图 5.22 所示，单击“下一步”按钮。

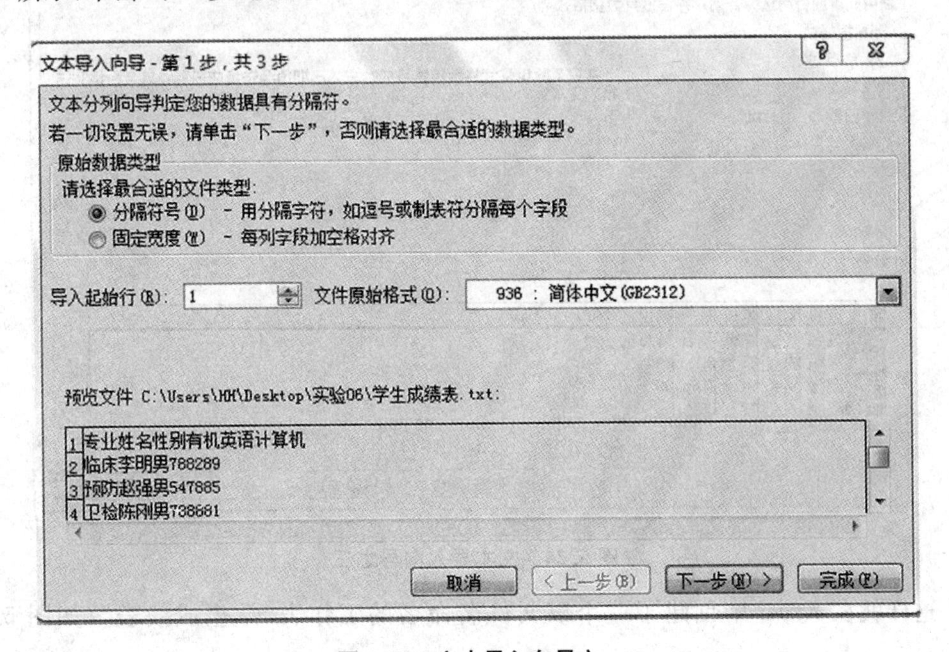

图 5.22　文本导入向导之一

在出现的“文本导入向导-第 2 步，共 3 步”对话框中，在分隔符号中选择“Tab 键”(默认选项)，如图 5.23 所示，单击“下一步”按钮。

文本导入向导 - 第 2 步，共 3 步

请设置分列数据所包含的分隔符号。在预览窗口内可看到分列的效果。

分隔符号
- ☑ Tab 键(T)
- ☐ 分号(M)
- ☐ 逗号(C)
- ☐ 空格(S)
- ☐ 其他(O):

☐ 连续分隔符号视为单个处理(R)

文本识别符号(Q): "

数据预览(P)

专业	姓名	性别	有机	英语	计算机
临床	李明	男	78	82	89
预防	赵强	男	54	78	85
卫检	陈刚	男	78	88	81

取消 < 上一步(B) 下一步(N) > 完成(F)

图 5.23 文本导入向导之二

在出现的"文本导入向导-第 3 步,共 3 步"对话框中,在列数据格式中选择"常规"(默认选项),如图 5.24 所示,单击"完成"按钮。

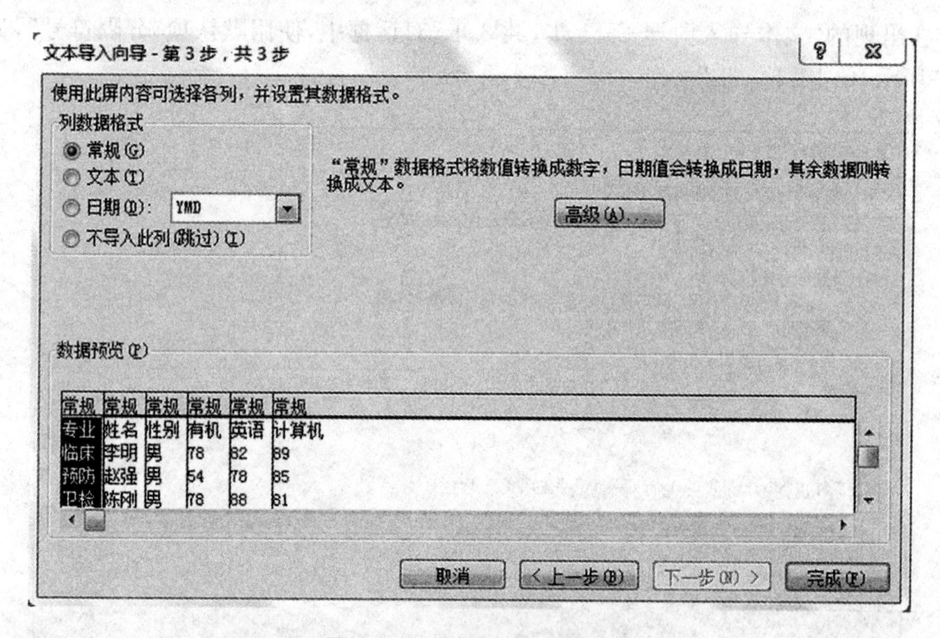

图 5.24 文本导入向导之三

这样就在 Excel 中创建了一个以文件名命名的工作表"学生成绩表",如图 5.25 所示。

	A	B	C	D	E	F
1	专业	姓名	性别	有机	英语	计算机
2	临床	李明	男	78	82	89
3	预防	赵强	男	54	78	85
4	卫检	陈刚	男	78	88	81
5	医检	宋权	男	65	78	89
6	卫检	李玲	女	72	83	68
7	临床	徐云云	女	79	67	64
8	医检	沈建国	男	88	55	87
9	医检	赵悦	女	58	73	90
10	预防	孙成	男	88	89	90
11	卫检	杨丽娟	女	88	90	72
12	预防	吴菲	女	52	68	78
13	临床	周宇	男	89	90	92
14	临床	王敏	女	92	87	90

图 5.25　完成文本文件导入

数据库文件的导入与文本文件类似，对于 Word 文件中的表格，可以使用“复制”、“粘贴”的方法粘贴到 Excel 表格中。

2. 在工作表中插入或删除行、列

在工作表“学生成绩表”的第一行之前插入一行。

选定工作表“学生成绩表”的第一行，单击“开始”功能区，再单击“单元格”组中的“插入”按钮，选择“插入工作表行”命令即可，如图 5.26 所示。也可以右击行号，在弹出菜单中单击“插入”选项完成行的插入。对于列的插入操作与行操作类似。

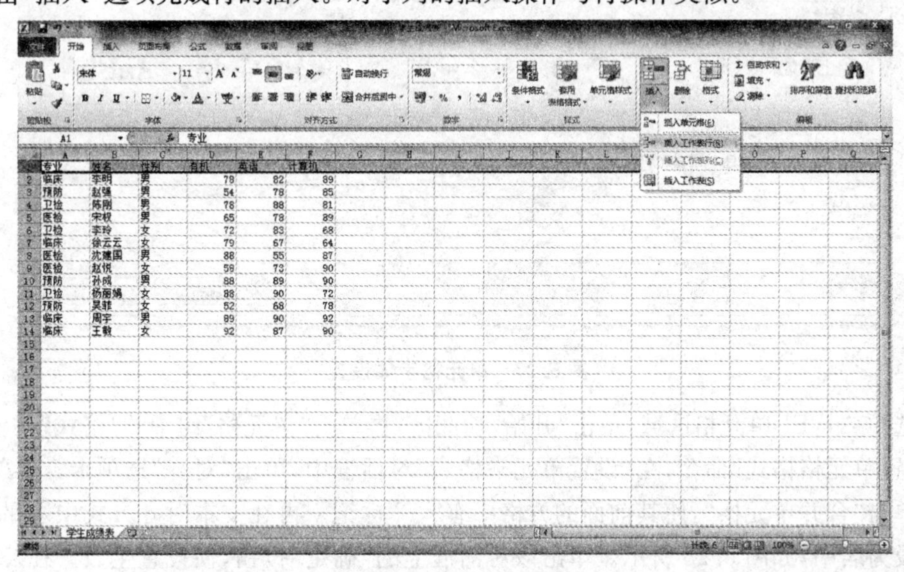

图 5.26　插入行命令

如需要删除行或列,则先选定待删除的行或列,单击“开始”功能区,再单击“单元格”组中的“删除”按钮,选择“删除工作表行”命令即可。也可以使用右键菜单进行删除。

3. 工作表重命名

将工作表“学生成绩表”重命名为“学生成绩分析”。

方法一:在工作表“学生成绩表”的名称上双击,呈反白显示时,输入“学生成绩分析”,按回车键完成重命名。

方法二:右击工作表“学生成绩表”的表名,在弹出的菜单中选择“重命名”,名称呈反白显示时,输入“学生成绩分析”,按回车键完成重命名。

4. 标题设置

在工作表“学生成绩分析”中,在A1单元格中加标题“学生成绩分析”,设置标题字体格式为楷体、20号、蓝色,在A1:F1范围合并列居中,表中其他字体均为黑体、14号字,水平居中,垂直居中。

单击A1单元格,输入“学生成绩分析”。选中A1单元格,单击“开始”功能区,再单击“单元格”组中的“格式”按钮,选择“设置单元格格式”命令,在“设置单元格格式”对话框中,单击“字体”选项卡,设置字体为楷体,字号为20,颜色为“标准色”中的蓝色,如图5.27所示。单击该对话框上的“确定”按钮,使设置生效。

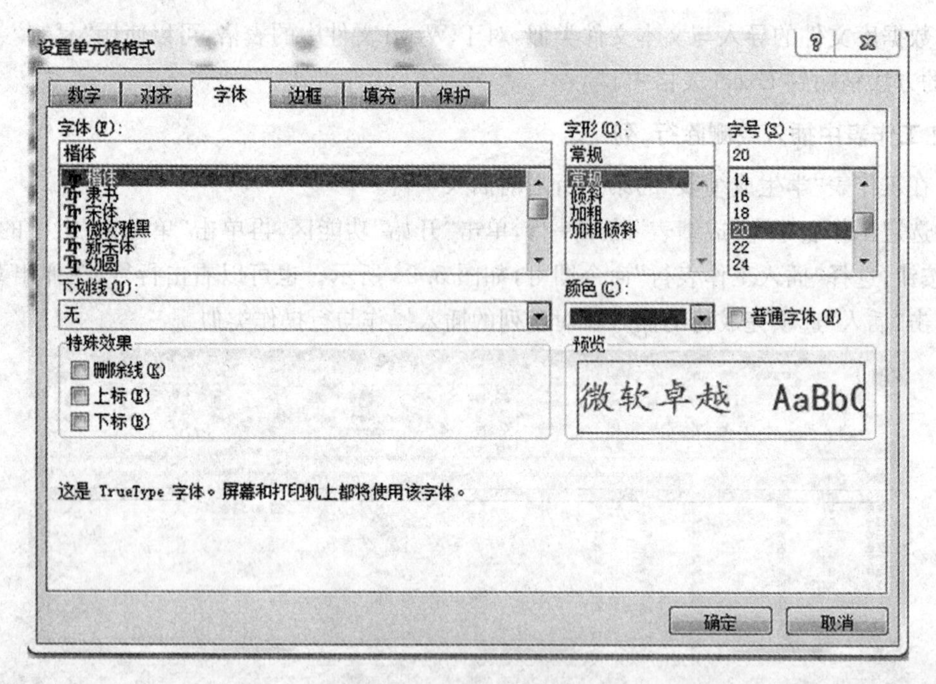

图5.27　单元格字体设置

选中A1:F1单元格区域,单击“开始”功能区,再单击“单元格”组中的“格式”按钮,选择“设置单元格格式”命令,在“设置单元格格式”对话框中,单击“对齐”选项卡,在文本控制中单击“合并单元格”,使其前面的方格中有“√”标记。再在文本对齐方式中水平及垂直都设为居中,如图5.28所示。单击该对话框上的“确定”按钮,使设置生效。在“对齐”

选项卡中也可以在水平对齐方式中设置“跨列居中”，但是请注意“跨列居中”和“合并居中”是不同的居中方式。

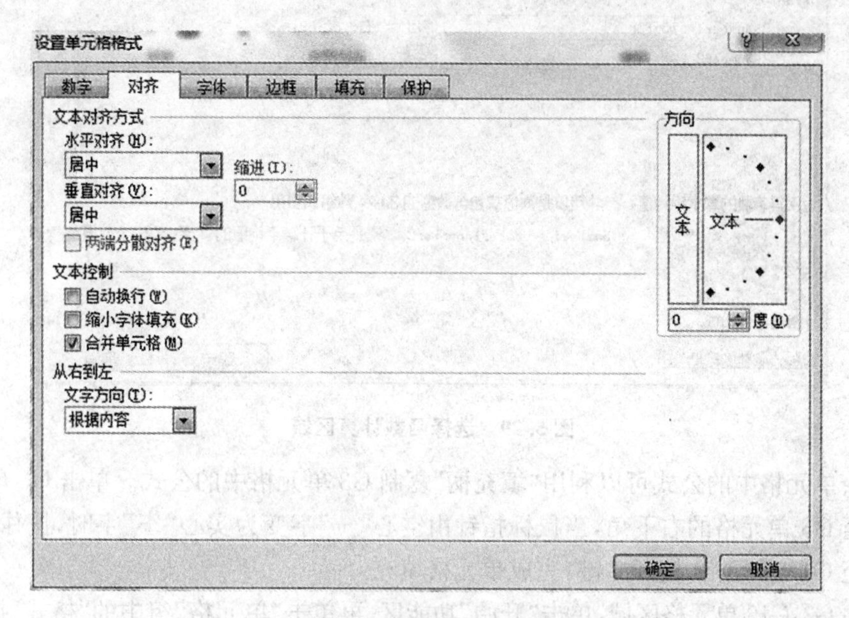

图 5.28　设置单元格对齐方式

选中 A2:F15 单元格区域，单击“开始”功能区，再单击“单元格”组中的“格式”按钮，选择“设置单元格格式”命令，在“设置单元格格式”对话框中，单击“字体”选项卡，设置字体为黑体，字号为 14，再单击“对齐”选项卡，在文本对齐方式中水平及垂直都设为居中。

5. 设置单元格的行高、列宽

设置 A2:F15 单元格区域行高为 20、列宽为 12。

选定 A2:F15 单元格区域，选择“开始”功能区，再单击“单元格”组中的“格式”按钮，选择“行高”命令。在“行高”对话框中的行高设置中输入 20，单击该对话框上的“确定”按钮，使设置生效。选定 A2:F15 单元格区域，选择“开始”功能区，再单击“单元格”组中的“格式”按钮，选择“列宽”命令。在“列宽”对话框中的列宽设置中输入 12，单击该对话框上的“确定”按钮，使设置生效。

6. 利用公式计算

在“学生成绩分析”工作表的 G2 单元格中输入“平均成绩”，利用公式在 G3:G15 单元格中计算每个学生的平均成绩，结果保留一位小数。

方法一：单击 G2 单元格，输入“平均成绩”。再单击 G3 单元格，单击“开始”功能区，单击“编辑”组中的“∑自动求和”按钮，选择平均值，然后选中单元格区域 D3:F3，则 G3 单元格显示公式“＝AVERAGE(D3:F3)”按回车键，即可完成公式输入。

方法二：选中 G3 单元格，输入“＝”，编辑栏左边的名称框变成函数框，在函数框中选择“AVERAGE”，弹出“函数参数”对话框。在对话框中删除“Number1”框原有的数据，然后选择单元格区域 D3:F3，如图 5.29 所示。最后单击“确定”按钮。

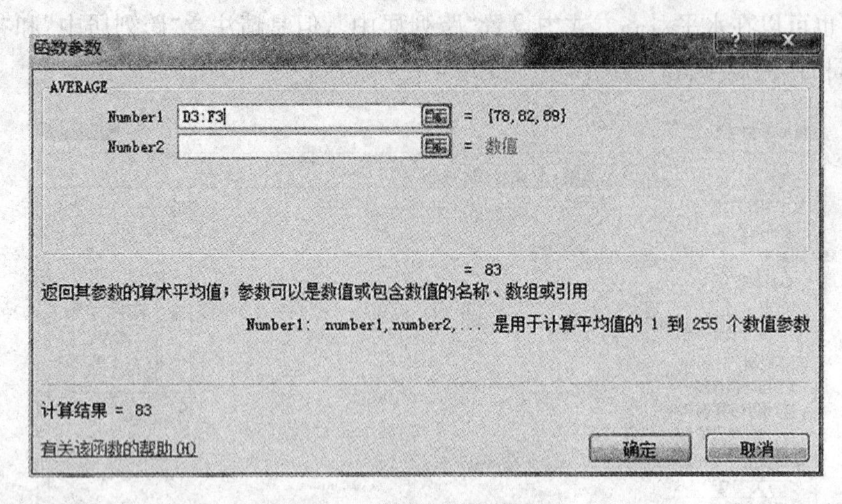

图 5.29　选择函数计算区域

其余单元格中的公式可以利用“填充柄”复制 G3 单元格中的公式。单击 G3 单元格，鼠标移至 G3 单元格的右下角，当鼠标指针由空心“＋”字变为实心“＋”字时，按住左键拖动鼠标至 G15 单元格，松开左键，完成单元格填充。

选中 G3:G15 单元格区域，单击“开始”功能区，再单击“单元格”组中的“格式”按钮，选择“设置单元格格式”命令，在“设置单元格格式”对话框中，单击 “数字”选项卡中，分类中选“数值”，小数位数中设置为 1，如图 5.30 所示，单击该对话框上的“确定”按钮，使设置生效。

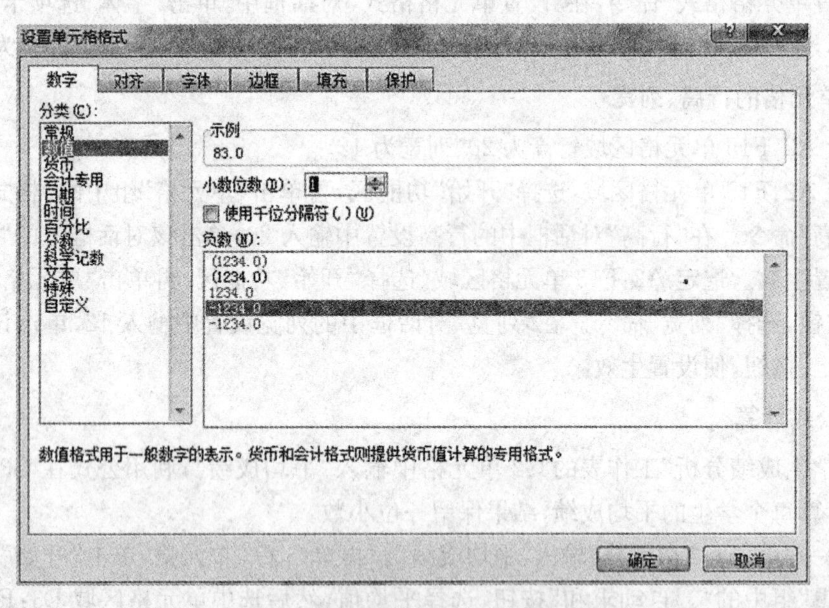

图 5.30　设置单元格数据类型

其他的数字格式也可在“数字”选项卡中进行设置，如百分比、日期、文本等等。

7. 复制、移动工作表

复制“学生成绩分析”工作表，将复制的副本放在“学生成绩分析”表之后，重命名为“学生成绩分析副本”。

方法一：选定"学生成绩分析"工作表，按住【Ctrl】键，在"学生成绩分析"工作表名称上按下鼠标左键，拖动鼠标到"学生成绩分析"工作表之后，松开鼠标左键完成工作表的复制。

方法二：选定"学生成绩分析"工作表，在表名上右击，在快捷菜单中选定"移动或复制"，在出现的"移动或复制工作表"对话框中，选定复制的位置"移至最后"，放在"学生成绩分析"表之后，在下面的"建立副本"前的方框中单击，使其中有"√"标记出现，如图5.31所示。单击"确定"按钮，完成复制。

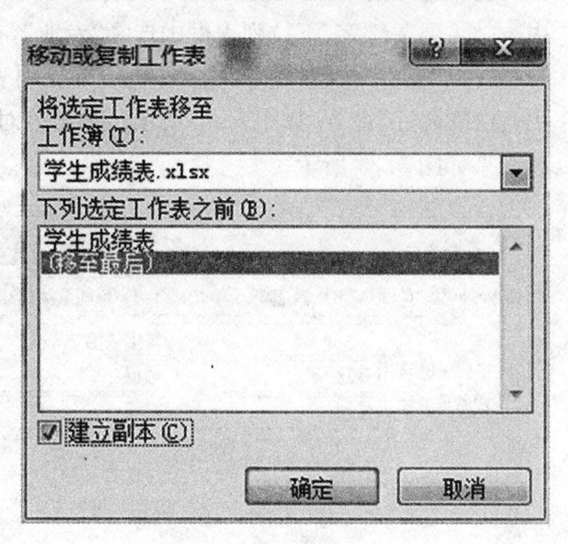

图5.31 移动或复制工作表

将"学生成绩分析(2)"工作表重命名为"学生成绩分析副本"。

8. 保存工作表

单击"文件"菜单，选择"另存为"命令，在弹出的"另存为"对话框中，输入文件名："学生成绩表"，保存类型选择"Excel工作簿"，单击"保存"按钮，即可完成工作簿的保存，如图5.32所示。

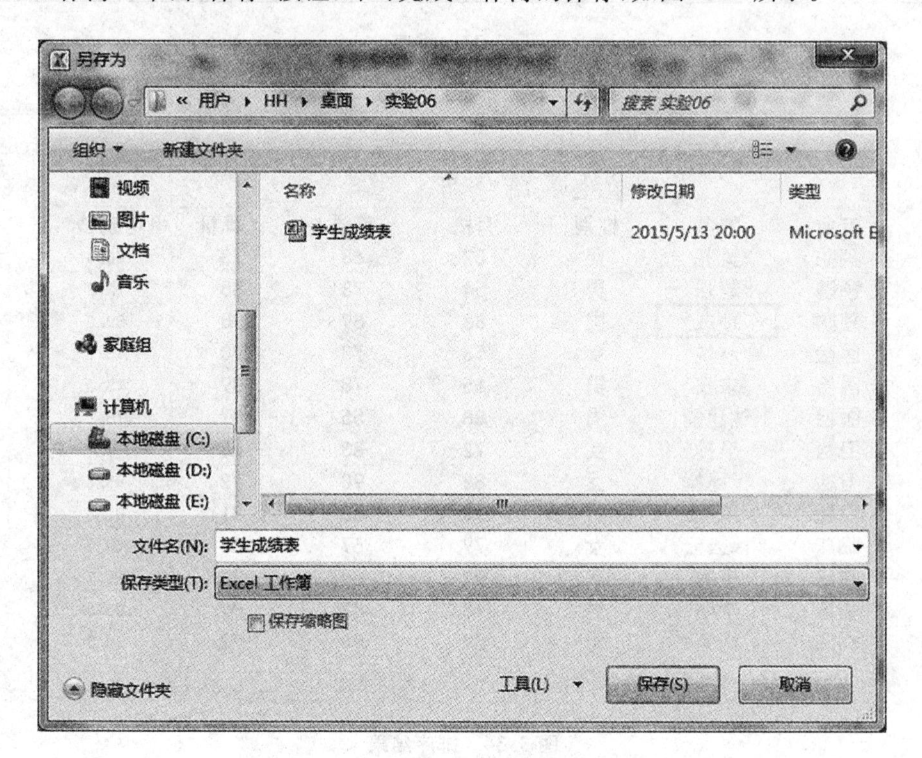

图5.32 保存工作簿

9. 排序

在"学生成绩分析"工作表中，将学生平均成绩按专业、性别从高到低进行降序排列。

单击“学生成绩分析”工作表,将光标定位在数据清单区域,选择“开始”功能区,再单击“编辑”组中的“排序和筛选”下拉按钮,选择“自定义排序”命令,在弹出的排序对话框中,在“主要关键字”下拉列表框中选择“专业”,在“次序”下拉列表框中,选择“降序”命令。单击“添加条件”按钮,在“次要关键字”下拉列表框中选择“性别”,在“次序”下拉列表框中,选择“降序”命令,如图 5.33 所示。单击该对话框上的“确定”按钮,完成排序。排序后的结果如图 5.34 所示。

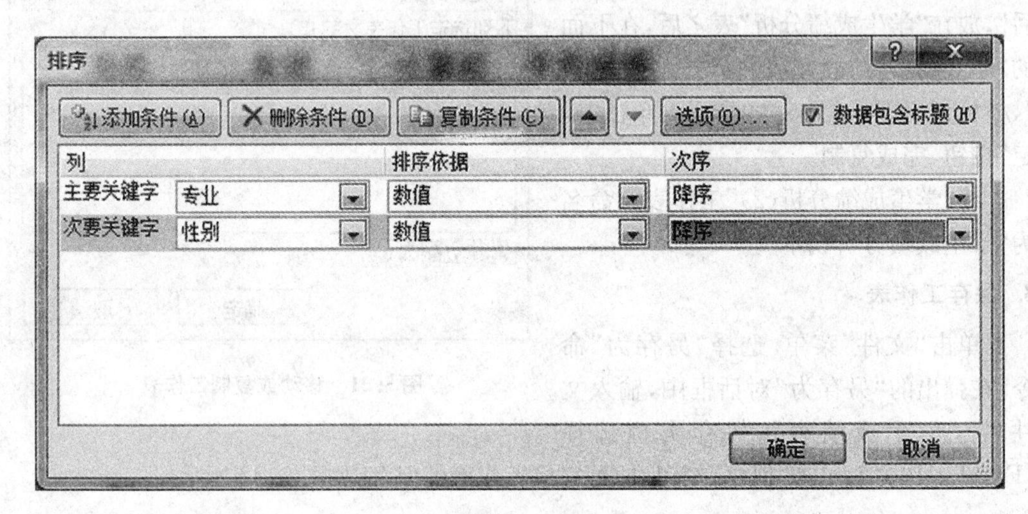

图 5.33　排序

B5　　fx　孙成

	A	B	C	D	E	F	G
1	学生成绩分析						
2	专业	姓名	性别	有机	英语	计算机	平均成绩
3	预防	吴菲	女	52	68	78	66.0
4	预防	赵强	男	54	78	85	72.3
5	预防	孙成	男	88	89	90	89.0
6	医检	赵悦	女	58	73	90	73.7
7	医检	宋权	男	65	78	89	77.3
8	医检	沈建国	男	88	55	87	76.7
9	卫检	李玲	女	72	83	68	74.3
10	卫检	杨丽娟	女	88	90	72	83.3
11	卫检	陈刚	男	78	88	81	82.3
12	临床	徐云云	女	79	67	64	70.0
13	临床	王敏	女	92	87	90	89.7
14	临床	李明	男	78	82	89	83.0
15	临床	周宇	男	89	90	92	90.3

学生成绩分析　学生成绩分析副本

图 5.34　排序结果

10. 自动筛选

在“学生成绩分析副本”工作表中,利用自动筛选功能筛选出所有男生的平均成绩在 80 分以上(包括 80 分)的记录。

单击“学生成绩分析副本”工作表，将光标定位在数据清单区域，选择“开始”功能区，再单击“编辑”组中的“排序和筛选”下拉按钮，选择“筛选”命令，则在每一列的列标题（字段名）右边会出现一个下拉按钮，单击“性别”字段右侧的下拉按钮，勾选“男”选项，单击“确定”。如图5.35所示。

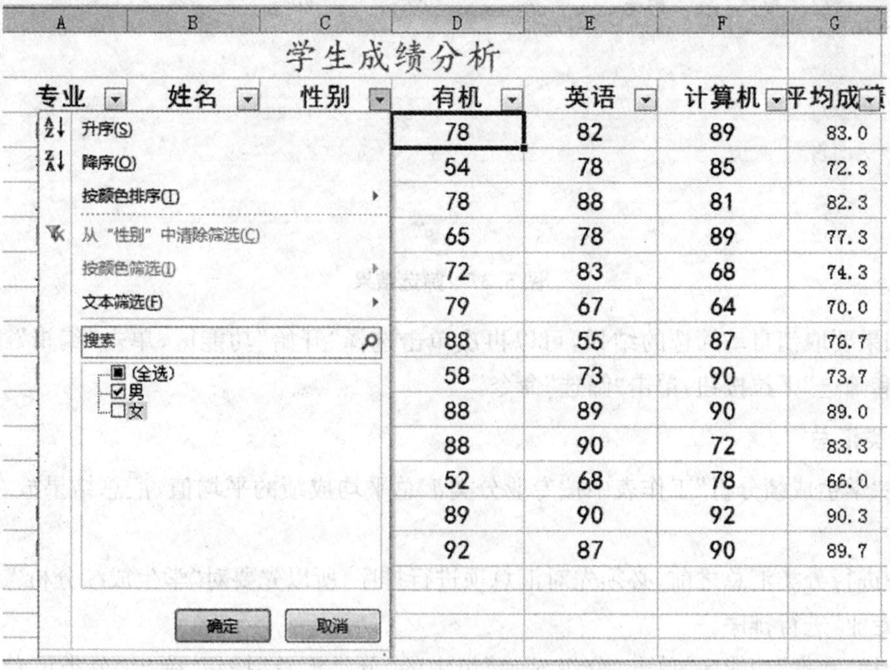

图5.35 自动筛选

单击“平均成绩”字段右侧的下拉按钮，选择“数字筛选”，选择“大于或等于”命令，弹出“自定义自动筛选”方式对话框，在右边的文本框中，输入“80”，如图5.36所示。

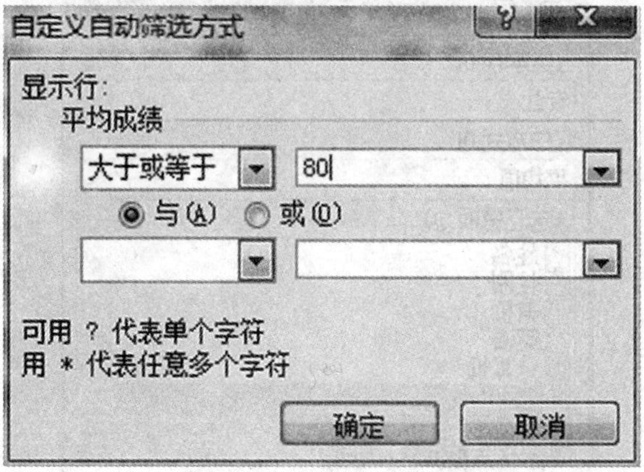

图5.36 自定义筛选条件

单击该对话框上的“确定”按钮，结果如图5.37所示。

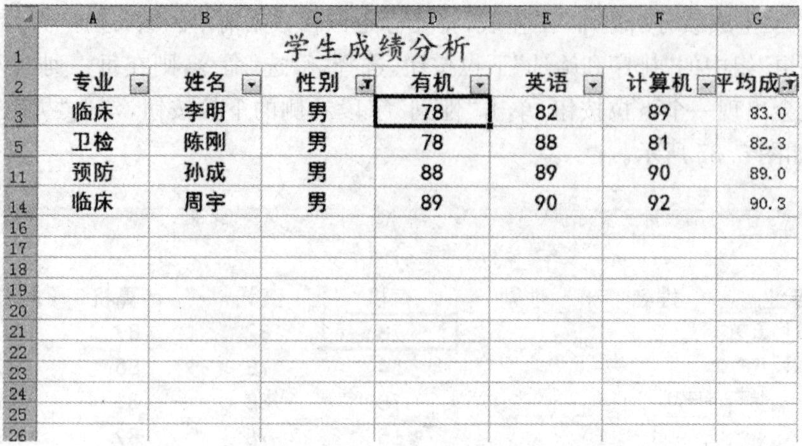

	A	B	C	D	E	F	G
1	学生成绩分析						
2	专业	姓名	性别	有机	英语	计算机	平均成绩
3	临床	李明	男	78	82	89	83.0
5	卫检	陈刚	男	78	88	81	82.3
11	预防	孙成	男	88	89	90	89.0
14	临床	周宇	男	89	90	92	90.3
16							
17							
18							
19							
20							
21							
22							
23							
24							
25							
26							

图 5.37　筛选结果

如果要取消自动筛选的结果,可以再次单击选择“开始”功能区,单击“编辑”组中的“排序和筛选”下拉按钮,单击“筛选”命令。

11. 分类汇总

在“学生成绩分析”工作表中按专业分类汇总平均成绩的平均值,汇总结果放在数据的下方。

在进行分类汇总之前,必须先对汇总项进行排序,所以先要对“学生成绩分析”工作表中的“专业”进行排序。

选择“数据”功能区,单击“分级显示”组中的“分类汇总”按钮,弹出“分类汇总”对话框,在“分类字段”下拉列表框中选择“专业”,在“汇总方式”下拉列表框中选择“平均值”选项,在“选定汇总项”下拉列表框中确保只有“平均成绩”复选框被选中。选中“汇总结果显示在数据下方”选项,取消勾选“替换当前分类汇总”,如图 5.38 所示,单击“确定”按钮。

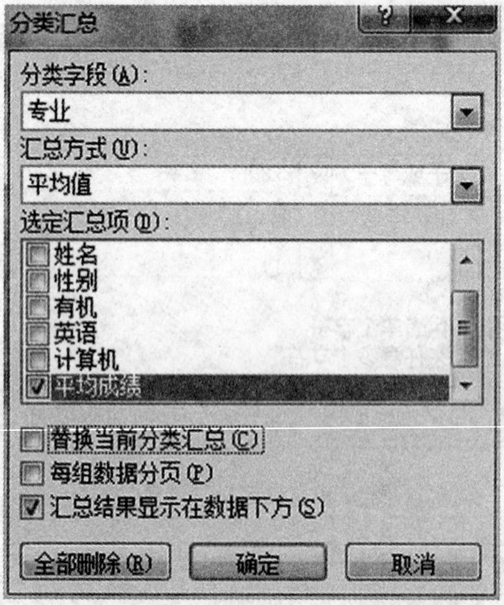

图 5.38　分类汇总对话框

分类汇总得到的结果如图 5.39 所示。在工作表的左侧用竖线连接的上面标有数字 1、2、3 的小按钮，是控制明细数据行的显示及隐藏的，它们称为分级显示符号。单击它们即可显示或隐藏明细数据行。

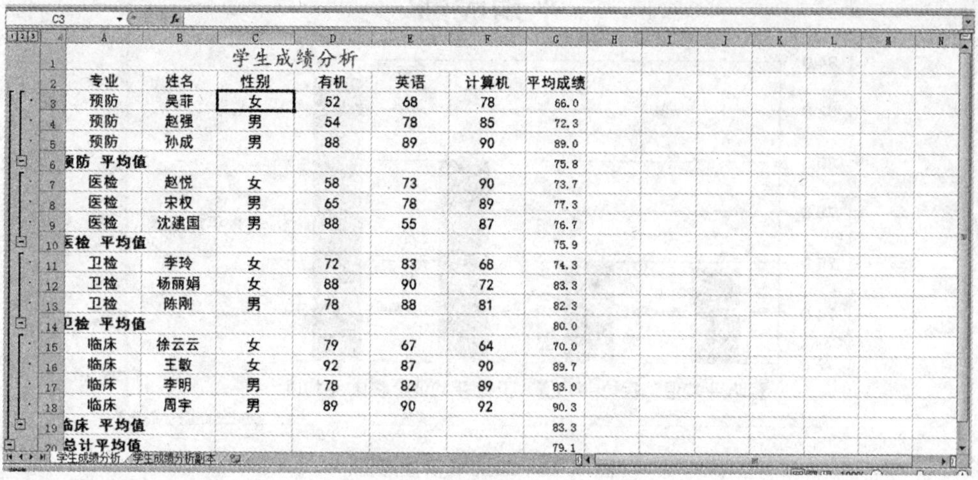

	A	B	C	D	E	F	G
1	学生成绩分析						
2	专业	姓名	性别	有机	英语	计算机	平均成绩
3	预防	吴菲	女	52	68	78	66.0
4	预防	赵强	男	54	78	85	72.3
5	预防	孙成	男	88	89	90	89.0
6	预防 平均值						75.8
7	医检	赵悦	女	58	73	90	73.7
8	医检	宋权	男	65	78	89	77.3
9	医检	沈建国	男	88	55	87	76.7
10	医检 平均值						75.9
11	卫检	李玲	女	72	83	68	74.3
12	卫检	杨丽娟	女	88	90	72	83.3
13	卫检	陈刚	男	78	88	81	82.3
14	卫检 平均值						80.0
15	临床	徐云云	女	79	67	64	70.0
16	临床	王敏	女	92	87	90	89.7
17	临床	李明	男	78	82	89	83.0
18	临床	周宇	男	89	90	92	90.3
19	临床 平均值						83.3
20	总计平均值						79.1

图 5.39　分类汇总结果

如果要取消分类汇总的结果，只需要在如图 5.38 所示的对话框中单击“全部删除”按钮即可。

12. 制作图表

根据“学生成绩分析”工作表的汇总数据选择专业和平均成绩(不包含总计行)，生成一张“二维堆积柱形图”，嵌入到当前工作表中，图表标题为“各专业学生平均成绩汇总比较”。主要横坐标标题为“专业”，数据标签包含值，图例靠左。设置水平(类别)轴的字号为 8。

在“学生成绩分析”工作表中，单击分级显示符号的“2”按钮，使汇总结果只显示各专业的平均值。选定 A2:A19 单元格区域，按下【Ctrl】键，选择 G2:G19 单元格区域。如图 5.40 所示。

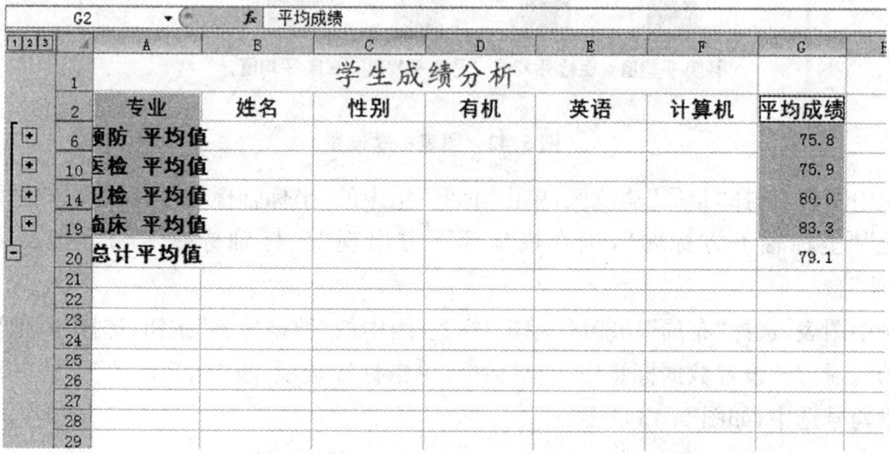

	A	B	C	D	E	F	G
1	学生成绩分析						
2	专业	姓名	性别	有机	英语	计算机	平均成绩
6	预防 平均值						75.8
10	医检 平均值						75.9
14	卫检 平均值						80.0
19	临床 平均值						83.3
20	总计平均值						79.1

图 5.40　选择图表数据区域

单击“插入”功能区,单击“图表”组中的“柱形图”按钮,选择“二维堆积柱形图”得到如图5.41所示的图表。

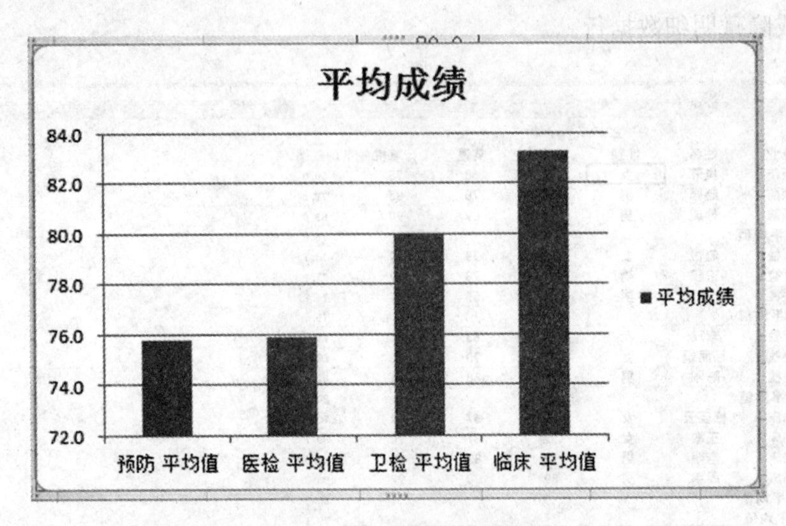

图5.41　二维堆积柱形图

单击图表上方标题“平均成绩”,把文字更改为“各专业学生平均成绩汇总比较”,如图5.42所示。

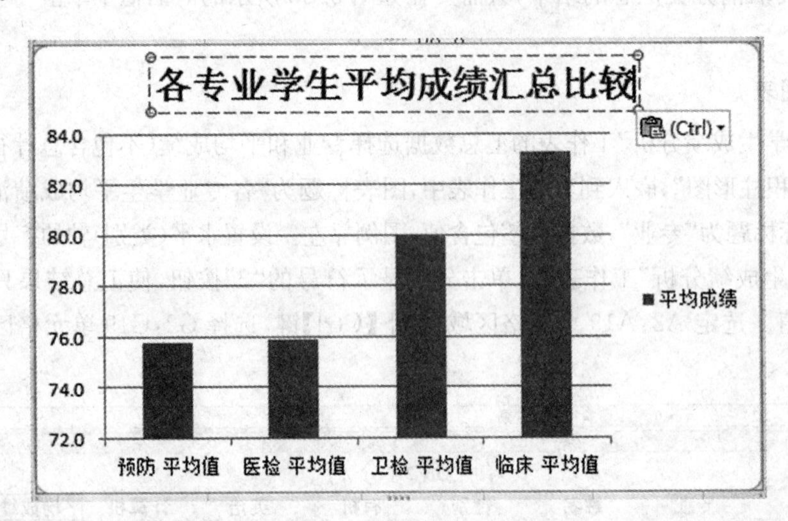

图5.42　图表标题设置

选中图表,选择“布局”功能区,单击“标签”组中的“坐标轴标题”按钮,选择“主要横坐标标题”“坐标轴下方标题”,则在横坐标下方出现“坐标轴标题”字样,把文字更改为“专业”。

选中图表,选择“布局”功能区,单击“标签”组中的“数据标签”按钮,选择“其他数据标签选项”。打开“设置数据标签格式”对话框,单击标签选项,将“标签包括”下的“值”前的复选框勾号选中,如图5.43所示。

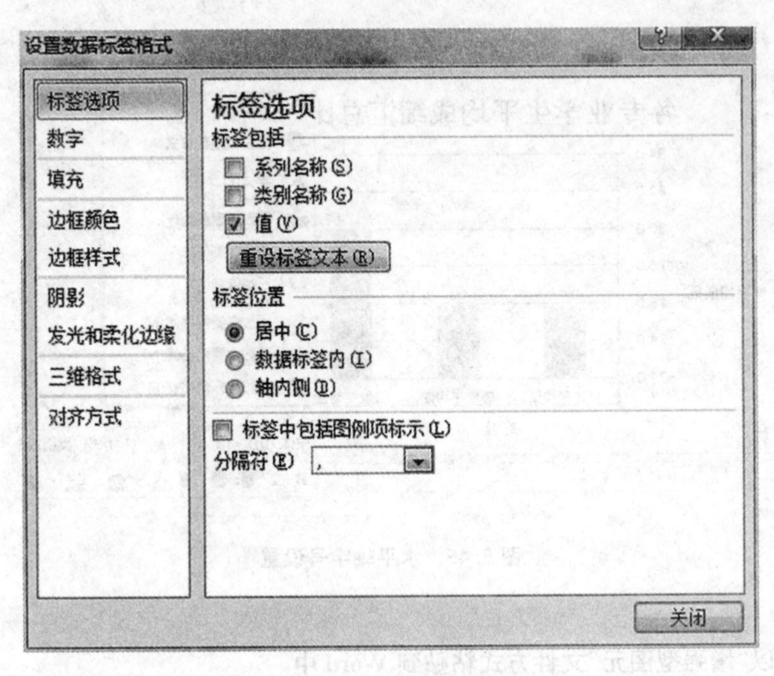

图5.43 数据标签格式

选中图表，选择“布局”功能区，单击“标签”组中的“图例”按钮，选择“在左侧显示图例”，如图5.44所示。

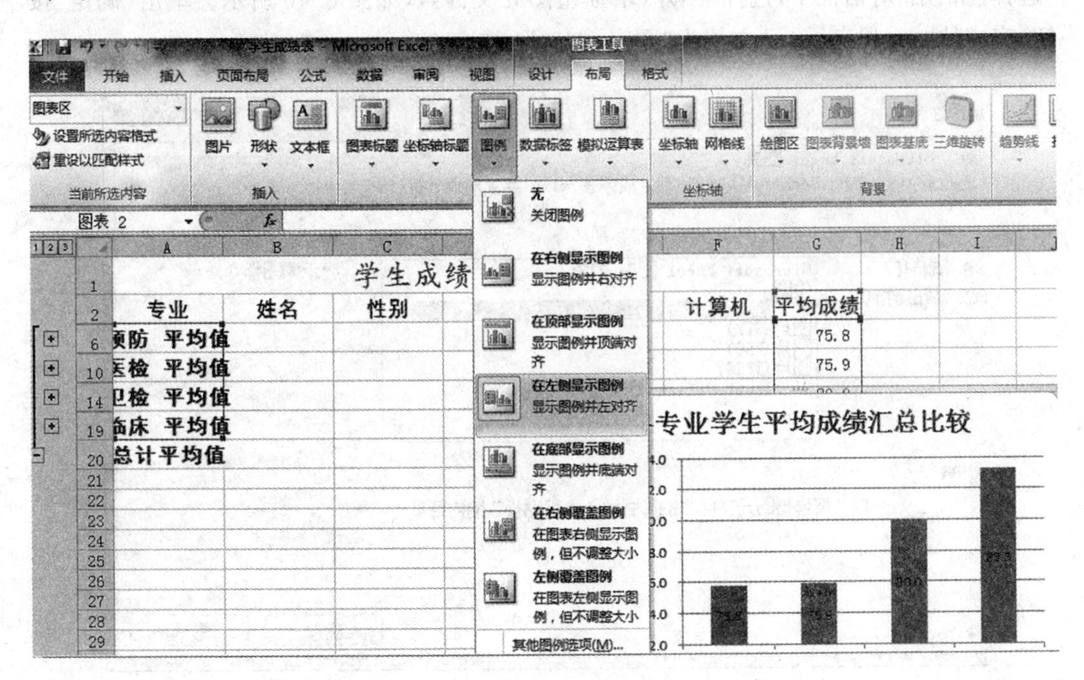

图5.44 设置图表图例

选中图表中的水平(类别)轴，右键单击，在弹出的快捷功能区中将字号设置为8，如图5.45所示。

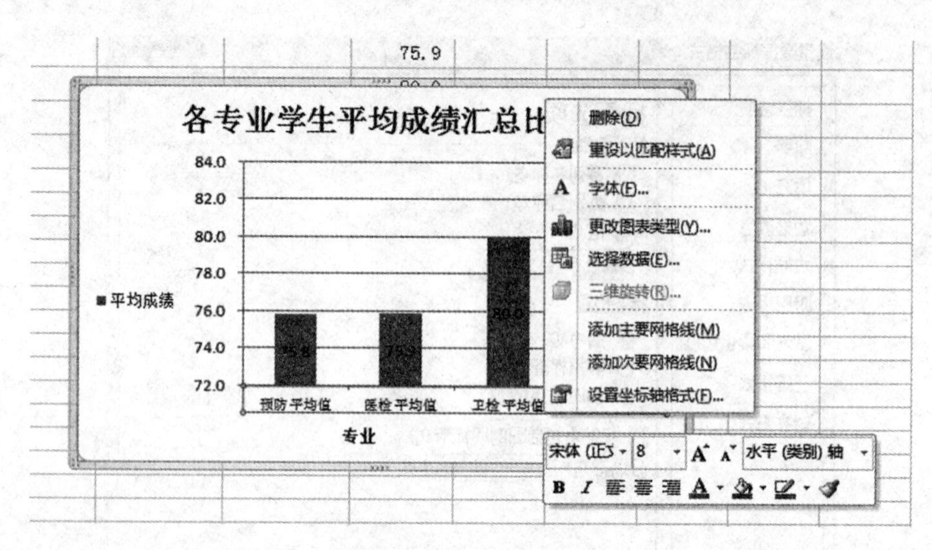

图 5.45 水平轴字号设置

13. 将图表以“增强型图元”文件方式粘贴到 Word 中

右击图表,在弹出的菜单中选择“复制”,打开 Word,新建一个空白文档,将光标定位在相应位置上,单击“ 开始”功能区,单击“剪贴板”组中的“粘贴”,选择 “选择性粘贴”,在“选择性粘贴”对话框中,选择“图片(增强型图元文件)”,如图 5.46 所示。单击“确定”按钮,完成粘贴。保存 word 文档为“图表. docx”

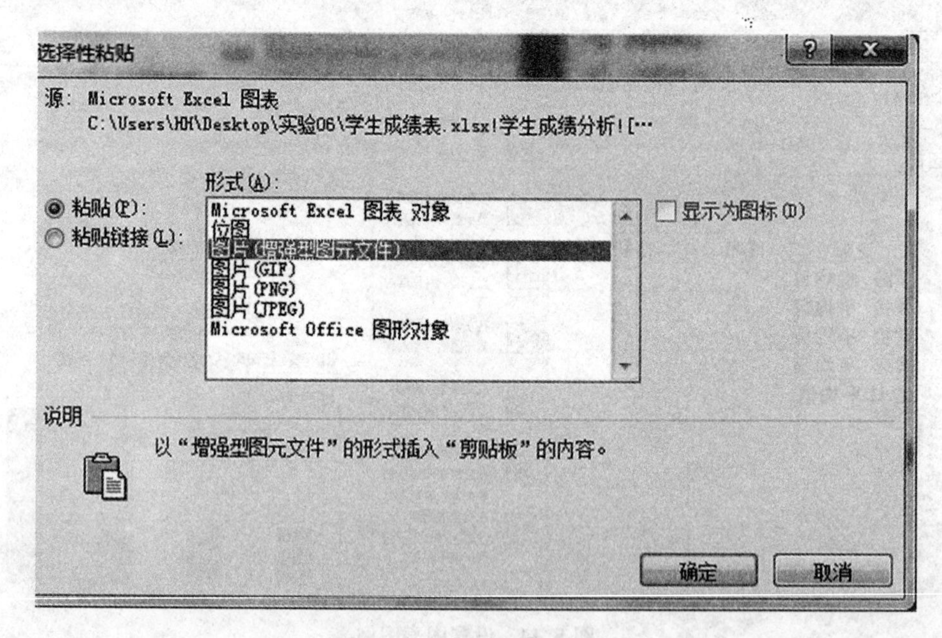

图 5.46 选择性粘贴图片

保存工作簿“学生成绩表. xlsx”。

实验十三　Excel 高级应用操作案例

一、实验目的

1. 掌握 Excel 的 VLOOKUP 函数功能。
2. 掌握 Excel 的计算函数功能。

二、实验内容与步骤

1. 打开素材文件夹中“Excel. xlsx”文件，根据销售数据报表，按照如下要求完成统计和分析工作

(1) 请对“订单明细”工作表进行格式调整，通过套用表格格式方法将所有的销售记录调整为一致的外观格式，并将“单价”列和“小计”列所包含的单元格调整为“会计专用”(人民币)数字格式。

(2) 根据图书编号，请在“订单明细”工作表的“图书名称”列中，使用 VLOOKUP 函数完成图书名称的自动填充。“图书名称”和“图书编号”的对应关系在“编号对照”工作表中。

(3) 据图书编号，请在“订单明细”工作表的“单价”列中，使用 VLOOKUP 函数完成图书单价的自动填充。“单价”和“图书编号”的对应关系在“编号对照”工作表中。

(4) “订单明细”工作表的“小计”列中，计算每笔订单的销售额。

(5) 根据“订单明细”工作表中的销售数据，统计所有订单的总销售金额，并将其填写在“统计报告”工作表的 B3 单元格中。

(6) 根据“订单明细”工作表中的销售数据，统计《MS Office 高级应用》图书在 2012 年的总销售额，并将其填写在“统计报告”工作表的以单元格中。

(7) 根据“订单明细”工作表中的销售数据，统计隆华书店在 2011 年第 3 季度的总销售额，并将其填写在“统计报告”工作表的 B5 单元格中。

(8) 根据“订单明细”工作表中的销售数据，统计隆华书店在 2011 年的每月平均销售额(保留 2 位小数)，并将其填写在“统计报告”工作表的 B6 单元格中。

(9) 保存“Excel. xlsx”文件。

2. 第(1)题解题步骤

(1) 启动“Excel. xlsx”工作簿，打开“订单明细”工作表。

(2) 选中工作表中的 A2：H636，在“开始”选项卡的“样式”组中单击“套用表格格式”按钮，从下拉列表中选择一种表样式，如“表样式浅色 3”。弹出“套用表格式”对话框，单击“确定”按钮，如图 5. 47 套用表格。

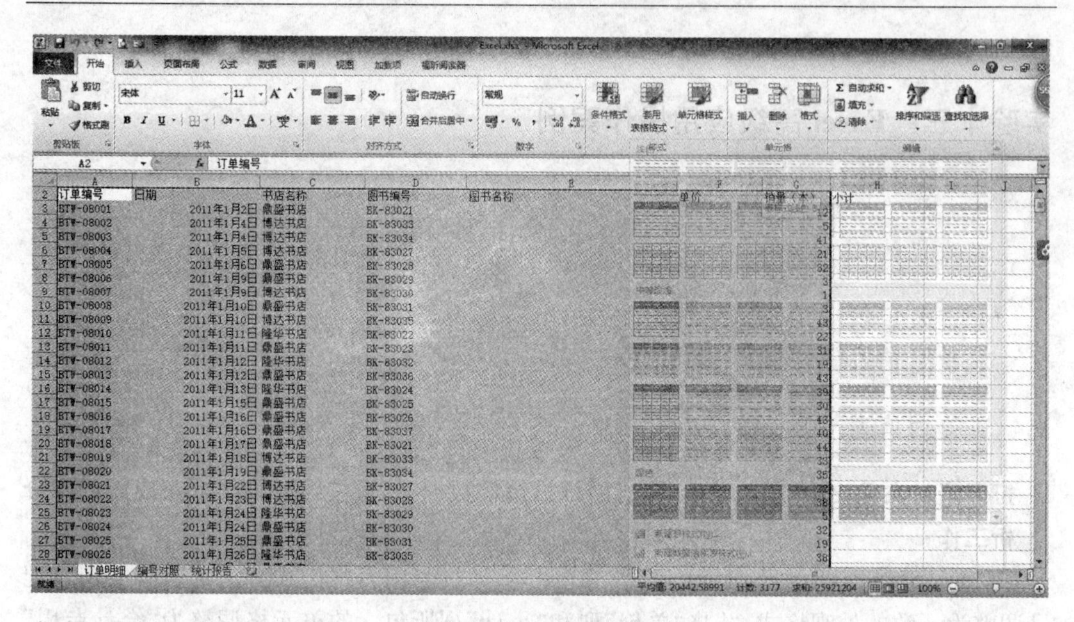

图 5.47　套用表格

(3) 选中“单价”列和“小计”列,右击,在弹出的快捷菜单中选择“设置单元格格式”命令,弹出“设置单元格格式”对话框。在“数字”选项卡的“分类”组中选择“会计专用”命令,从“货币符号(国家/地区)”下拉列表中选择“CNY”,如图 5.48 设置单元格。

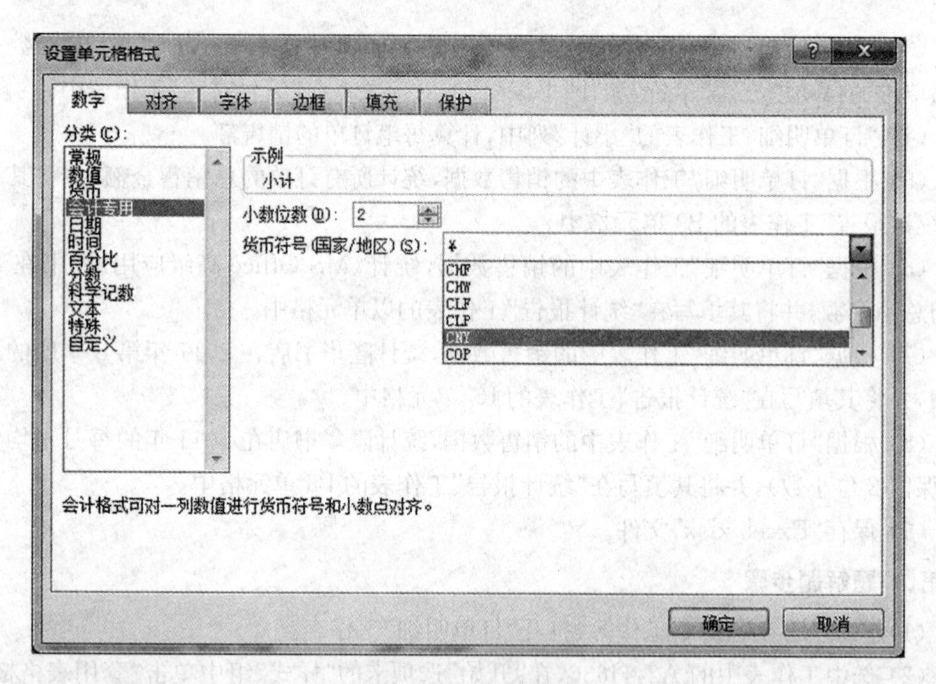

图 5.48　设置单元格

3. 第(2)题解题步骤

(1) 在“订单明细”工作表的 E3 单元格中输入公式“=VLOOKUP(D3,编号对照!$A$3:$C$19,2,FALSE)”,按回车键,如图 5.49,图 5.50,图 5.51 所示。

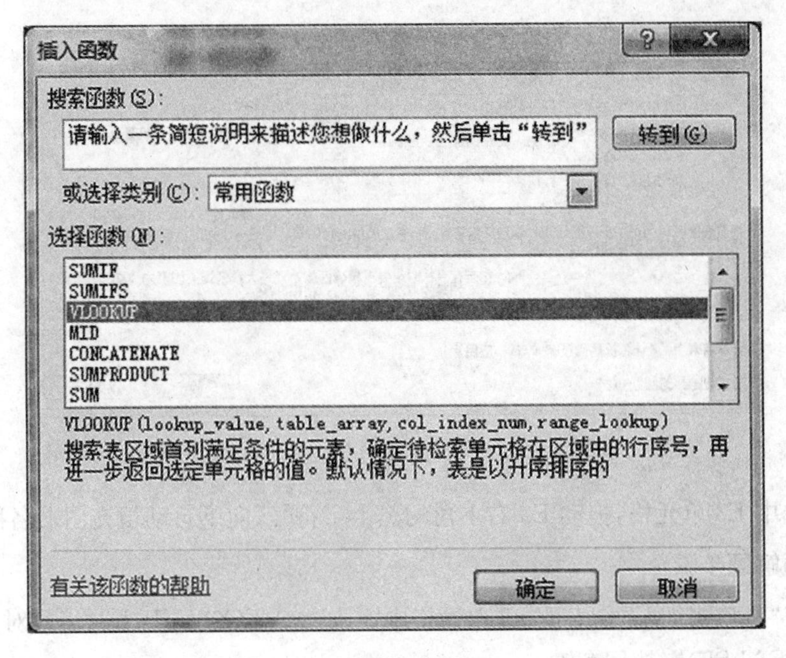
插入函数
搜索函数(S):
请输入一条简短说明来描述您想做什么，然后单击“转到”
转到(G)
或选择类别(C): 常用函数
选择函数(N):
SUMIF
SUMIFS
VLOOKUP
MID
CONCATENATE
SUMPRODUCT
SUM
VLOOKUP(lookup_value,table_array,col_index_num,range_lookup)
搜索表区域首列满足条件的元素，确定待检索单元格在区域中的行序号，再进一步返回选定单元格的值。默认情况下，表是以升序排序的
有关该函数的帮助
确定
取消

图 5.49

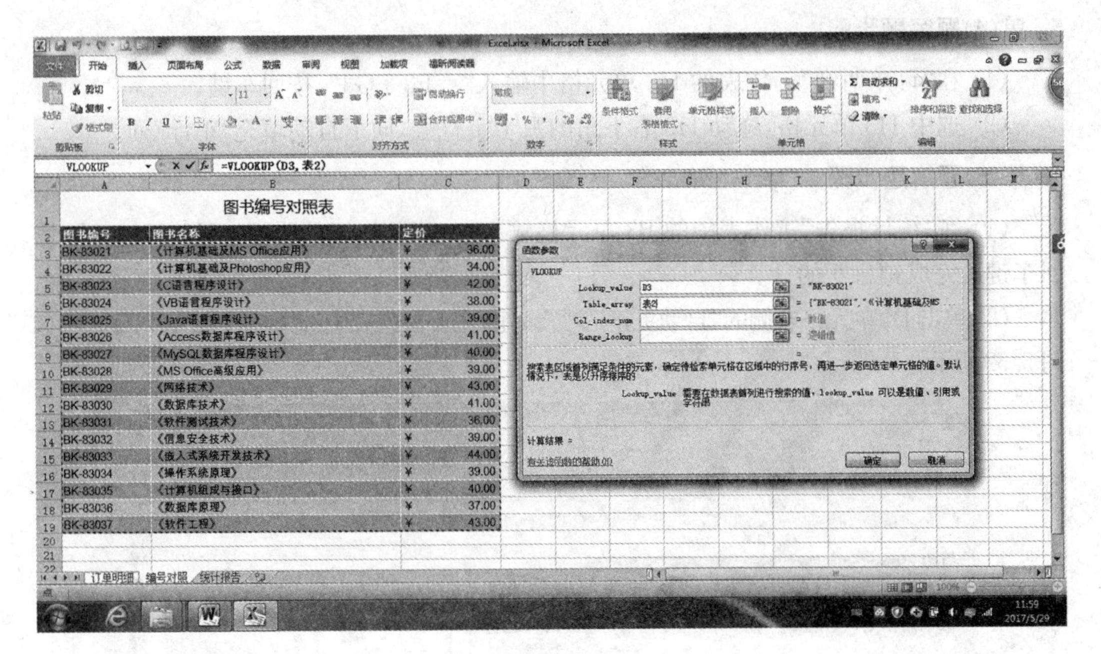
Excel.xlsx - Microsoft Excel
=VLOOKUP(D3, 表2)
图书编号对照表
图书编号
图书名称
定价
BK-83021 《计算机基础及MS Office应用》 ¥ 36.00
BK-83022 《计算机基础及Photoshop应用》 ¥ 34.00
BK-83023 《C语言程序设计》 ¥ 42.00
BK-83024 《VB语言程序设计》 ¥ 38.00
BK-83025 《Java语言程序设计》 ¥ 39.00
BK-83026 《Access数据库程序设计》 ¥ 41.00
BK-83027 《MySQL数据库程序设计》 ¥ 40.00
BK-83028 《MS Office高级应用》 ¥ 39.00
BK-83029 《网络技术》 ¥ 43.00
BK-83030 《数据库技术》 ¥ 41.00
BK-83031 《软件测试技术》 ¥ 36.00
BK-83032 《信息安全技术》 ¥ 39.00
BK-83033 《嵌入式系统开发技术》 ¥ 44.00
BK-83034 《操作系统原理》 ¥ 39.00
BK-83035 《计算机组成与接口》 ¥ 40.00
BK-83036 《数据库原理》 ¥ 37.00
BK-83037 《软件工程》 ¥ 43.00
函数参数
VLOOKUP
Lookup_value D3 = "BK-83021"
Table_array 表2
Col_index_num
Range_lookup
计算结果 =
确定
取消
订单明细
编号对照
统计报告

图 5.50

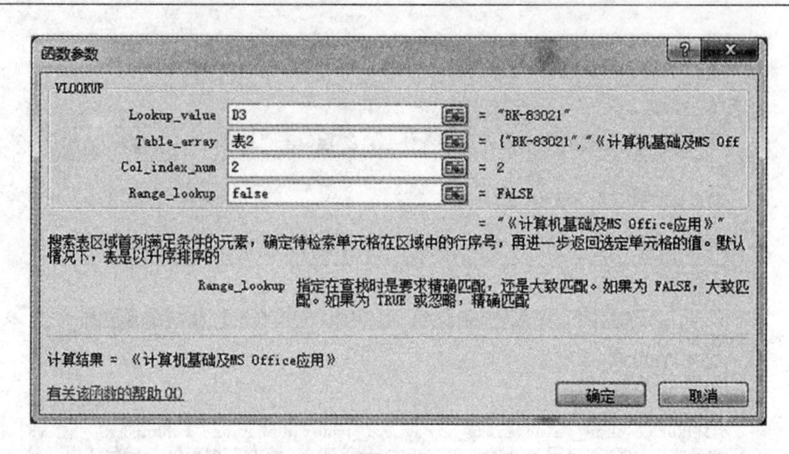

图 5.51

(2) 选中 E3 单元格，拖动 E3 右下角的黑十字符号，向下自动填充图书名称。

4. 第(3)题解题步骤

(1) 在“订单明细”工作表的 F3 单元格中输入“=VLOOKUP(D3,编号对照!$A $3:$C $19,3,FALSE)”，按回车键。

(2) 选中 F3 单元格，拖动 F3 右下角的黑十字符号，向下自动填充图书单价。

5. 第(4)题解题步骤

(1) 在“订单明细”工作表的 H3 单元格中输入“=F3 * G3”，按回车键。

(2) 选中 H3 单元格，拖动 H3 右下角的黑十字符号，向下自动填充“小计”列。

6. 第(5)题解题步骤

(1) 在“统计报告”工作表中的 B3 单元格输入“=SUM(订单明细! H3:H636)”，按回车键后完成销售额的计算。

(2) 单击 B4 单元格右侧的“自动更正选项”按钮，在下拉列表中选择“撤销计算列”命令，如图 5.52 所示。

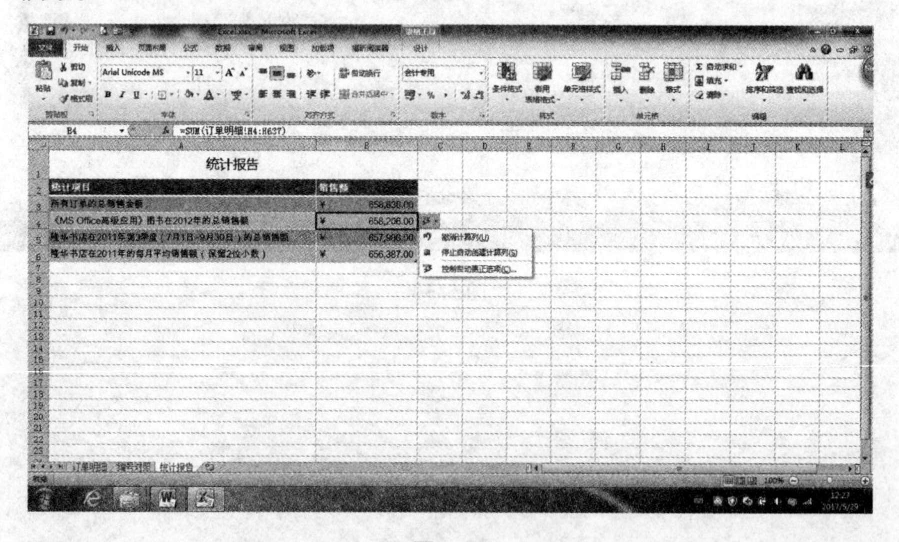

图 5.52

7. 第(6)题解题步骤

(1) 在“订单明细”工作表中,单击“开始”选项卡下“编辑”组中的“排序和筛选”命令,从下拉列表中选择“筛选”命令。

(2) 单击“日期”单元格的下拉按钮,选择“降序”命令,单击“确定”按钮。

(3) 切换至“统计报告”工作表,在 B4 单元格中输入“=SUMPRODUCT(1*(订单明细!E3:E262=”《MS Office 高级应用》”),订单明细! H3:H262)”,按回车键确认,如图 5.53 所示。

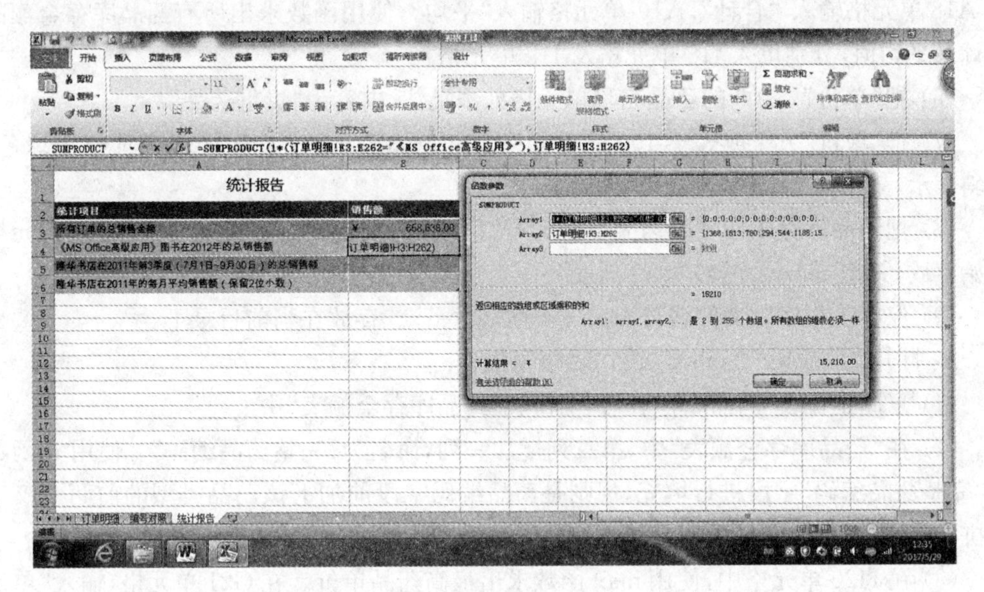

图 5.53

8. 第(7)题解题步骤

在“统计报告”工作表的 B5 单元格中输入“=SUMPRODUCT(1*(订单明细!C350:C461="隆华书店"),订单明细!H350:H461)”,按回车键确认。

9. 第(8)题解题步骤

(1) 在“统计报告”工作表的 B6 单元格中输入“=SUMPRODUCT(1*(订单明细!C263:C636="隆华书店"),订单明细!H263:H636)/12”,按回车键确认。

(2) 设置该单元格格式保留 2 位小数。

10. 第(9)题解题步骤

单击“快速访问工具栏”中的“保存”按钮完成“Excel.xlsx”文件的保存。

提示:本题中的 SUMPRODUCT 函数计算也可以用 SUMIFS 函数来进行,详见答案文件夹。

◆ 课后练习

1. 打开 “Excellx_1.xlsx”文件,做以下操作

(1) 在药品库存工作表中,在 A1 单元格输入表格标题“某医院 2010 年药品表”,标题

在A1:I1区域居中显示。

(2) 设置标题字体格式为华文仿宋,20号,加粗,紫色。设置标题行行高为30。

(3) 使用Excel的自动填充功能添加药品编码,从00001开始,前置0要保留。

(4) 设置A2:I17区域单元格字体格式为黑色,楷体,10号,水平居中对齐,细田字边框线,适合的列宽(自动调整列宽)。

(5) 设置"单价"、"库存金额"区域单元格为货币格式,货币格式为"¥",保留2位小数。使用公式求出各药品的库存金额(库存金额=单价*库存量),并填入相应单元格中。在A18单元格输入"合计",A19单元格输入"平均",使用函数求出所有药品库存金额的合计及平均值,分别填入I18单元格及I19单元格。

(6) 把"单价">100的药品名称单元格处添批注,内容为"贵重药品"。

(7) 把"单价"大于或等于100的单元格用红色加粗显示,小于10的单元格用绿色、倾斜表示。

(8) 把药品库存工作表中药品类型为"片剂"的记录复制到Sheet1中,自A1单元格开始存放,并把Sheet1更名为"片剂表"。

(9) 保存工作簿。文件名:Excellx_1_done.xlsx。存放在当前目录下。

2. 打开"Excellx_2.xlsx"文件,做以下操作

(1) 复制工作表"药品库存表"到工作表"药品库存金额表"中。

(2) 在"药品库存金额表"中,第二列增加一列,命名为"完整药品编码"。使用if函数对"完整药品编码"字段进行填充,规则是药品编码字段前加上该药品类型的前两个汉字的拼音首字母,例如药品类型是片剂,则在该药品编码前加"PJ",胶囊则加上"JN"等。

(3) 在H20单元格中,使用max函数求出最高药品单价。在G21单元格,输入"单价大于100元的药品个数",在H21单元格,利用函数统计单价大于100元的药品个数。在C25:C28单元格,分别输入"片剂药品数""针剂药品数""本院制剂药品数""胶囊剂药品数"在D25:D28单元格,利用函数统计出每种药品类型的药品个数。

(4) 利用"药品库存表"中的药品名称和单价,创建一个簇状柱形图,标题为"药品单价比较",位于图表上方,图例项为"单价",在右侧显示,设置图表区填充颜色为"渐变"、"从左下到右上"。图表放在"柱形图"工作表中。

(5) 利用"药品库存表"中的药品名称和库存金额,创建一个三维饼图,标题为"药品库存金额",位于图表上方;图例项为"药品名称",在底部显示,添加数据标签(放置于最佳位置);图表区填充效果为深色木质纹理。放置于一个新工作表中"库存金额饼图"。

(6) 把"药品库存表"中数据复制到"折线图"表中,使用"药品库存表"中的药品名称、库存量绘制药品库存量折线图,标题为"药品库存量图",图例为库存量,靠右显示,横坐标标题为"药品名称",纵坐标标题为"库存量"(旋转过的),显示数据标签值,位置在数据点下方。

(7) 保存工作簿。文件名:Excellx_2_done.xlsx。存放在当前目录下。

3. 打开"Excellx_3.xlsx"文件,做以下操作

(1) 在"挂号表"中用if函数在相应的单元格中填写挂号单价,规则为职称为"主任医师"挂号单价为"7.5","副主任医师"挂号单价为"5.5",其余为3.5;用公式或函数求出挂号金额,填入相应单元格;在A1单元格添加标题"医师挂号记录表",设置标题字体格式:

华文行楷，18 磅，加粗，橄榄色，强调文字颜色 3，深色 50%，标题在 A1:G1 区域跨列居中显示，设置 A2:G21 的区域为外框线最粗实线，内框线最细实线，数据水平居中对齐，适合的列宽。

(2) 将“挂号表”的数据复制到“排序表”，在排序表中按职称升序、挂号人次降序排列数据。

(3) 将“挂号表”的数据复制到“筛选表”，在“筛选表”中自动筛选出挂号金额前 5 位的记录。

(4) 将“挂号表”的数据复制到“高级筛选”表，在“高级筛选”中筛选出“科室”＝内科、“职称”＝副主任医师、“挂号人次”＞＝12 000 的记录，自 A29 单元格存放。

(5) 将“挂号表”的数据复制到“分类汇总”表中，对各科室的挂号人次和挂号金额进行分类汇总，汇总方式为求和。

(6) 将“挂号表”的数据复制到“数据透视表”中，在此工作表中创建数据透视表对各科室的每个职称的挂号人次及挂号金额的汇总统计。数据透视表自 A25 单元格存放。

(7) 在“挂号表”中使用 RANK 函数，对挂号表中的每个医师挂号人次情况进行统计，并将排名结果保存到表中的“挂号名次”列当中。

(8) 保存工作簿。文件名：Excellx_3_done. xlsx。存放在当前目录下。

4. 打开 EX1. xlsx 文件，参考样张按下列要求进行操作

(1) 在“医疗机构”工作表中，设置第一行标题文字“历年医疗卫生机构数”在 A1:N1 单元格区域合并后居中，字体格式为黑体、18 号字、标准色-红色；

(2) 在“医院”工作表中，筛选出 2002 年及以后的数据；

(3) 将“医院”工作表中筛选出的数据复制到“医疗机构”工作表对应的单元格中；

(4) 参考样张，将“医疗机构”工作表中 E2:E12、J2:J12、N2:N12 单元格区域背景色设置为标准色－黄色；

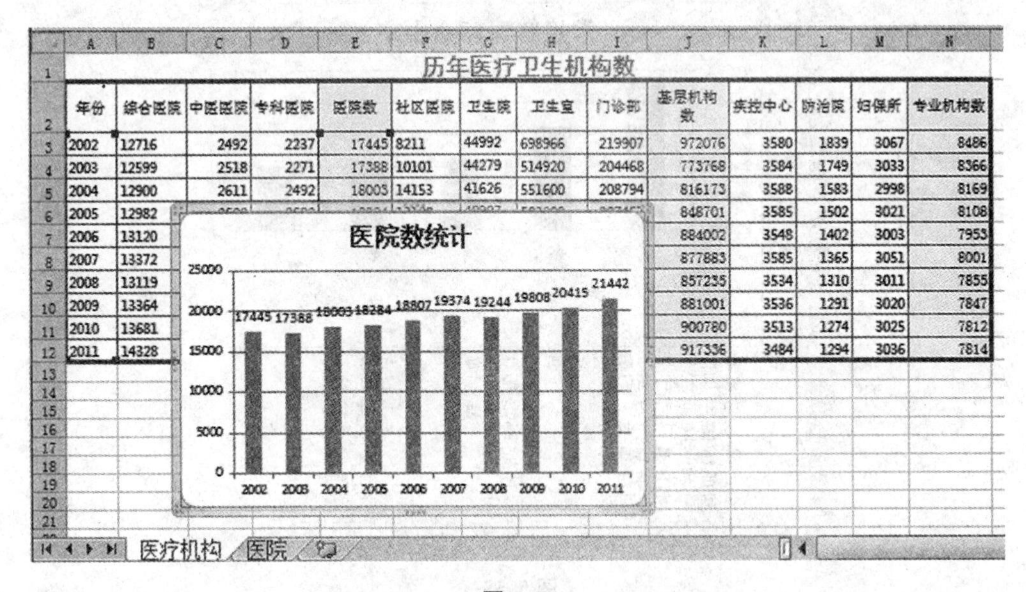

图 5.54

(5) 在“医疗机构”工作表的 E3:E12、J3:J12、N3:N12 单元格中,利用公式分别计算历年医院数、基层机构数、专业机构数(医院数为其左侧 3 项之和,基层机构数为其左侧 4 项之和,专业机构数为其左侧 3 项之和);

(6) 在“医疗机构”工作表中,设置 A2:N12 单元格区域外框线为最粗实线,内框线为最细实线,线条颜色均为标准色-蓝色;

(7) 参考样张,在“医疗机构”工作表中,根据“医院数”,生成一张“簇状柱形图”,嵌入当前工作表中,要求水平(分类)轴标签为年份数据,图表上方标题为“医院数统计”,采用图表样式 4,无图例,显示数据标签、并放置在数据点结尾之外;

(8) 保存文件 EX1. xlsx,存放于当前文件夹中。

5. 打开 EX2. xlsx 文件,参考样张按下列要求进行操作

(1) 复制“罚球数据”工作表,并将新复制的工作表重命名为“罚球数据汇总”;

(2) 在“罚球数据汇总”工作表中,筛选出快船队的记录;

(3) 在“罚球数据”工作表中,设置第一行标题文字“常规赛罚球统计”在 A1:F1 单元格区域合并后居中,字体格式为宋体、18 号字、标准色-红色;

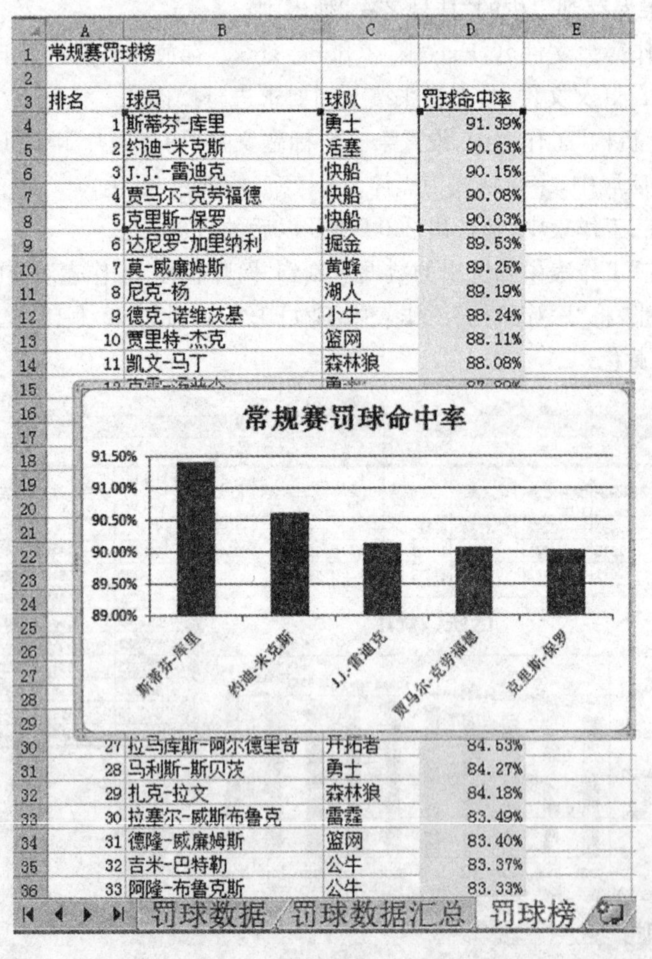

图 5.55

(4) 在“罚球榜”工作表的 D 列中，基于“罚球数据”工作表中的数据，利用公式计算各球员的罚球命中率，结果以带 2 位小数的百分比格式显示(罚球命中率＝罚球命中数/罚球出手数)；

(5) 在“罚球榜”工作表中，按罚球命中率进行降序排序，并在 A 列中填充排名，形如 1,2,3,…；

(6) 在“罚球榜”工作表中，为 D4:D53 单元格区域填充标准色－黄色；

(7) 参考样张，在“罚球榜”工作表中，根据排名前 5 的数据，生成一张“簇状柱形图”，嵌入当前工作表中，图表上方标题为“常规赛罚球命中率”，无图例，采用图表样式 4；

(8) 将工作簿以文件名：EX2，文件类型：Excel 工作簿(＊.xlsx)，存放当前文件夹中。

6. 打开 EX3.xlsx 文件，参考样张按下列要求进行操作

(1) 在“招生数”工作表中，设置第一行标题文字“医学专业招生数”在 B1:F1 单元格区域合并后居中，字体格式为黑体、18 号字、标准色－绿色；

(2) 在“招生数”工作表中，设置 D4:D20、F4:F20 单元格区域的背景色为标准色－黄色；

(3) 在“招生数”工作表中，隐藏 2000 年前的数据；

(4) 在“在校生数”工作表的 E4:E20 和 H4:H20 单元格中，利用公式分别计算两类学校历年医学专业占比(医学专业占比＝医学专业/在校生总数)，结果以带 2 位小数的百分比格式显示；

图 5.56

(5) 在“在校生数”工作表的F21、G21单元格中,利用函数计算对应列的合计值;

(6) 在“在校生数”工作表中,设置B4:H21单元格区域外框线为双线、标准色—蓝色;

(7) 参考样张,在“招生数”工作表中,根据两类学校“医学专业”人数,生成一张“折线图”,嵌入当前工作表中,要求水平(分类)轴标签为年份数据,图表上方标题为“医学专业招生数”,图例项分别为“普通高等学校”和“中等职业学校”;

(8) 保存文件EX3.xlsx,存放于当前文件夹中。

【微信扫码】
习题解答 & 其他资源

第 6 章　PowerPoint 演示文稿软件的使用

【微信扫码】
看视频操作

实验十四　PowerPoint 演示文稿软件基本操作

一、实验目的

1. 掌握 PowerPoint2010 的创建、保存及打开等基本操作方法。
2. 掌握输入文本和编辑文本的方法。
3. 掌握插入表格的方法。
4. 掌握艺术字、图片、SmartArt 图形的使用。
5. 掌握幻灯片的动画设计、演示文稿的放映。

二、实验内容与步骤

1. 启动 PowerPoint 2010

在 Window7 环境下的任务栏中单击“开始”按钮，单击“所有程序”中的“Microsoft Office”，再单击“Microsoft PowerPoint 2010”图标。启动后显示如图 6.1 所示的应用程序窗口。

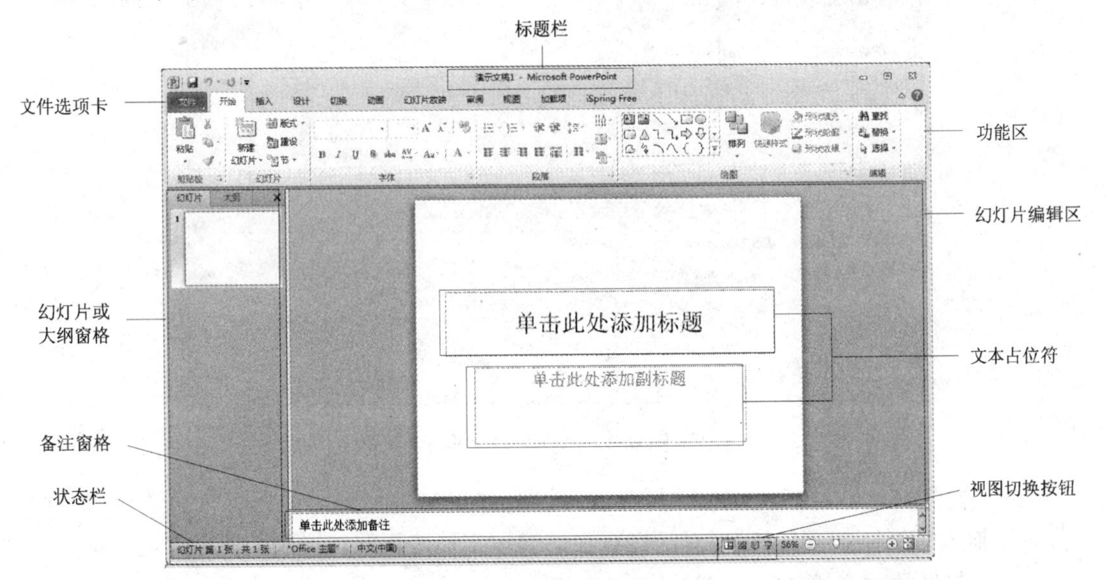

图 6.1　PowerPoint 2010 窗口组成

启动打开 PowerPoint 2010 窗口时,系统将自动创建一个新的空白演示文稿,用户可以在其中输入文本、插入图片、设置动画等。

2. PowerPoint 2010 的窗口组成

PowerPoint 2010 窗口组成与其他 Microsoft Office 2010 组件类似,由标题栏、菜单栏、功能区、状态栏、幻灯片编辑区、幻灯片或大纲窗格、备注窗格、视图功能切换按钮等组成,如图 6.1 所示。

在标题栏左侧是"快速启动工具栏",单击其中按钮,用户可决定工具栏中应包含哪些按钮。标题栏的右侧是 PowerPoint 窗口控制按钮栏,从左至右依次是"最小化"、"最大化"(或"还原")和"关闭"按钮。功能选项卡列表的右侧,排列了"功能区最小化"和"帮助"按钮。

3. 保存和打开演示文稿

(1) 保存演示文稿

用户在 PowerPoint 窗口编辑了演示文稿中文档后,可以通过如下方法之一对其执行保存操作。

a) 单击标题栏左上角"快速访问工具栏"中的"保存"按钮,若是第一次保存,会出现"另存为"对话框,如图 6.2 所示。单击"保存位置"栏的下拉按钮,选择要保存文件的位置;在"文件名"处输入要保存文件的名字,保存类型默认为". pptx",单击"保存"按钮,即可以完成保存。

b) 选择"文件"下拉菜单中的"保存"选项,若是第一次保存,也会出现图 6.2 所示的"另存为"对话框,只要确定文件路径和文件名,再单击"保存"按钮即可。

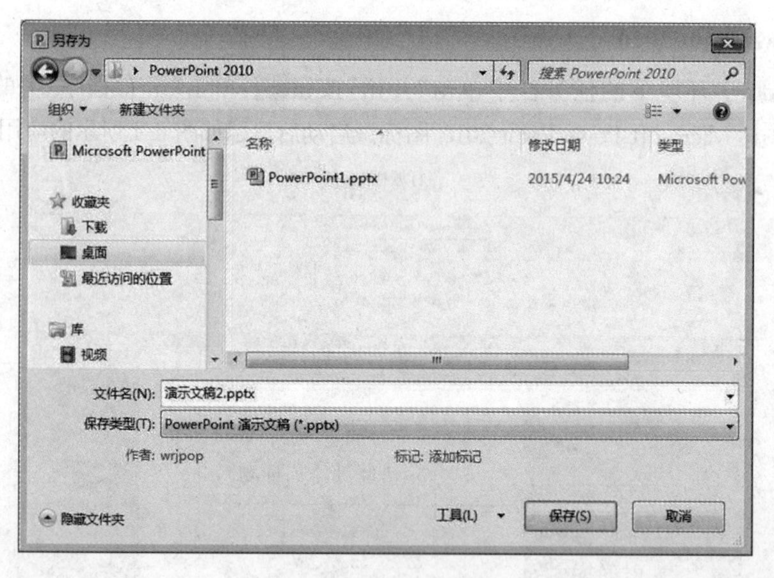

图 6.2　另存为对话框

c) 选择"文件"下拉菜单中的"另存为"选项,弹出"另存为"对话框。然后选择"保存位置",输入"文件名",可以实现对已经存在的演示文稿按新的位置和新的名称进行保存。

(2) 打开演示文稿

对于已经保存的演示文稿,若要编辑或放映,需要先打开它。方法有以下几种:

a) 双击要打开的演示文稿文件(.pptx 格式)。

b) 在“文件”菜单下，单击“打开”按钮，在弹出的“打开”对话框中选择要打开的文件。

4. 编辑幻灯片中的基本信息

(1) 向幻灯片中添加文本

单击想要输入文本的位置，出现闪动的插入点后，直接输入文本内容即可。如果需要在其他位置输入文本，需要在“开始”功能区的“绘图”分组中，单击工具栏中的“文本框”按钮，将指针移动到合适位置，按鼠标左键拖拽出大小合适的文本框，然后在该文本框中输入所需要的信息。

(2) 插入与删除文本

a) 插入文本：单击插入位置，输入要插入的文本。新文本将插入当前插入点的位置。

b) 删除文本：用鼠标选中要删除的文本，按下键盘上的【Del】键，即可删除文本。

(3) 移动(复制)文本

选择要移动(复制)文本框中的文字，此时文本框四周会出现 8 个控制点，将指针移动到边框上，当指针成十字箭头时(按住【Ctrl】键)将之拖拽到目标位置。

(4) 设置文字和段落格式

PowerPoint 2010 中文字和段落格式的设置与 Word2010、Excel2010 相似，通过“开始”选项卡中提供的工具，如图 6.3 所示，进行基本字体格式设置，或者通过单击“字体”组右下角的按钮，弹出如图 6.4 对话框，通过其中“字体”及“字符间距”选项卡中提供的功能进行设置。

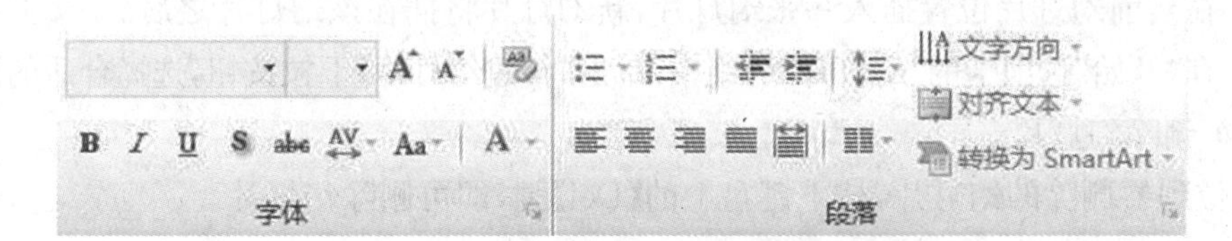

图 6.3　“开始”选项卡“字体”和“段落”组

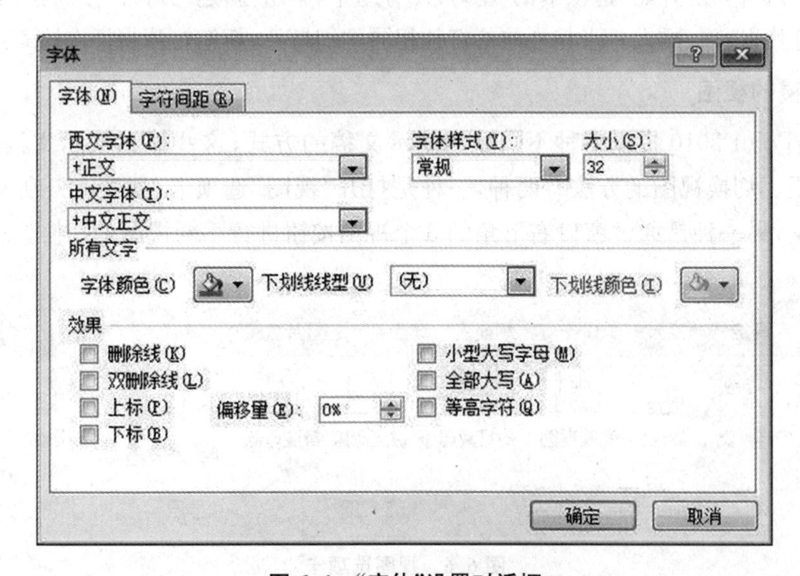

图 6.4　“字体”设置对话框

幻灯片中段落格式设置可以通过“开始”选项卡的“段落”组提供的一些常用段落设置工具,如图6.3所示,进行基本段落格式设置。如,项目符号与编号、对齐方式、行距调整等。若需要更多的段落格式设置,可单击“段落”组右下角的 按钮,弹出如图6.5对话框,通过其中“缩进和间距”及“中文版式”选项卡中提供的功能进行设置。

段落
缩进和间距(I)　中文版式(H)
常规
对齐方式(G): 居中
缩进
文本之前(R): 0 厘米　特殊格式(S): (无)　度量值(Y):
间距
段前(B): 7.68 磅　行距(N): 单倍行距　设置值(A): .00
段后(E): 0 磅
制表位(T)...　确定　取消

图6.5　“段落”设置对话框

5. 添加、删除、复制、移动幻灯片

(1) 插入新幻灯片

a) 在当前幻灯片位置插入一张幻灯片,新幻灯片将插在该幻灯片之后。

b) 在“开始”选项卡的“幻灯片”分组中,单击“新建幻灯片”下拉按钮,选择合适的版式。

(2) 删除幻灯片

定位到要删除的幻灯片,按下键盘上的【Del】键,即可删除幻灯片。

(3) 复制幻灯片

选择幻灯片,在“开始”选项卡的“幻灯片”分组中,单击“新建幻灯片”下拉按钮,选择“复制所选幻灯片”选项,插入一张与之前幻灯片相同的幻灯片,新幻灯片将插在该幻灯片之后。

6. 演示文稿的视图

PowerPoint 2010提供多种不同显示演示文稿的方式,这些显示演示文稿的不同方式称为视图。切换视图的方法有两种,一种是打开“视图”选项卡,如图6.6所示,从中选择所需视图;另一种是通过窗口右下角的3个视图按钮进行不同视图的切换。

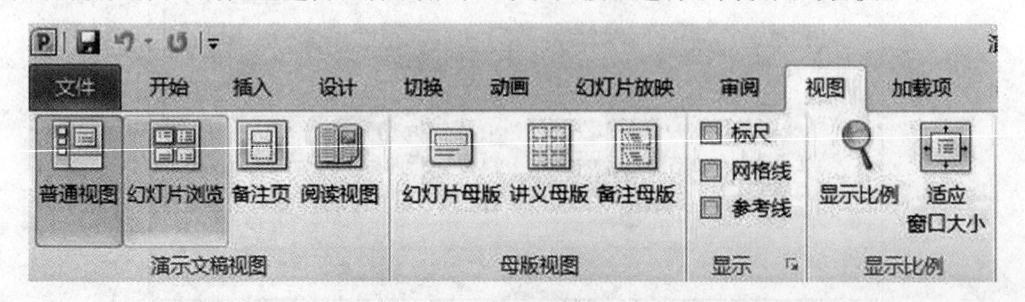

图6.6　视图选项卡

（1）普通视图

幻灯片普通视图包含 3 种窗格：大纲窗格、幻灯片窗格和备注窗格。在大纲窗格中，可以组织和构架演示文稿的大纲，组织幻灯片各项的层次和调整幻灯片的顺序；在幻灯片窗格中，可以查看每张幻灯片中的文本外观与编辑幻灯片内容；在备注窗格中可以添加演讲者的备注，如图 6.7 所示。

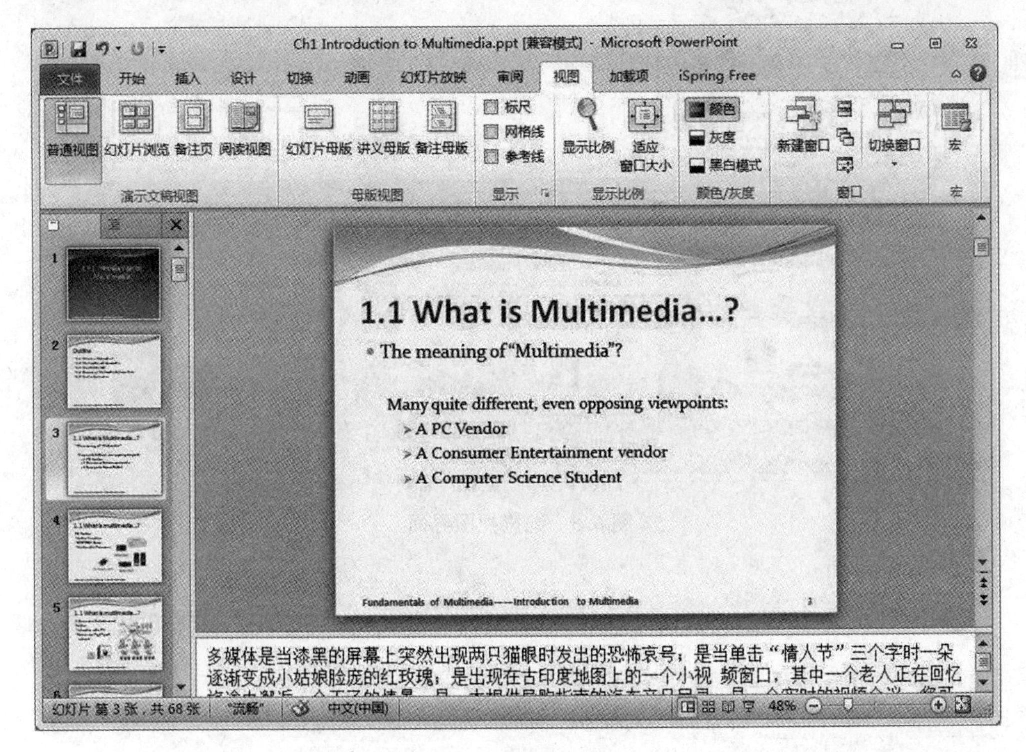

图 6.7　普通视图界面

（2）幻灯片浏览视图

幻灯片浏览视图下，按幻灯片序号的顺序显示演示文稿中全部幻灯片缩略图，可以复制、删除幻灯片，调整幻灯片顺序，但不能对个别幻灯片的内容进行编辑、修改，如图 6.8 所示。

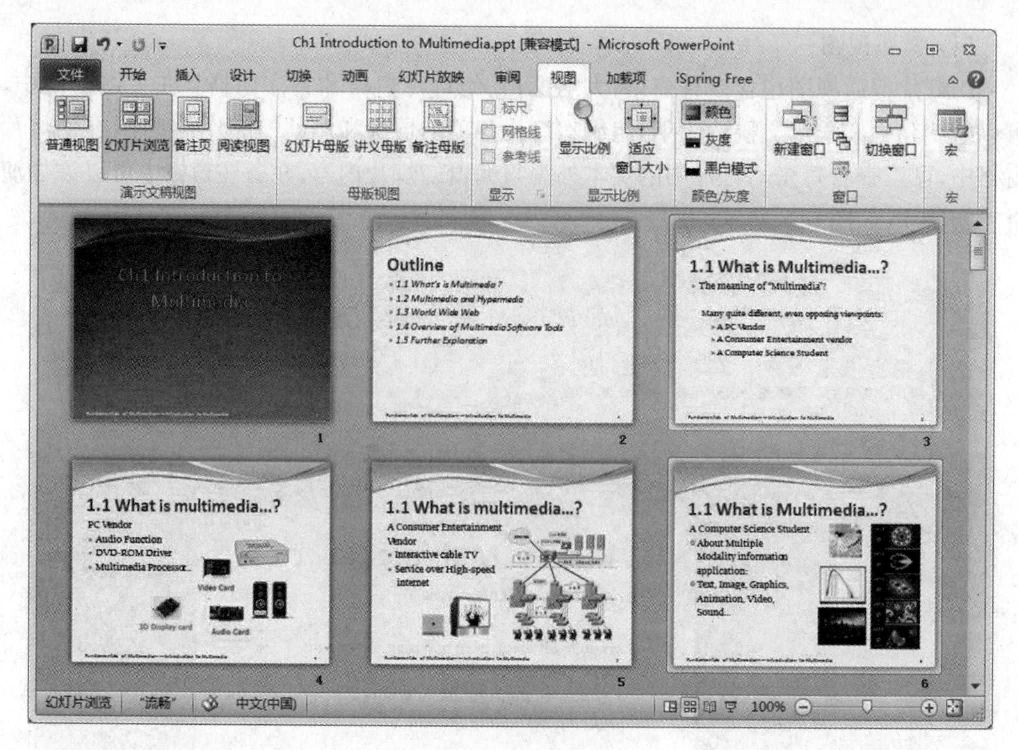

图 6.8 浏览视图界面

(3) 备注视图

此视图模式用来建立、编辑和显示演示者对每一张幻灯片的备注,如图 6.9 所示。

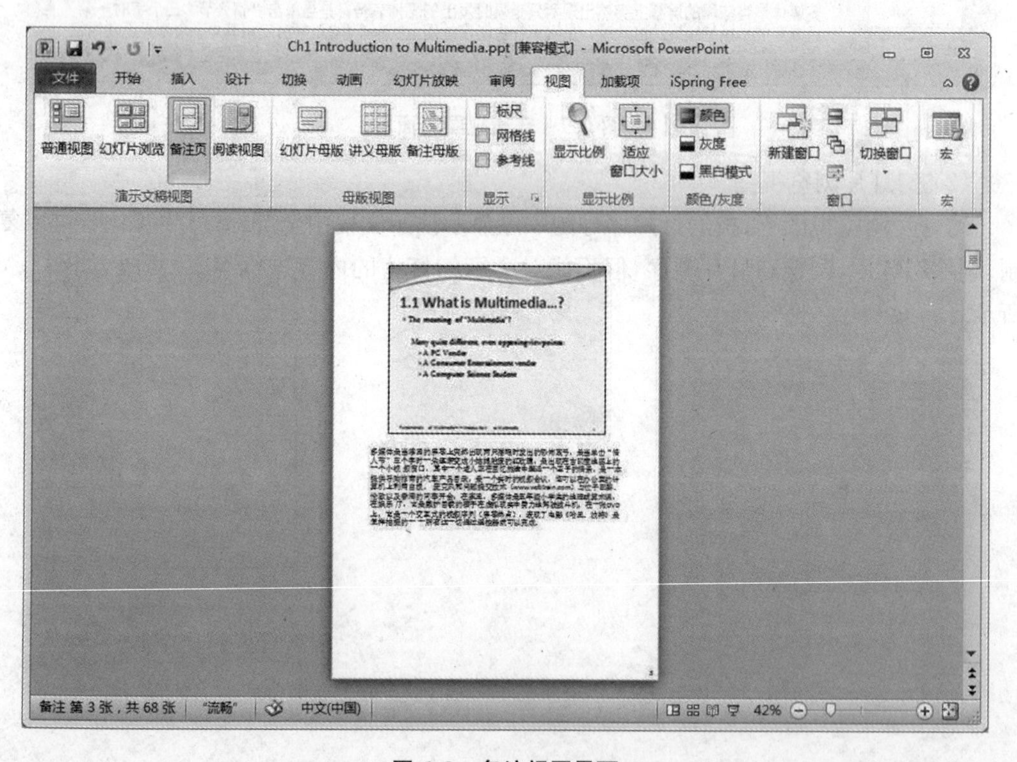

图 6.9 备注视图界面

（4）阅读视图

阅读视图用来动态播放演示文稿的全部幻灯片。在此视图下，可以查看每一张幻灯片的播放效果。要切换幻灯片，可以直接单击屏幕，也可以按回车键。

7. 演示文稿的母版

PowerPoint 2010 中有一类特殊的幻灯片，称为母版。母版有幻灯片母版、讲义母版和备注母版三种。它们是存储有关演示文稿的信息的主要幻灯片，其中包括幻灯片背景、字体、颜色、效果等。一个演示文稿中至少包含有一个幻灯片母版。使用母版视图的优点在于，用户可以通过幻灯片母版、讲义母版和备注母版对与演示文稿关联的每个幻灯片、讲义和备注页的样式进行全局更改。

（1）幻灯片母版

单击“视图”选项卡“母版视图”组中的“幻灯片母版”按钮，进入如图 6.10 所示的“幻灯片母版”视图。单击“幻灯片母版”选项卡功能区最右侧的“关闭母版视图”按钮，可以返回原视图状态。

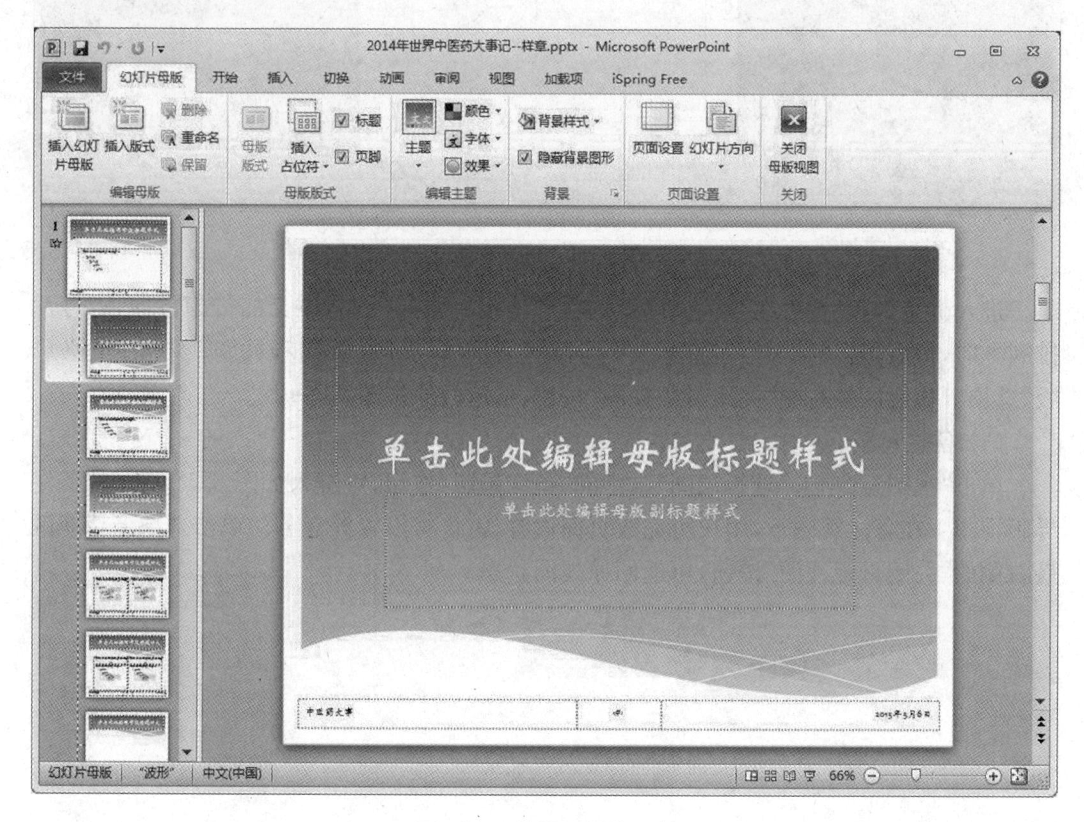

图 6.10　编辑幻灯片母版

（2）讲义母版

单击“视图”选项卡“母版视图”组中的“讲义母版”按钮，可进入如图 6.11 所示的幻灯片讲义母版视图。视图中显示了每页讲义中排列幻灯片的数量及排列方式，还包括“页眉”、“页脚”、“页码”和“日期”的显示位置。

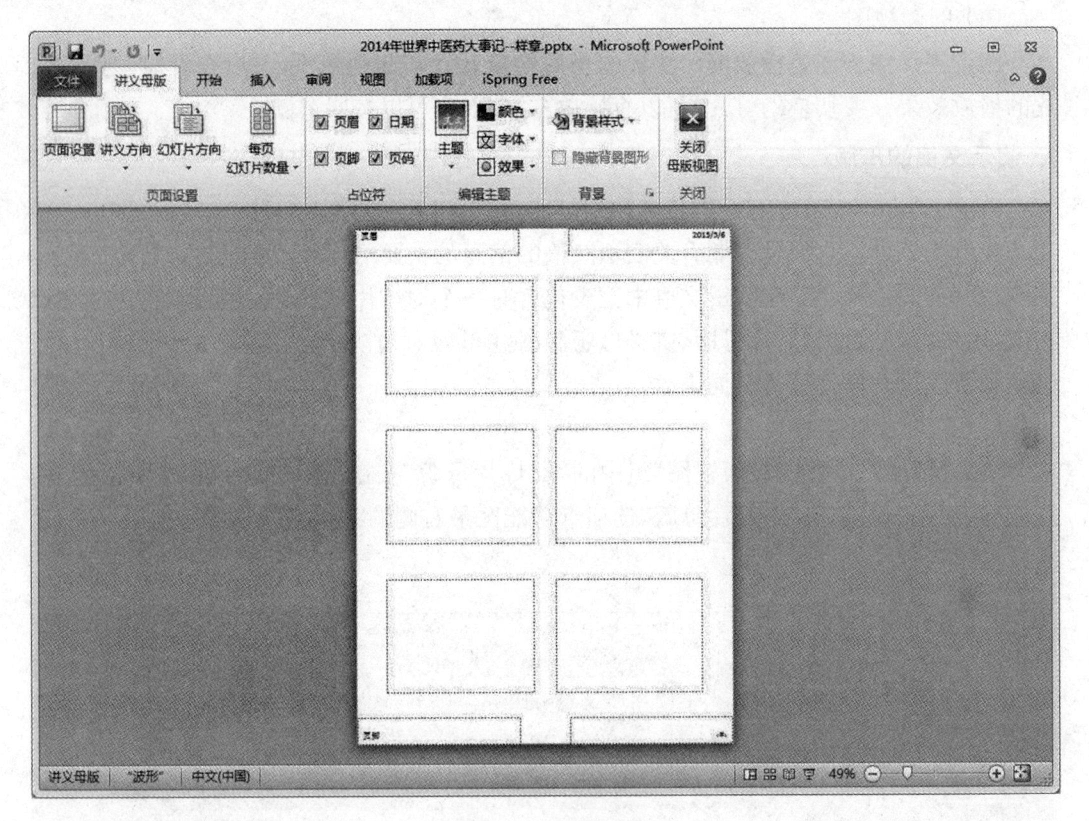

图6.11 讲义母版

进入讲义母版后,可在"讲义母版"选项卡中设置打印页面,讲义的打印方向,幻灯片排列方向,每页包含的幻灯片数量以及是否使用页眉、页脚、页码和日期。单击"讲义母版"选项卡功能区最右侧"关闭母版视图"按钮,可返回原视图状态。

(3) 备注母版

单击"视图"选项卡"母版视图"组中的"备注母版"按钮,可进入如图6.12所示的备注母版视图。在备注视图下,用户可完成页面设置、占位符设置等任务。单击选项卡功能区最右侧的"关闭母版视图"按钮,可返回原视图状态。

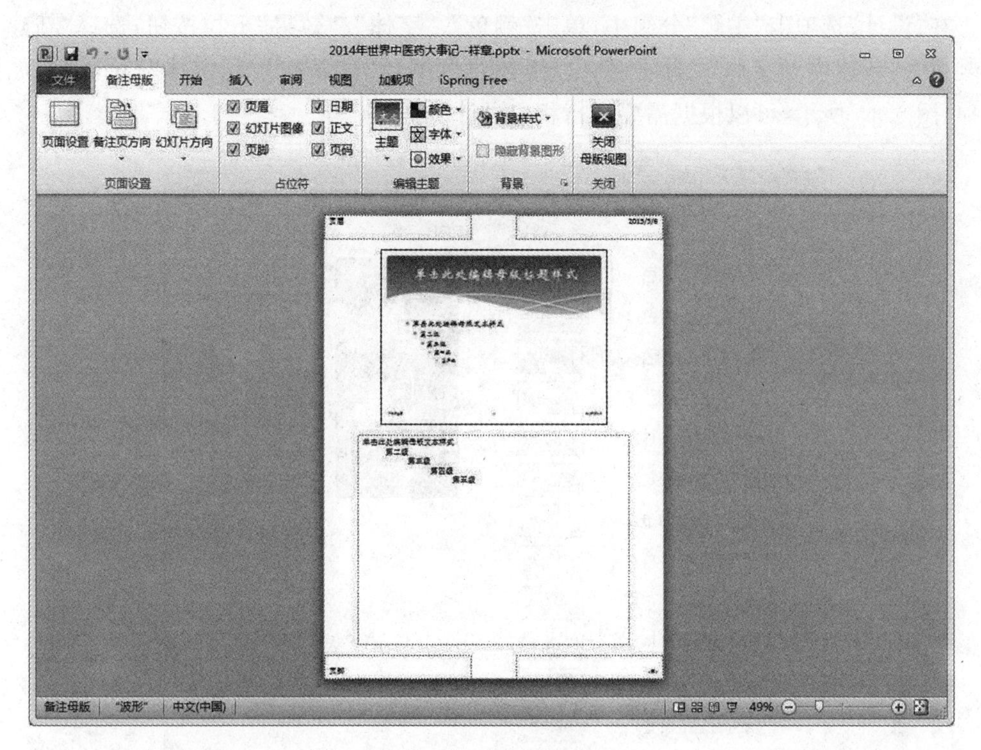

图 6.12　备注母版

8. 幻灯片主题和背景的设置

(1) 设置主题

在“设计”选项卡“主题”分组中，可以为幻灯片选择相应的主题进行设置。单击该分组中“颜色”、“字体”、“效果”下拉按钮，出现“主题颜色”、“主题字体”和“主题效果”列表，可在列表中选择合适的方案进行设计，如图 6.13 所示。

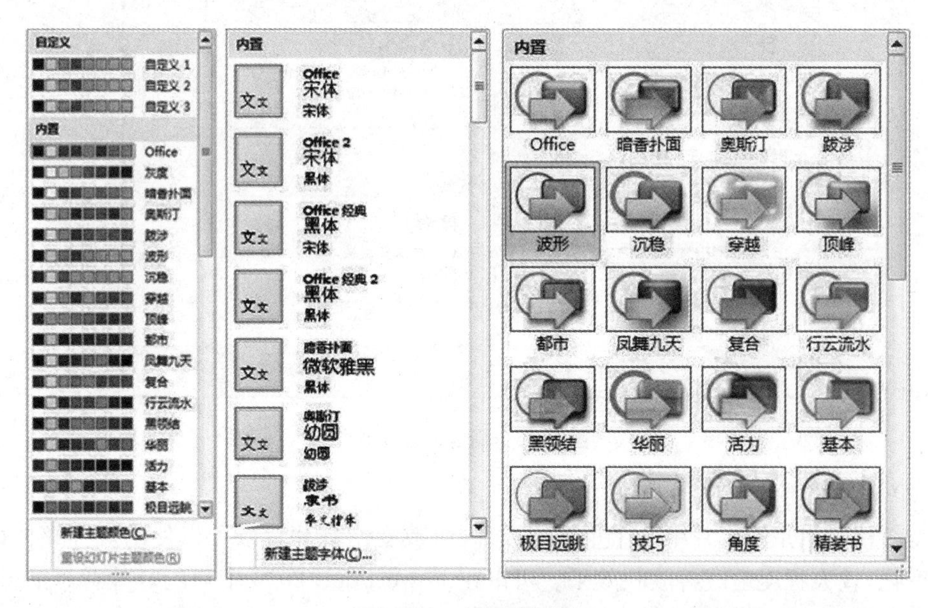

图 6.13　幻灯片主题

在“设计”选项卡“主题”分组中,单击“颜色”、“字体”、“效果”下拉按钮,选择“新建主题颜色”(“新建主题字体”)选项,弹出“新建主题颜色”(“新建主题字体”)对话框,如图6.14、图6.15所示,可以根据需要进行相应设计。

图6.14　新建主题颜色

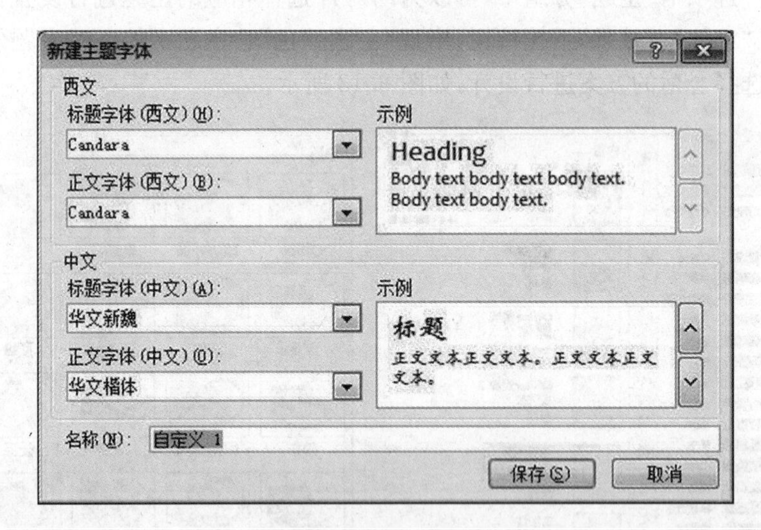

图6.15　新建主题字体

(2) 设置背景

幻灯片背景是幻灯片中一个重要组成部分,改变幻灯片背景可以使幻灯片整体面貌发生变化,较大程度地改善放映效果。可以在PowerPoint 2010中对幻灯片背景的颜色、过渡、纹理、图案及背景图像等进行设置。

在“设计”选项卡的“背景”分组中，单击“背景样式”右侧的下三角对话框启动按钮，选择“设置背景格式”选项，弹出“设置背景格式对话框”，如图 6.16 所示。

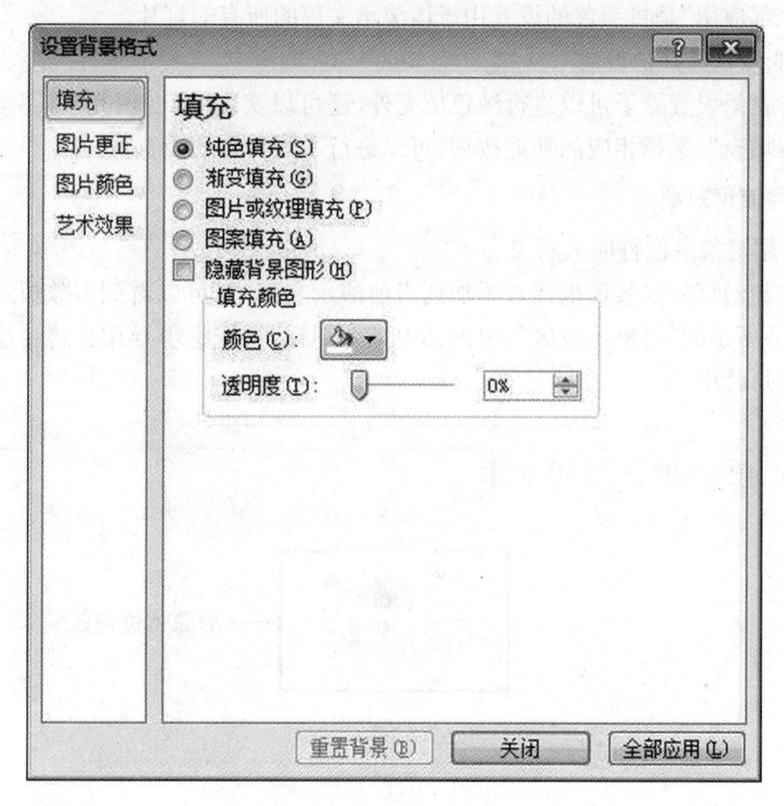

图 6.16　设置背景颜色

a) 改变背景颜色

在“填充”标签项下，选中“纯色填充”单选按钮，在“颜色”下拉列表中选择需要使用的背景颜色，如图 6.17 所示。如果没有合适的颜色，可以单击“其他颜色”，在弹出的“颜色”对话框中设置。选择好颜色后，单击“确定”按钮。

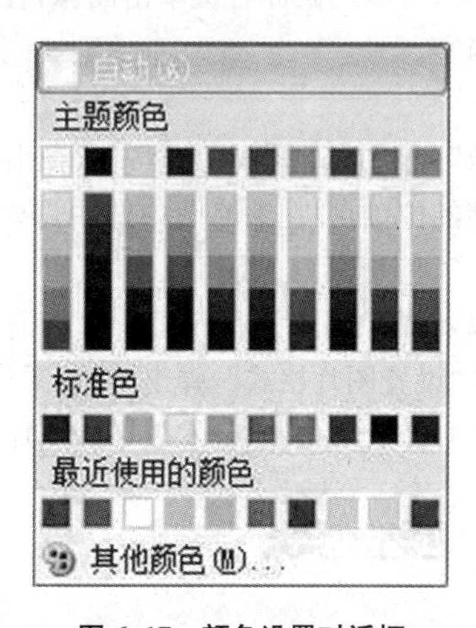

图 6.17　颜色设置对话框

设置完成后,返回“设置背景格式”对话框,单击“关闭”或“全部应用”按钮完成背景颜色设置的操作。“关闭”和“全部应用”的主要区别在于:“关闭”是将颜色的设置用于当前幻灯片,“全部应用”是将颜色的设置用于该演示文稿的所有幻灯片。

b) 改变背景的其他设置

幻灯片背景设置除了可以进行纯色填充外,还可以实现“渐变填充”、“图案或纹理填充”和“图案填充”,选择相应的功能按钮,可以进行不同背景的设置。

9. 在幻灯片使用对象

(1) 使用对象占位符插入对象

当一张新幻灯片以某种板式被添加到当前演示文稿中,可以看到多数板式中都包含有如图6.18所示的“对象占位区”,单击其中某个图标,系统将引导用户将希望的对象插入到当前幻灯片中。

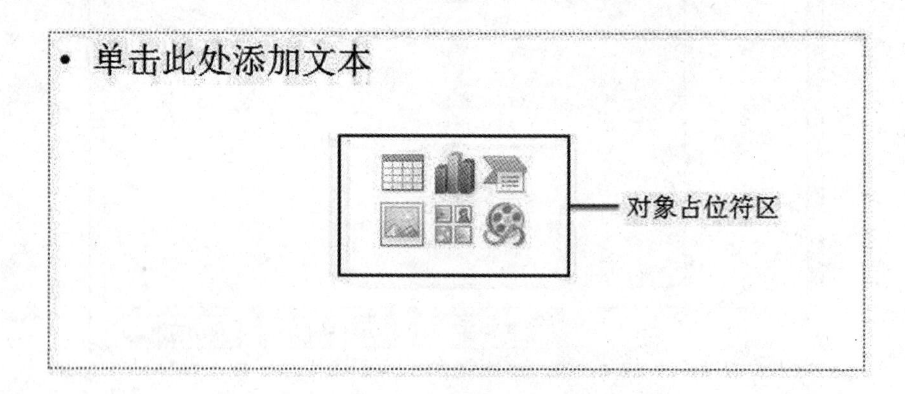

图6.18 “标题和内容”版式中的对象占位符

(2) 绘制基本图形

在“插入”选项卡的“插图”分组中,单击“形状”下拉选项按钮,选择需要绘制的对象按钮,鼠标指针呈十字形,将鼠标指针移动到幻灯片的合适位置,即可绘制出相应的对象。如果需要向图形中添加文本时,可以用鼠标右键单击图像,在弹出的快捷菜单中选择“编辑文本”命令后可输入文本内容。

(3) 插入图片

在“插入”选下卡的“图像”分组中,单击“图片”按钮,弹出“插入图片”对话框,在“查找范围”栏中选择目标图片存储的位置,并在缩略图中选中需要的图片,然后单击“插入”按钮即可。

图片插入成功以后,可以对图像格式进行设置。选择需要设置的图片,右键点击图片,在弹出的快捷菜单中选择“设置图片格式”,弹出“设置图片格式”对话框,如图6.19所示。在此对话框中可以进行图片大小、位置、艺术效果等图片格式设置。

图 6.19　图片格式设置对话框

(4) 插入表格

在“插入”选项卡的“表格”分组中，单击“表格”下拉按钮，选择“插入表格”选项，出现“插入表格”对话框，在“行数”、“列数”框中输入表格的行数和列数，如图 6.20 所示。单击“确定”按钮，出现一个表格，拖拽表格控点，可以调整表格的大小。

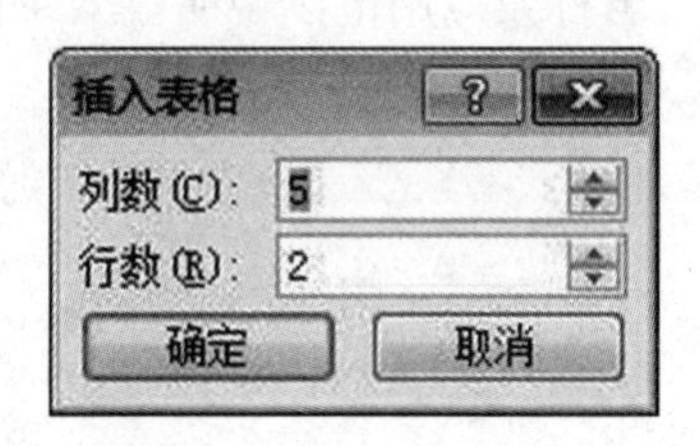

图 6.20　插入表格

(5) 插入艺术字

在“插入”选项卡的“文本”分组中，单击“艺术字”下拉按钮，出现“艺术字库”，如图 6.21 所示。

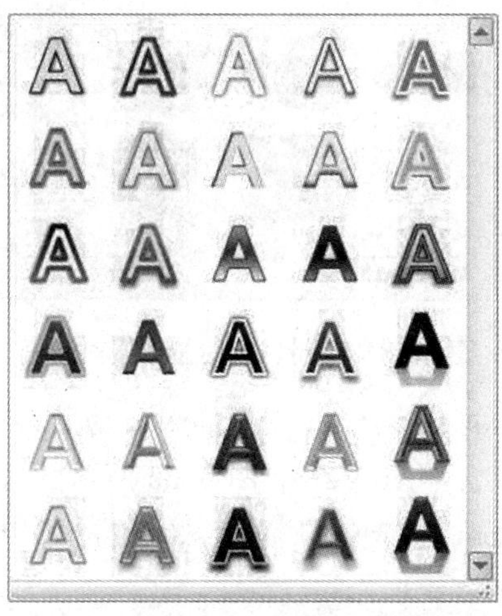

图 6.21　艺术字字库

在“艺术字库”中单击一种艺术字样式,出现编辑艺术字文字文本框,如图6.22所示。用户可以在该文本框中输入文本,还可以进行字体、字号和字形的设置。

图6.22　艺术字编辑文本框

艺术字创建成功后,如果效果不好,还可以进行大小、颜色、形状以及缩放、旋转等修饰处理。

(6) 使用SmartArt图形

SmartArt图形是Office2007及以上版本提供的一个新功能,它包含了一些模板,例如列表、流程图、组织结构图或关系图等,使用SmartArt图形可简化创建复杂形状的过程。

在“插入”选项卡的“绘图”组中,单击“SmartArt”按钮,显示如图6.23所示的“选择SmartArt图形”对话框。该对话框分为三个部分,左侧列出了SmartArt图形的分类,中间部分列出了每个分类中具体的SmartArt图形样式,右侧显示出了该样式的默认效果、名称及应用范围说明。效果图中的横线表示用户可以输入文本的位置。

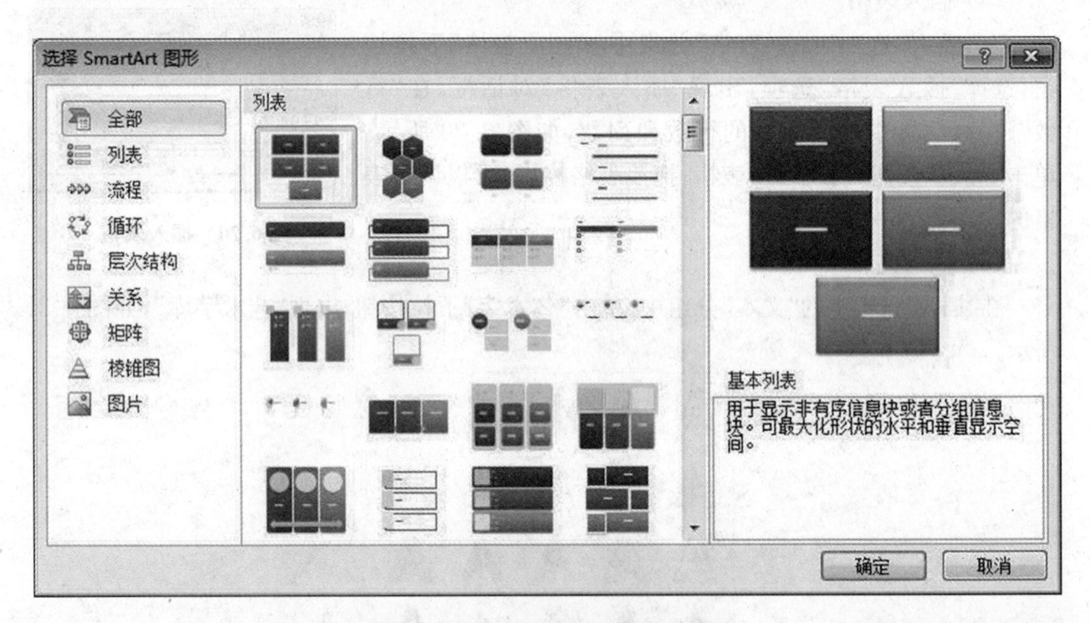

图6.23　SmartArt图像选择对话框

用户根据需要选择相应的SmartArt图形插入成功后,PowerPoint 2010会自动显示“SmartArt”工具。该工具包含如图6.24和图6.25所示的“设计”和“格式”选项卡,其中包含大量用户设置和修改SmartArt图形的工具,用户可以根据需要进行相应格式的设置。

图 6.24　“设计”选项卡

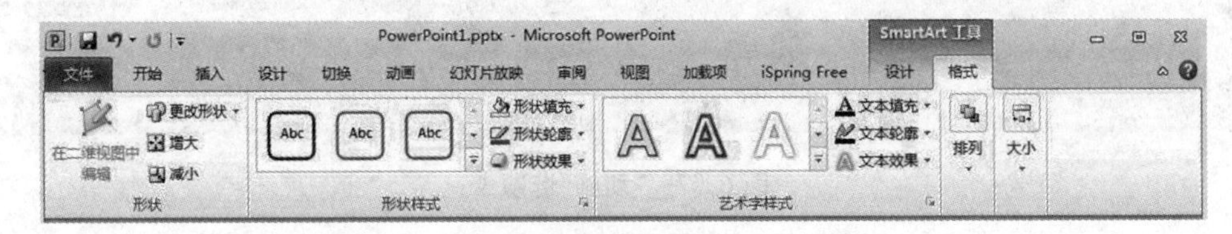

图 6.25　“格式”选项卡

10. 幻灯片放映设计

(1) 为幻灯片中的对象设置动画效果

动画可使演示文稿更具动态效果，最常见的动画效果包括“进入”、“强调”、“退出”和“动作路径”四种类型，其主要设置方法如下：

a) 在普通视图下选择需要设置动画的幻灯片，然后在“动画”选项卡的“高级动画”分组中，单击“动画窗格”按钮，出现“动画窗格”任务窗格。

b) 在幻灯片中选择需要设置动画的对象，然后单击“添加动画”按钮，出现下拉菜单，其中有“进入”、“强调”、“退出”和“动作路径”四个菜单，如图 6.26 所示。每个菜单均有相应动画类型命令。

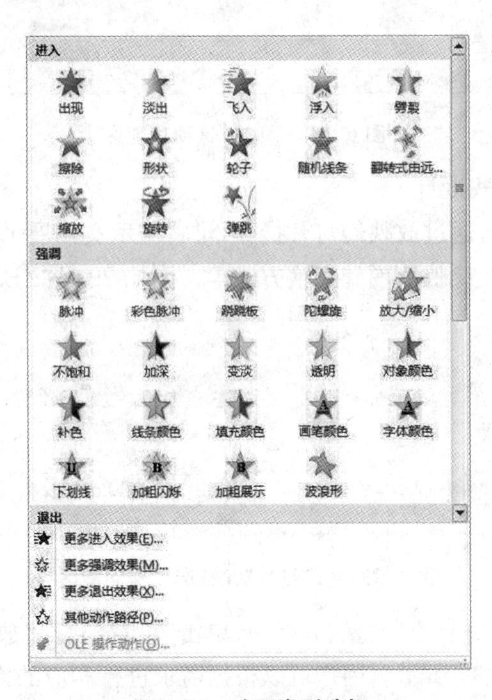

图 6.26　动画类型选择

c) 选择某类型动画,则激活“动画选项卡”中的其他各项设置,如图 6.27 所示。其中“效果选项”按钮用于更加详细的设置动画的表现形式;“触发”按钮,可在弹出的下拉菜单中选择动画开始的特殊条件;“计时”组中,用户可以设置以满足怎样的条件开始显示动画,动画的“持续时间”和“延迟”时间。

图 6.27　“动画”选项卡

d) 如果希望在动画出现时伴随播放某种声音加以强调,可单击“动画”组右下角的按钮,在弹出的对话框中进行选择。

(2) 幻灯片切换效果设计

幻灯片的切换效果是指一张幻灯片在屏幕上显示的方式,可以是一组幻灯片设置一种切换方式,也可以是每张幻灯片设置不同的切换方式。

单击 PowerPoint 2010 的“切换”选项卡,显示如图 6.28 所示的用户设置幻灯片切换效果的选项卡功能区。在“切换到此幻灯片”组中单击选择某切换效果后,可将该效果应用于当前选定的幻灯片。如果想把效果应用于全部幻灯片,只要选择“计时”组中的“全部应用按钮”。

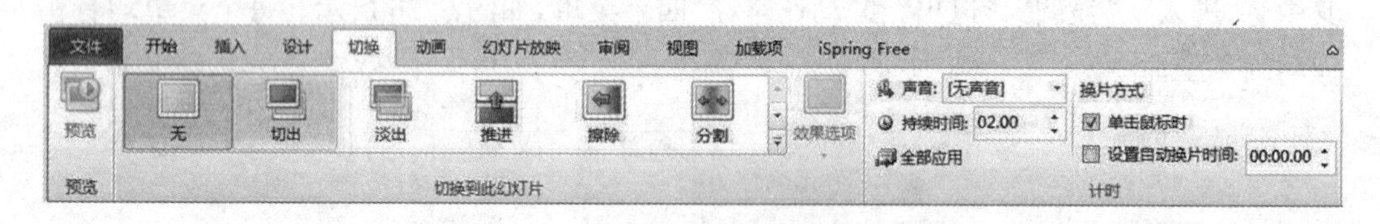

图 6.28　“切换”选项功能区

(3) 幻灯片放映方式设计

制作好的演示文稿,通过放映幻灯片操作,可将演示文稿展示给观众。幻灯片放映方式主要是设置放映类型、放映范围和切换方式等。图 6.29 是“幻灯片放映”选项卡中提供的各种功能。

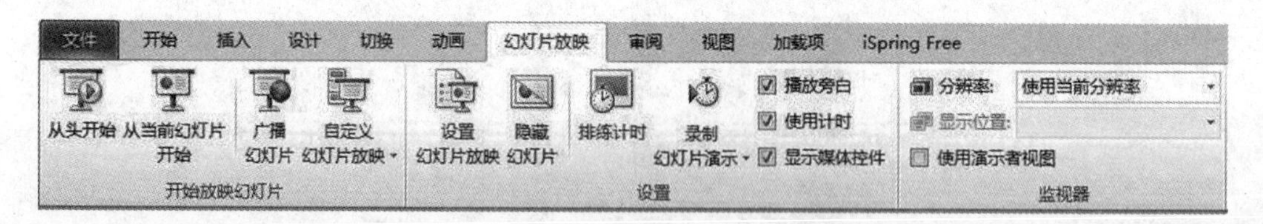

图 6.29　“幻灯片放映”选项卡功能区

在“幻灯片放映”选项卡的“设置”分组中,单击“设置幻灯片放映”按钮,弹出“设置放映方式”对话框,如图 6.30 所示。用户可以根据需求进行相应的设置。

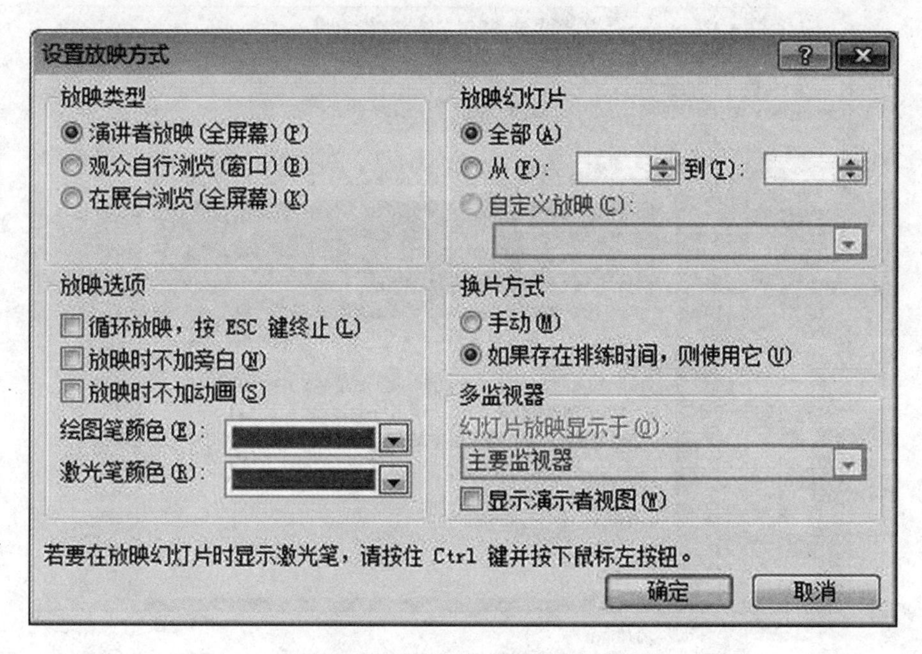

图 6.30　“设置放映方式”对话框

实验十五　PowerPoint 操作案例

一、实验目的

1. 熟练掌握创建和编辑幻灯片。
2. 熟练掌握在幻灯片中使用对象。
3. 熟练掌握超链接及动画技术。
4. 熟练掌握演示文稿的放映。

二、实验内容与步骤

启动 POWERPOINT，打开实验素材中的“2014 年世界中医药大事记. pptx”文件。

1. 幻灯片主题设置

将所有幻灯片主题设置为“波形”。

选择“设计”选项卡，在“主题”组中选择“波形”主题，如果不知道主题的名字，只需要把鼠标放在相应的主题上，PowerPoint 2010 会显示主题的名称中，如图 6.31 所示。

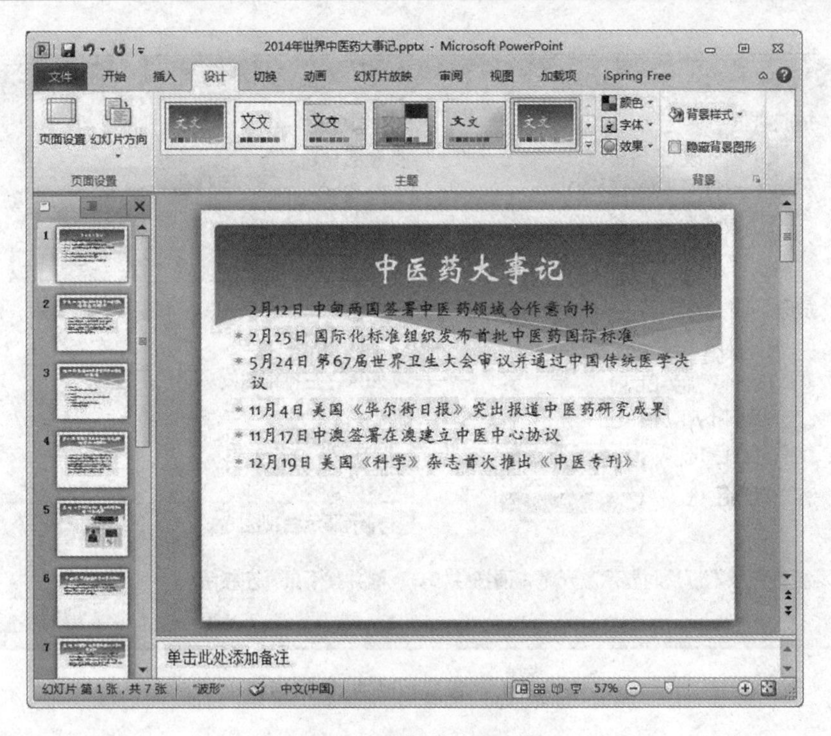

图 6.31 幻灯片主题设置

2. 幻灯片母版设置

利用幻灯片母版修改所有幻灯片的标题样式为楷体、40号字、加粗。

单击“视图”选项卡，选择“幻灯片母版”选项，进入幻灯片母版设置页面，如图6.32所示。

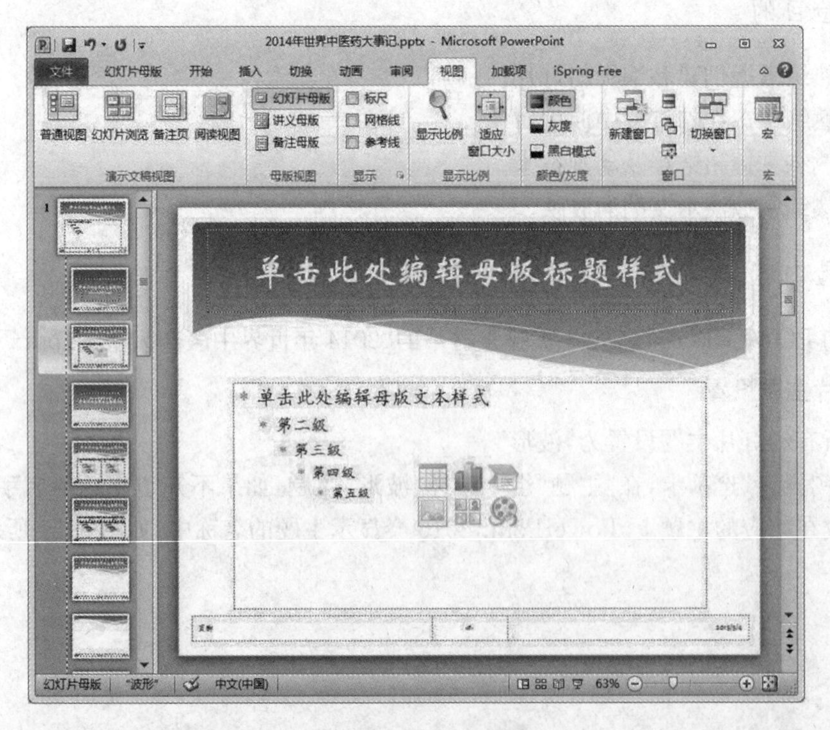

图 6.32 幻灯片母版

在幻灯片母版视图中，选中“单击此处编辑母版标题样式”后，单击鼠标右键，选择“字体”设置，弹出“字体”对话框中，如图 6.33 所示。设置字体为“楷体”，字体样式为“加粗”，大小为“40”，单击确定按钮关闭字体设置对话框。回到“幻灯片母版”选项卡，单击“关闭母版视图”，返回幻灯片视图。

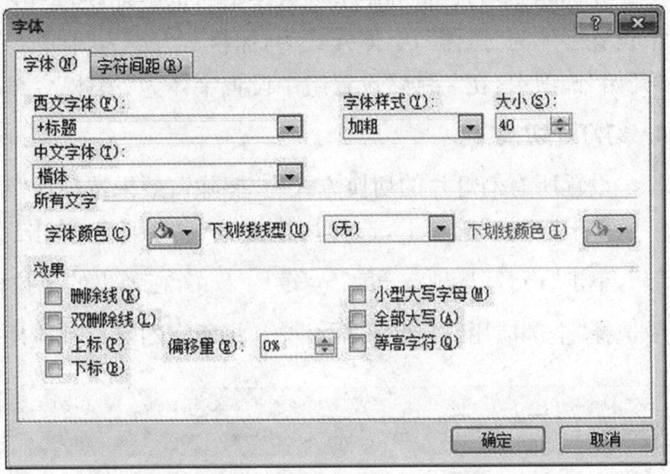

图 6.33　母版标题字体样式设置

3. 插入幻灯片

插入标题幻灯片作为第一张幻灯片，标题为“世界中医药大事记”，设置其字体格式为黑体、加粗、48 号字，副标题为“2014 年”，设置其字体格式为黑体、加粗，36 号字。

在左侧的幻灯片视图中，将光标定位到第一张幻灯片之前。单击“开始”选项卡，选择“新建幻灯片”，在弹出窗口中，选择“标题幻灯片”，如图 6.34 所示。

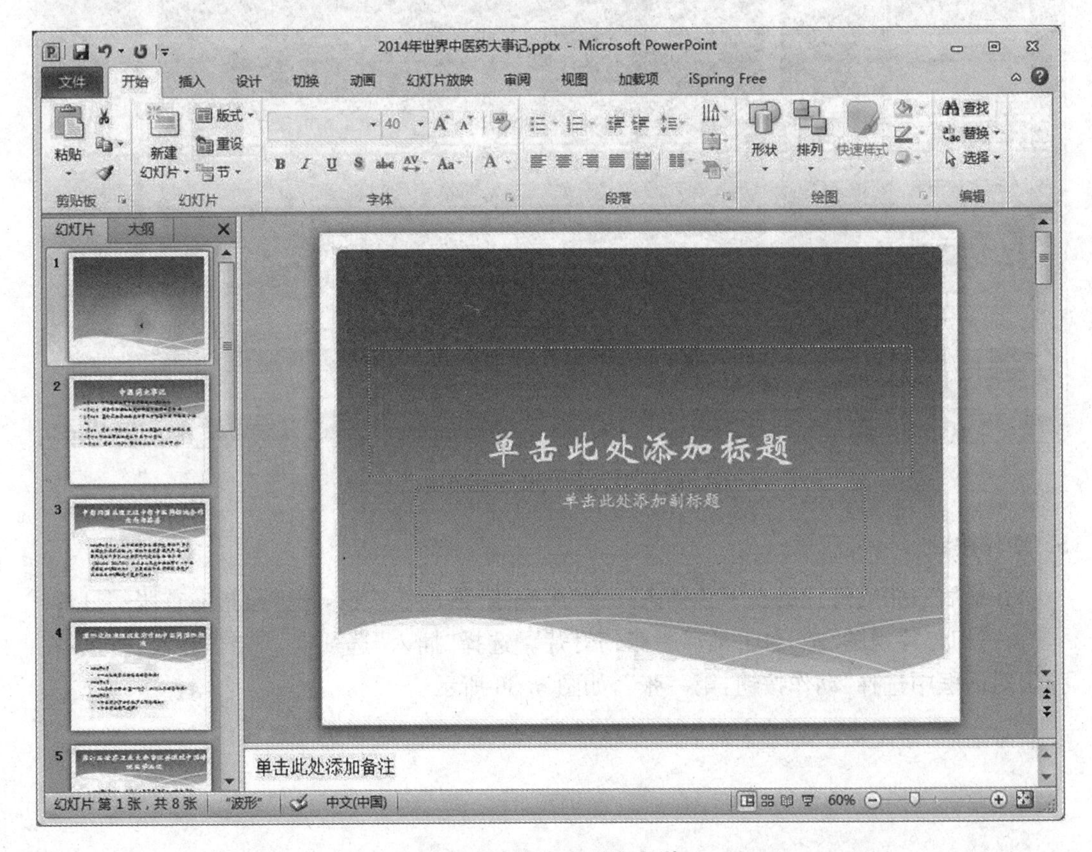

图 6.34　添加标题幻灯片

在标题中输入“世界中医药大事记”，选中标题，单击“开始”选项卡，在“字体”设置组中设置字体为“黑体”，字体样式为“加粗”，大小为“48”。在副标题中输入“2014 年”，单击“开始”选项卡，在“字体”设置组中设置字体为“黑体”，字体样式为“加粗”，大小为“36”。

4. 幻灯片切换

设置所有幻灯片的切换方式为“擦除”，效果选项为“从右上部”，并伴有风铃声。

单击“切换”选项卡，选择切换方式为“擦除”，单击“效果选项”选择效果为“从右上部”，单击“声音”选项 声音: [无声音]，在弹出的下拉框列表中选择声音为“风铃”，最后选择“全部应用”按钮 全部应用，将所有幻灯片都应用此效果，如图 6.35 所示。

图 6.35　幻灯片切换设置

5. 动作按钮

在最后一张幻灯片的右下角插入一个“第一张”的动作按钮，超链接指向首张幻灯片。

在“幻灯片视图”中，单击最后一张幻灯片。选择“插入”选项卡，单击“形状”按钮，在弹出对话框中选择“动作按钮:第一张”，如图 6.36 所示。

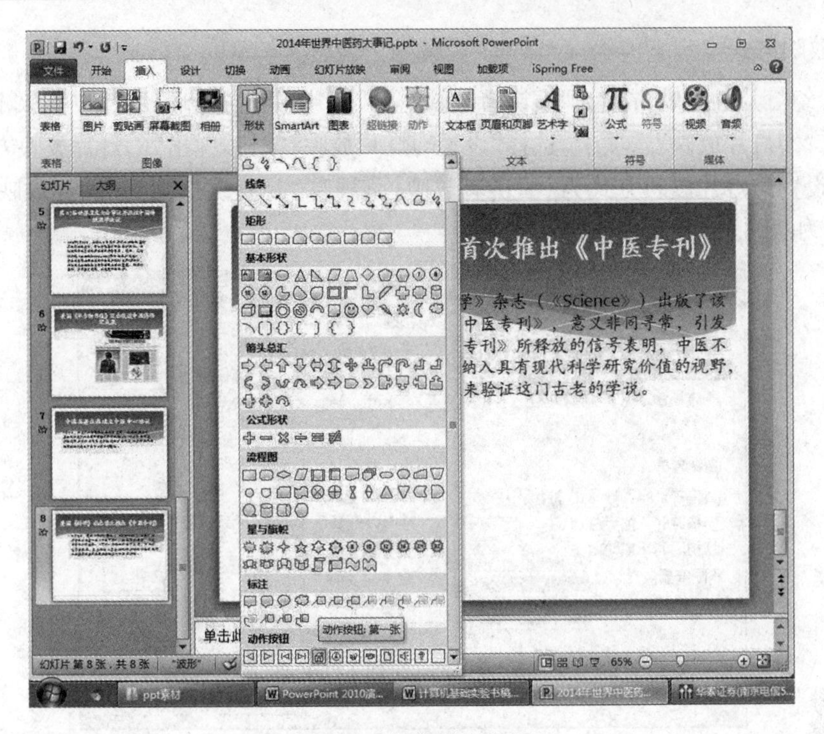

图 6.36　添加动作按钮

光标变为“+”，在最后一张幻灯片的适当位置，按住左键拖动鼠标，绘制一个“第一张”按钮，弹出“动作设置”对话框，设置超链接到“第一张幻灯片”，如图 6.37 所示。单击“确定”按钮完成设置。

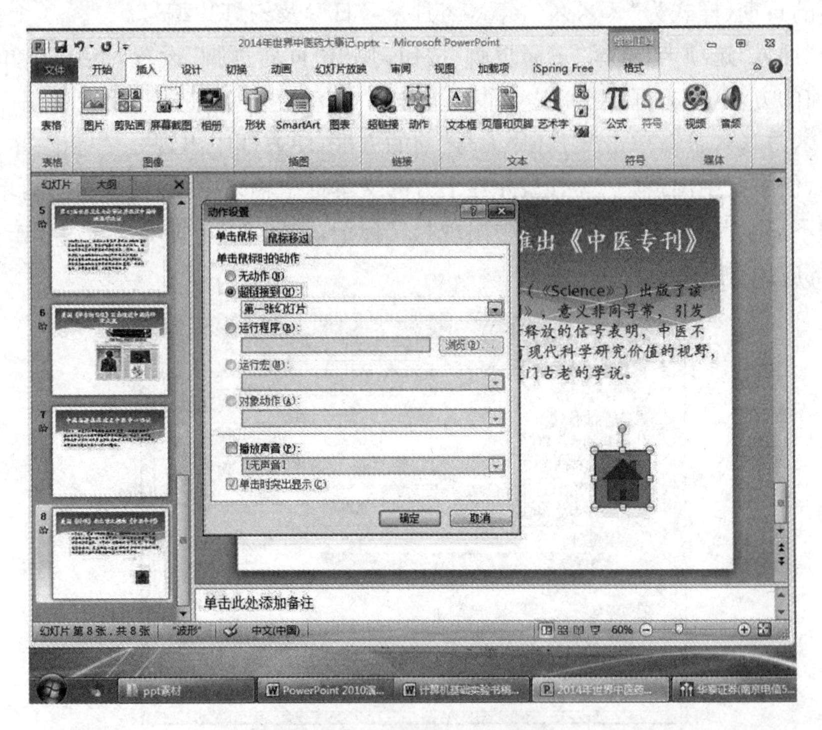

图 6.37　设置动作连接目标

6. 设置放映方式

设置幻灯片的放映方式为“演讲者放映(全屏幕)”,并且“循环放映,按ESC键终止”。

单击“幻灯片放映”选项卡,选择“设置幻灯片放映”按钮,弹出“幻灯片放映方式”设置对话框,设置幻灯片放映方式为“演讲者放映(全屏幕)”,放映选项为“循环放映,按ESC键终止”,如图6.38所示。

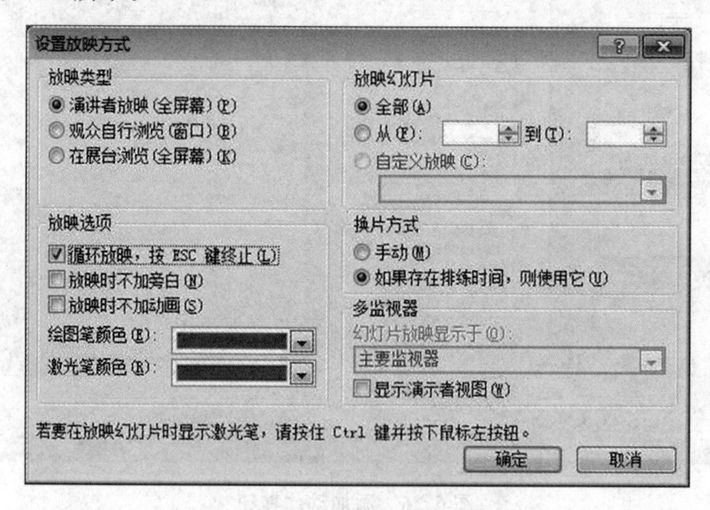

图6.38 幻灯片放映方式设置

7. 设置页脚

除了标题幻灯之外,在其他幻灯片中插入页脚“中医药大事”,并设置所有幻灯片显示自动更新的日期(样式为“××××年××月××日”)及幻灯片编号。

单击“插入”选项卡,选择“页眉页脚”按钮,弹出“页眉页脚”设置对话框。单击“日期和时间”前的方框,使方框中出现“√”标记,选择“自动更新”单选框,设置日期样式“××××年××月××日”;单击“幻灯片编号”前的方框,使方框中出现“√”标记;单击“页脚”前的方框,使方框中出现“√”标记,并在下方的文本框中输入“中医药大事”;再单击“标题幻灯片中不显示”前的方框,使方框中出现“√”标记,如图6.39所示。最后单击该对话框上的“全部应用”按钮。

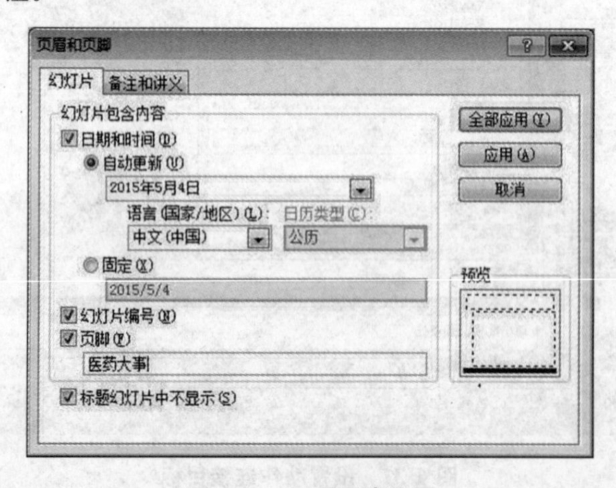

图6.39 页眉页脚设置

8. 制作超链接

为第二张幻灯片中的各中医药大事记建立超链接分别指向相对应的幻灯片。

在幻灯片视图中单击第二张幻灯片，选中文字“2 月 12 日 中匈两国签署中医药领域合作意向书”，在选中的文字上右击，在弹出的菜单中选择“超链接”，打开“插入超链接”对话框，在“链接到”中单击“本文档中的位置”，在“请选择文档中的位置”中单击相对应标题的幻灯片，如图 6.40 所示，单击“确定”按钮。使用同样方式设置其余的五个超链接。

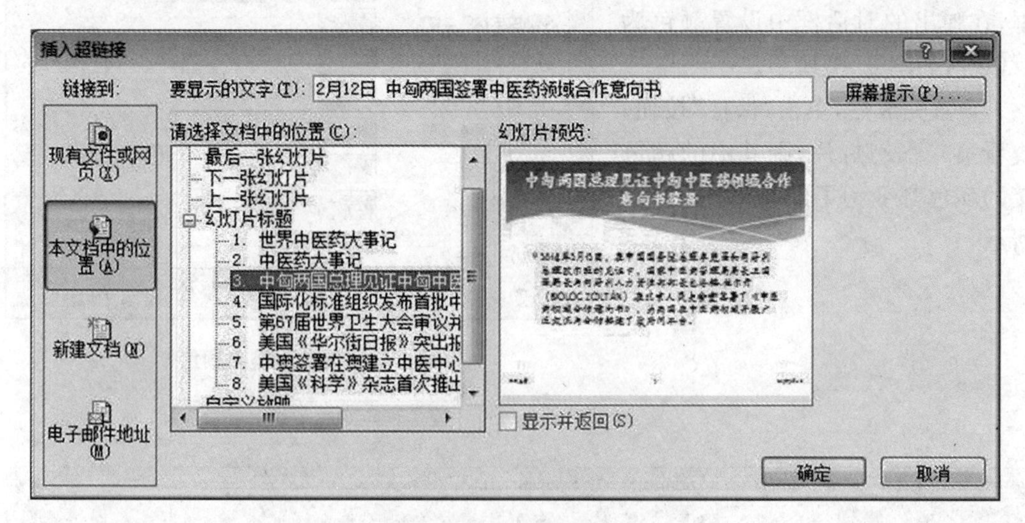

图 6.40　编辑超链接

9. 设置幻灯片背景和填充效果

将第一张幻灯片背景的填充效果设为“渐变填充”，预设颜色为“碧海青天”，类型为“射线”，方向为“从右上角”。

单击“设计”选项卡，单击“背景”组右下角的 按钮，弹出“设置背景格式”对话框，在打开的“填充效果”对话框中，选择“渐变填充”，预设颜色选择“碧海青天”，类型为“射线”，方向为“从右上角”，如图 6.41 所示。设置完成后，点击“关闭”按钮即可。

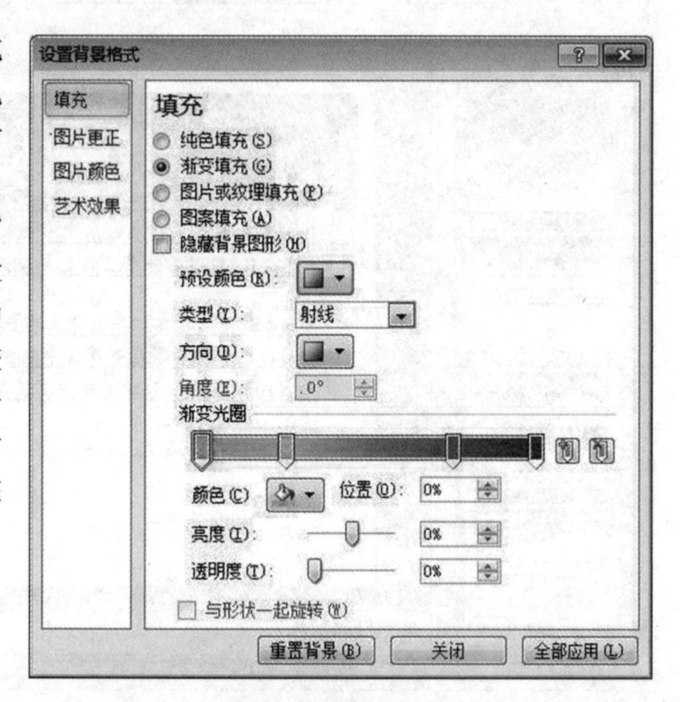

图 6.41　背景格式设置

10. 设置主题颜色方案

将幻灯片主题颜色方案中超链接的颜色设置为红色。

单击“设计”选项卡,选择“颜色”按钮,在弹出的下拉框中,选择“新建主题颜色”,弹出“新建主题颜色”对话框,单击“超链接”后的方框,在弹出的对话框中设置颜色为“红色”,如图6.42所示。

设置完成后,单击“保存”按钮。查看第二张幻灯片,则其中的超链接的颜色都变为了红色,如图6.43所示。

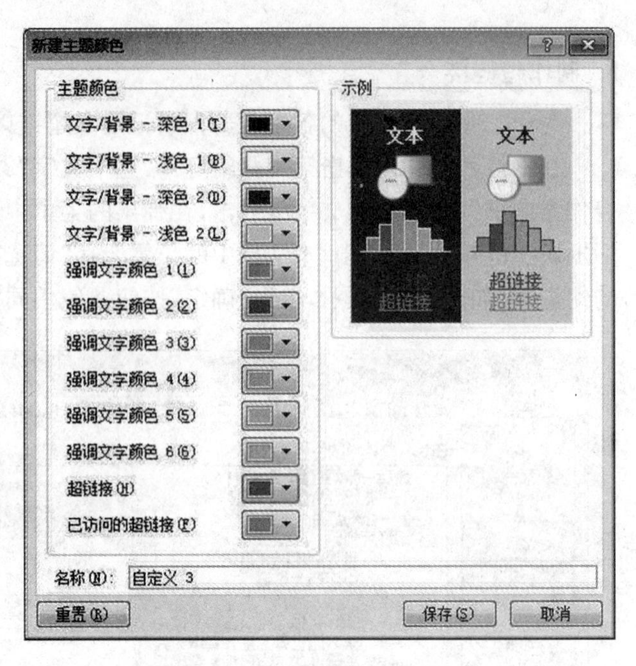

图6.42 设置超链接颜色

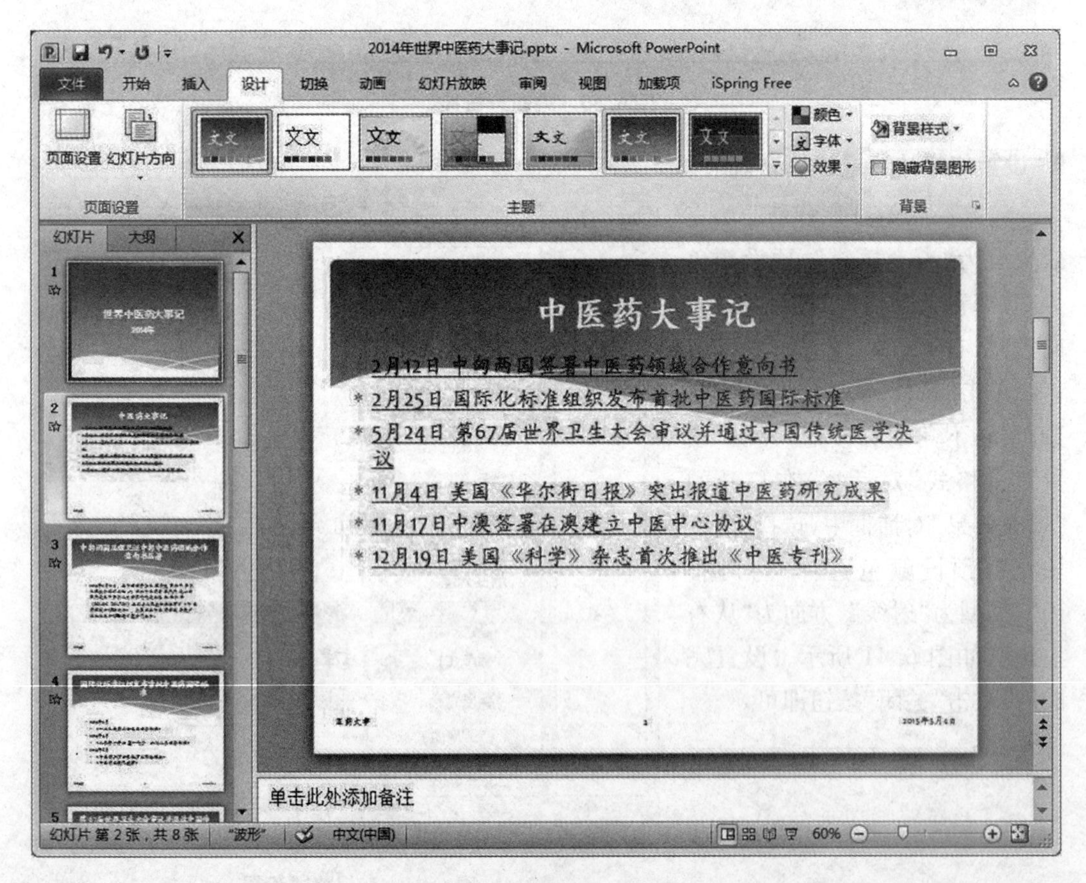

图6.43 超链接颜色设置结果

11. 设置动画效果

为第六张幻灯片的图片设置动画，单击鼠标时自左下部飞入，并伴有鼓掌的声音。

在幻灯片视图中单击第六张幻灯片，选中幻灯片中的图片，单击“动画”选项卡，设置动画为“飞入”，单击“效果选项”选择效果为“自左下部。单击“高级动画”组中的“动画窗格”按钮，在幻灯片编辑区右侧弹出“动画窗格”窗口，如图 6.44 所示。

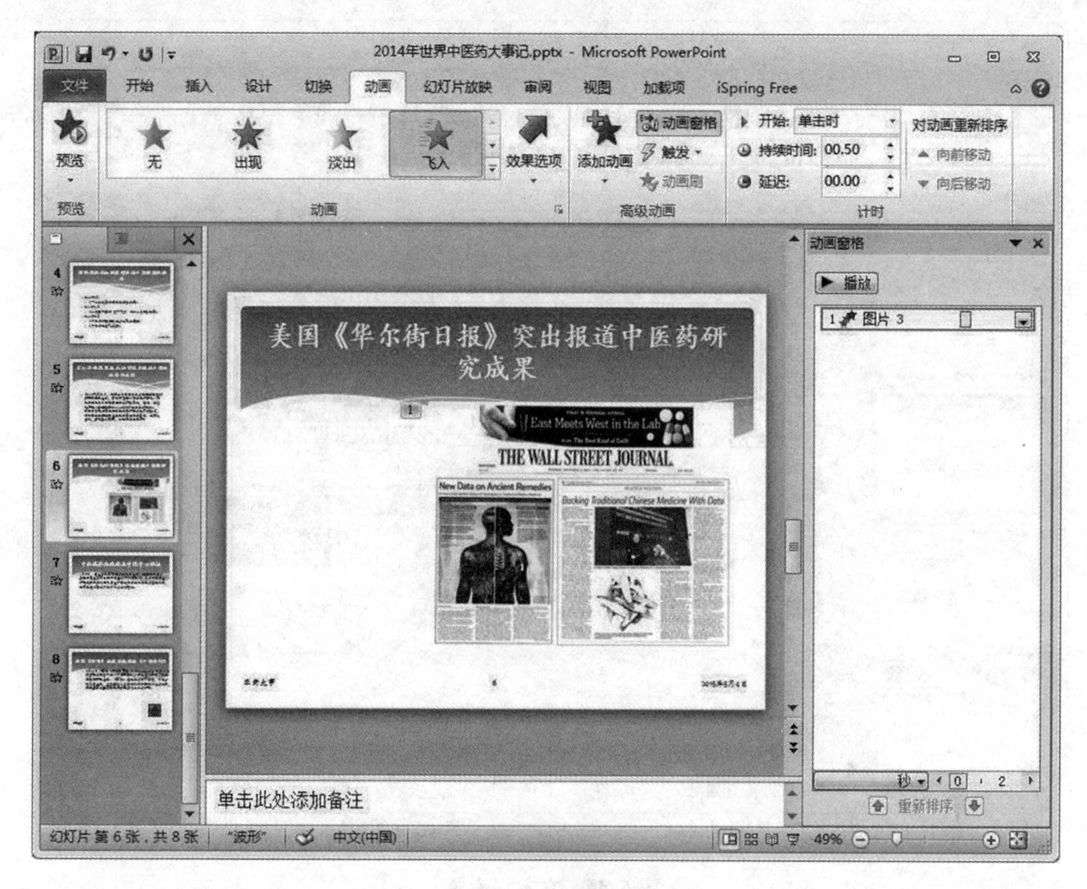

图 6.44　动画设置

在动画窗格中单击已经设置的动画对象“图片 3”，在弹出的快捷菜单中选择“效果选项”，在打开的效果选项对话框中，单击“效果”选项卡，在“声音”中选择“鼓掌”，如图 6.45 所示。单击“确定”按钮。

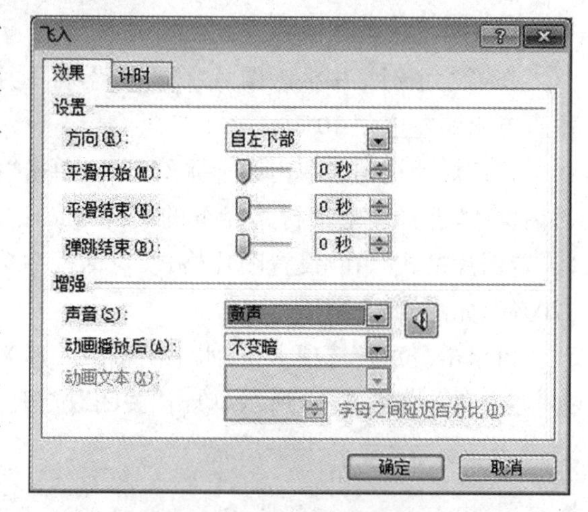

图 6.45　“飞入”效果设置

12. 插入文本框并设置格式

在第六张幻灯片左边插入横排文本框，输入内容“实验室中的东西方交融(East Meets West in the Lab)”，设置字体格式为楷体，28 号。

在幻灯片中选中第六张幻灯片，单击

“插入”选项卡中的“文本框”选项,在弹出的对话框中选择“横排文本框”选项,鼠标变为“+”后,在第六张幻灯片的左侧适当位置绘制一个横排文本框,输入文字“实验室中的东西方交融(East Meets West in the Lab)”。选中文字“实验室中的东西方交融(East Meets West in the Lab)”,单击鼠标右键,在弹出菜单中选择“字体”选项,在“字体”对话框中,设置字体为楷体,大小为28,如图6.46所示。

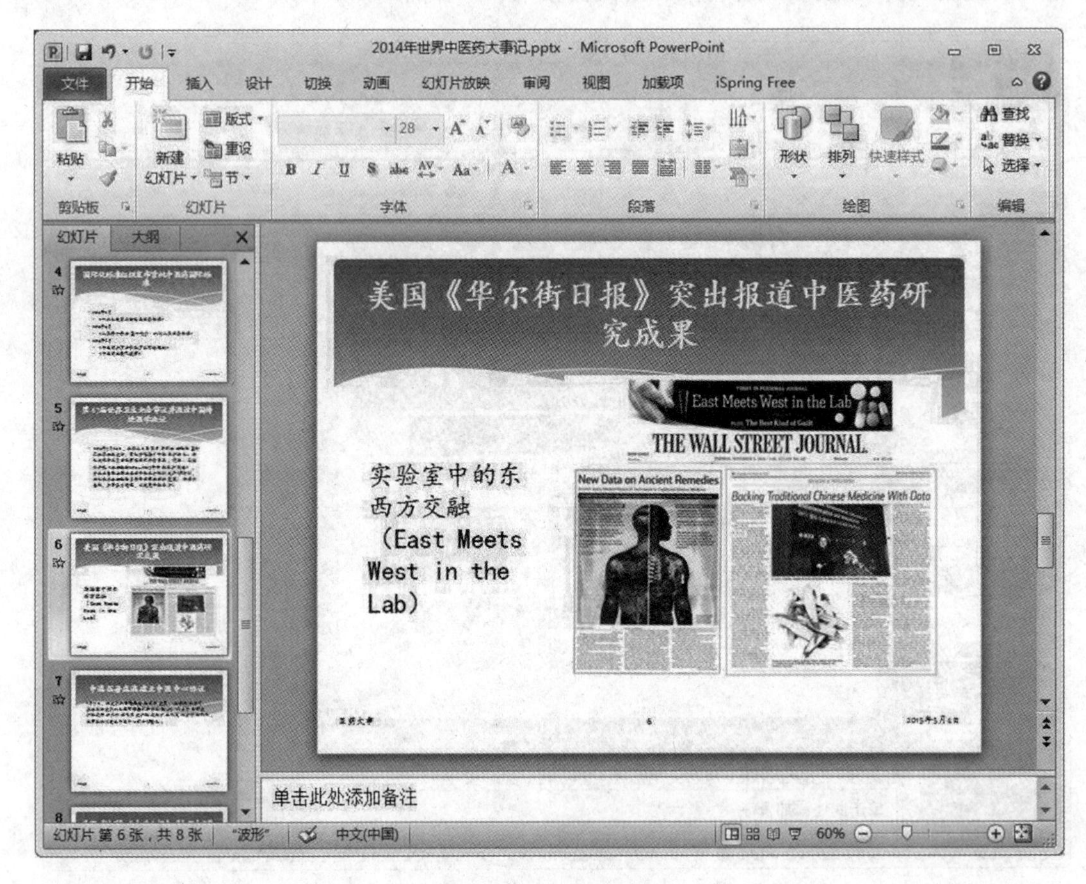

图6.46 文本框设置

13. 插入图片并设置格式

在第七张幻灯中插入图片“pic.jpg”,将图片缩放为“70%”,水平方向距左上角8 cm,垂直方向距左上角10 cm。

在幻灯片视图中单击第七张幻灯片,单击“插入”选项卡,选择“图片”按钮,在弹出的对话框中,选择实验素材路径下的图片“pic.jpg”插入。右击图片,在弹出的菜单中选择“设置图片格式”,在“设置图片格式”对话框中单击“大小”选项卡,将图片缩放比例设置成“70%”,如图6.47所示。

再单击“位置”选项卡,在水平中输入8厘米,在垂直中输入10厘米,度量依据两者都为“左上角”,如图6.48所示,单击“关闭”按钮。

设置图片格式
填充
线条颜色
线型
阴影
映像
发光和柔化边缘
三维格式
三维旋转
图片更正
图片颜色
艺术效果
裁剪
大小
位置
文本框
可选文字
大小
尺寸和旋转
高度(E): 7.17 厘米　宽度(D): 10.89 厘
旋转(T): 0°
缩放比例
高度(H): 70%　宽度(W): 70%
锁定纵横比(A)
相对于图片原始尺寸(R)
幻灯片最佳比例(B)
分辨率(O) 640 x 480
原始尺寸
高度: 10.24 厘米　宽度: 15.56 厘米
重设(S)
关闭

图 6.47　图片大小设置

图 6.48　图片位置设置

14. 插入 SmartArt 图形

将第四张幻灯片的中的文字转换为 SmartArt 图形,格式为“垂直项目符号列表”。

在幻灯片中单击第四张幻灯片,选择幻灯片中文字区域,单击“开始”选项卡,选择“段落”组中的 SmartArt 图标 ,在弹出对话框中选择格式为“垂直项目符号列表”,如图 6.49 所示。

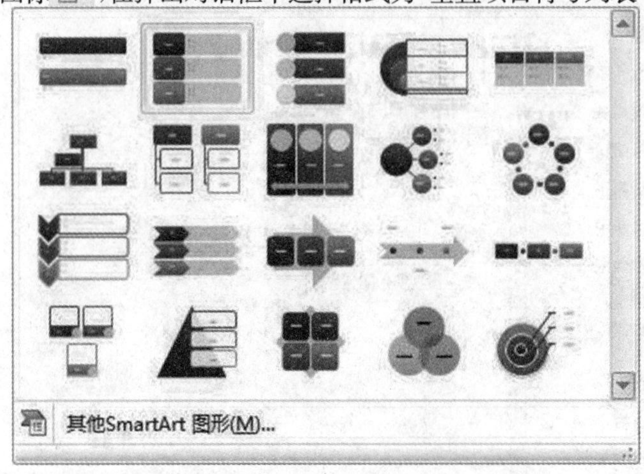

图 6.49 SmartArt 图形设置

15. 保存制作完成的演示文稿

完成后的文稿,如图 6.50 所示。

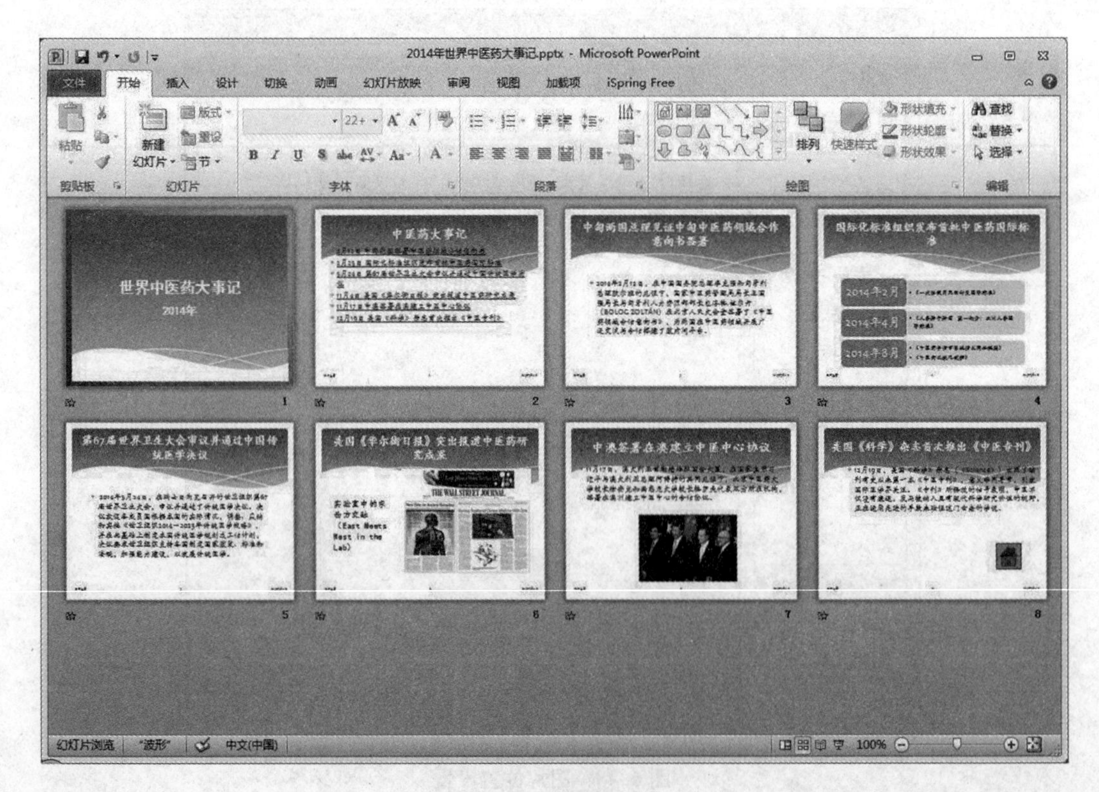

图 6.50 结果幻灯片

实验十六　PowerPoint 高级应用操作案例

一、实验目的

1. 掌握 Word 转换成幻灯片方法。
2. 掌握幻灯片的分节方法。
3. 掌握文字转换成 SmartArt 图形方法。
4. 掌握动画设计的方法。

二、实验内容与步骤

1. Word 转换成幻灯片

创建一个名为“PPT. pptx”的新演示文稿，该演示文稿需要包含 Word 文档“PPT. docx”中的所有内容，每 1 张幻灯片对应 Word 文档中的 1 页，其中 Word 文档中应用了“标题 1”、“标题 2”、“标题 3”样式的文本内容分别对应演示文稿中的每页幻灯片的标题文字、第一级文本内容、第二级文本内容。

【操作】：

Word 文档中的标题样式的文字可以直接转换成 PPT，可以采取两种方法：

方法一：打开“PowerPoint”，选择“开始”选项卡，在“幻灯片”组中选择“新建幻灯片”—“幻灯片(从大纲)”，如图 6. 51 所示，弹出如图 6. 52 所示选择插入大纲文件的对话框。

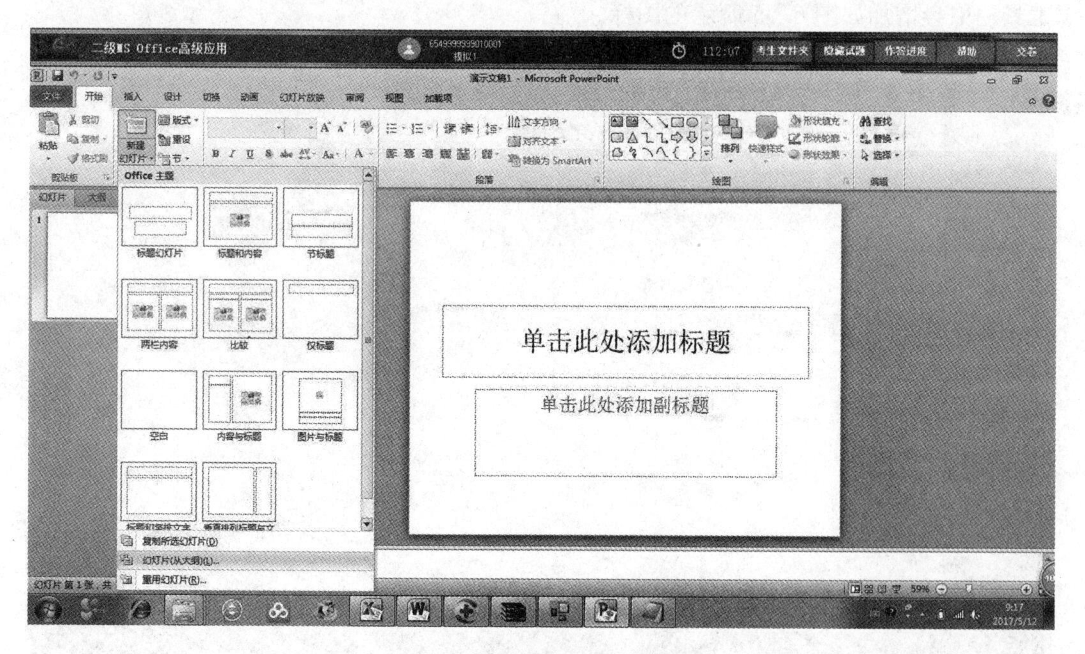

图 6. 51　新建幻灯片(从大纲)

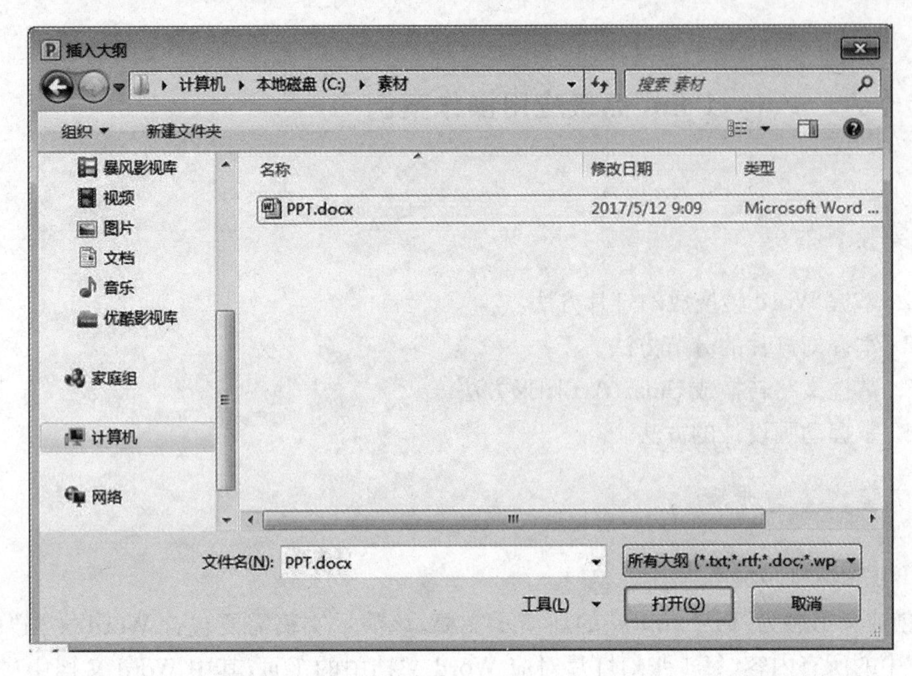

图 6.52 插入大纲

选择 PPT.docx,可以直接将 Word 文档转换成幻灯片。转换好后删除 PowerPoint 自己创建的第一张空白的幻灯片。

方法二:在 Word 应用程序中以此选择"文件"—"选项"—"快速访问工具栏",在"从下列位置选择命令"列表框中选择"不在功能区中的命令",找到"发送到 Microsoft PowerPoint",将其添加到右侧列表框后点确定,这时 Word 应用窗口的最上方快速访问工具栏中会增加如图 6.55 所示的图标。

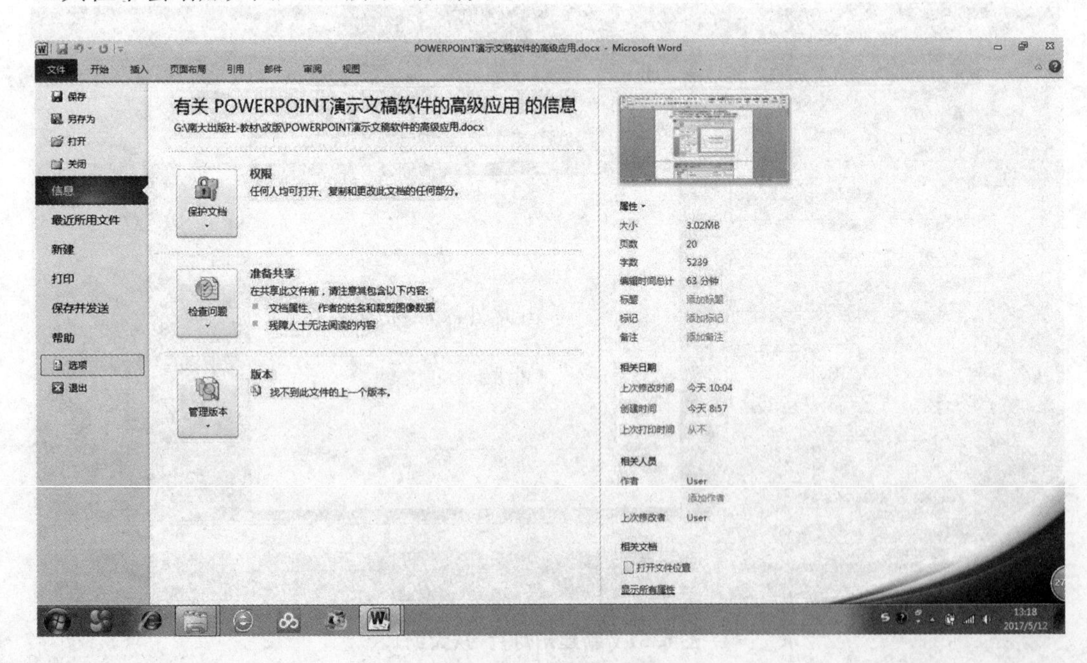

图 6.53 文件—选项

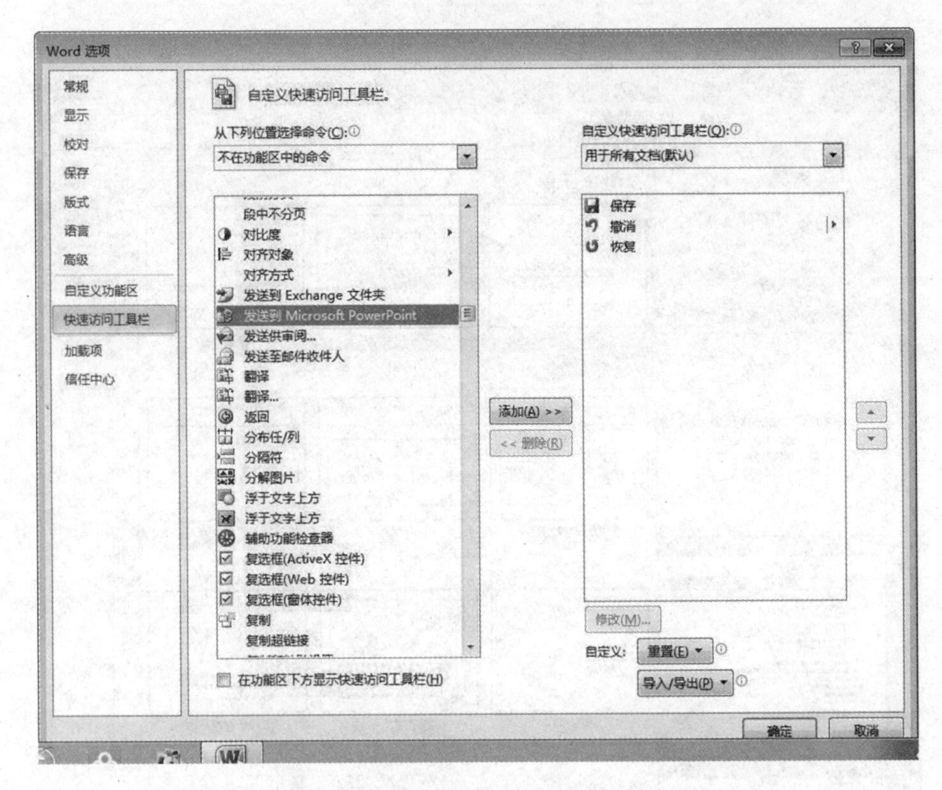

图 6.54　发送到 Microsoft PowerPoint

图 6.55　发送按钮

打开 PPT. docx 后点击此图标就可以将文档内容转换成幻灯片。

2. 幻灯片的高级应用

(1) 将第 1 张幻灯片的版式设为“标题幻灯片”，在该幻灯片的右下角插入素材中的 Icon. jpg，依次为标题、副标题和新插入的图片设置不同的动画效果、其中副标题作为一个对象发送，并且指定动画出现顺序为图片、副标题、标题。

【操作】：

选中第一张幻灯片，单击“开始”选项卡，选择“幻灯片”选项组中的“版式”，将版式改为“标题幻灯片”，如图 6.56 所示。选择“插入”—“图片”，插入 Icon. jpg，将其放置在幻灯片右下角。

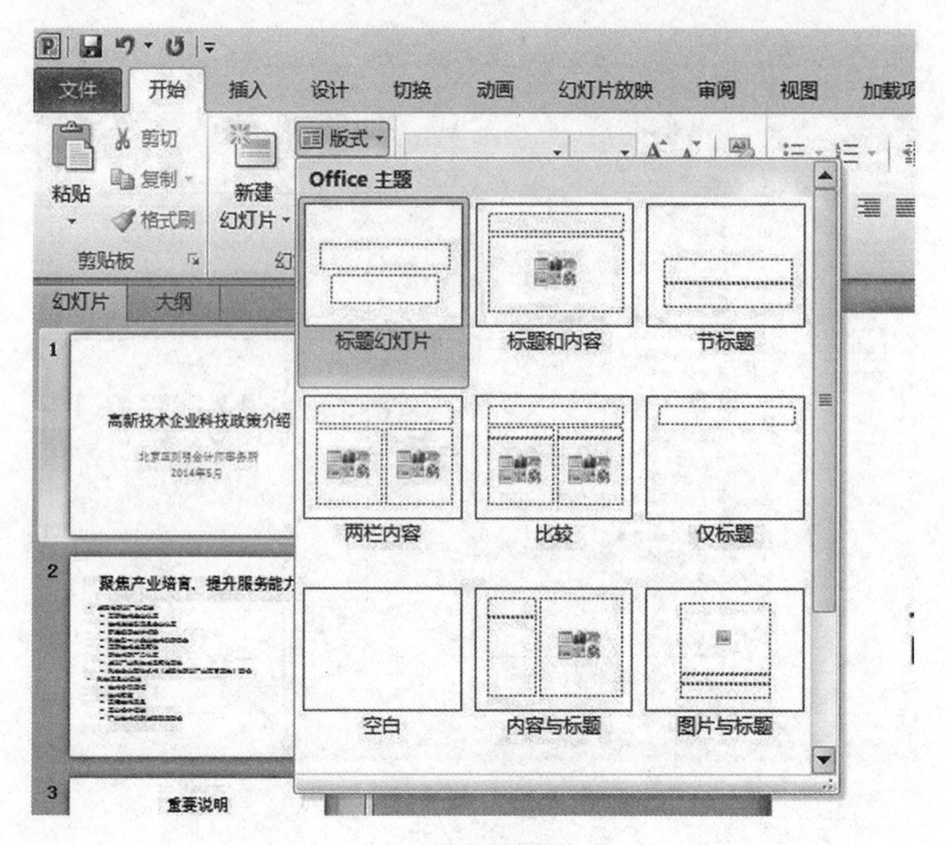

图 6.56　标题幻灯片

选中标题,选择“动画”—“淡出”,如图 6.57 所示:

图 6.57　淡出效果

选中副标题,设置其动画为“飞入”,在“效果选项”设置为“作为一个对象”,如图 6.58 所示:

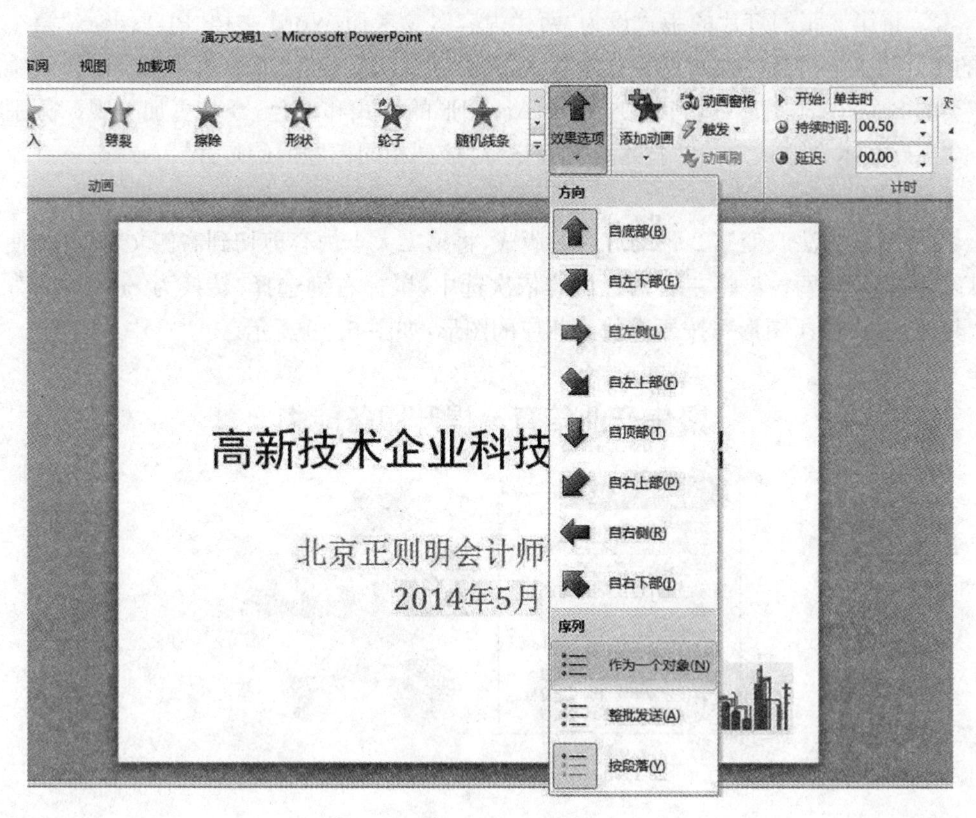

图 6.58　作为一个对象

同样的方法，设置 Icon.jpg 的动画效果为“浮入”。在“动画”—“高级动画”组中选择“动画窗格”，在右侧“动画窗格”窗口用鼠标拖动改变动画顺序，改好后动画对象上会显示 1、2、3 的数字，如图 6.59 所示。

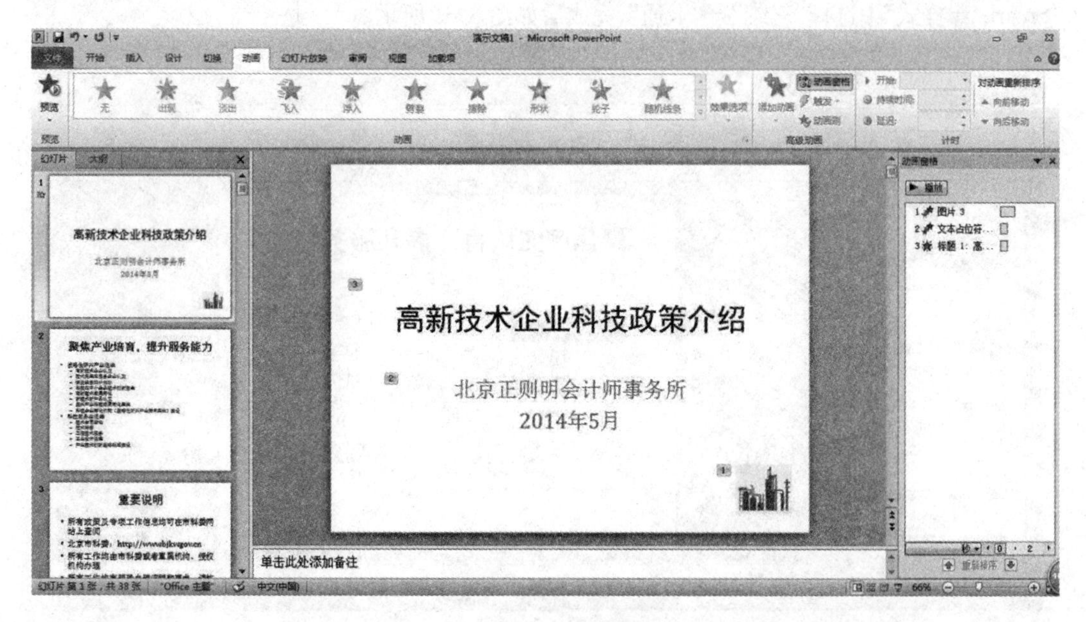

图 6.59　动画窗格

(2) 将第2张幻灯片的版式设为“两栏内容”,参考原Word文档“PPT.docx”第2页中的图片将文本分置于左右两栏文本框中,并分别依次转换为“垂直框列表”和“射线维恩图”类的SmartArt图形,适当改变SmartArt图形的样式和颜色,令其更加美观。分别将文本“高新技术企业认定”和“技术合同登记”链接到相同标题的幻灯片。

【操作】:

按照前述方法改变第2张幻灯片的版式,将第二大点内容剪切到右侧文本框中,使得幻灯片内容改为两栏。将左右两栏内容依次选中,鼠标右键选择“转换为SmartArt”,选择“其他SmartArt图形”,按要求找到相应的图形,如图6.60所示。

图6.60　文字转换为SmartArt图形

a) 选中左侧的SmartArt图形,在“SmartArt工具”—“设计”—“更改颜色”中选择“彩色—强调文字颜色”,在“SmartArt样式”中选择“平面场景”。选中右侧的SmartArt图形,在“SmartArt工具”—“设计”—“更改颜色”中选择“彩色范围—强调文字颜色5至6”,在“SmartArt样式”中选择“三维”—“卡通”,完成后如图6.61所示。

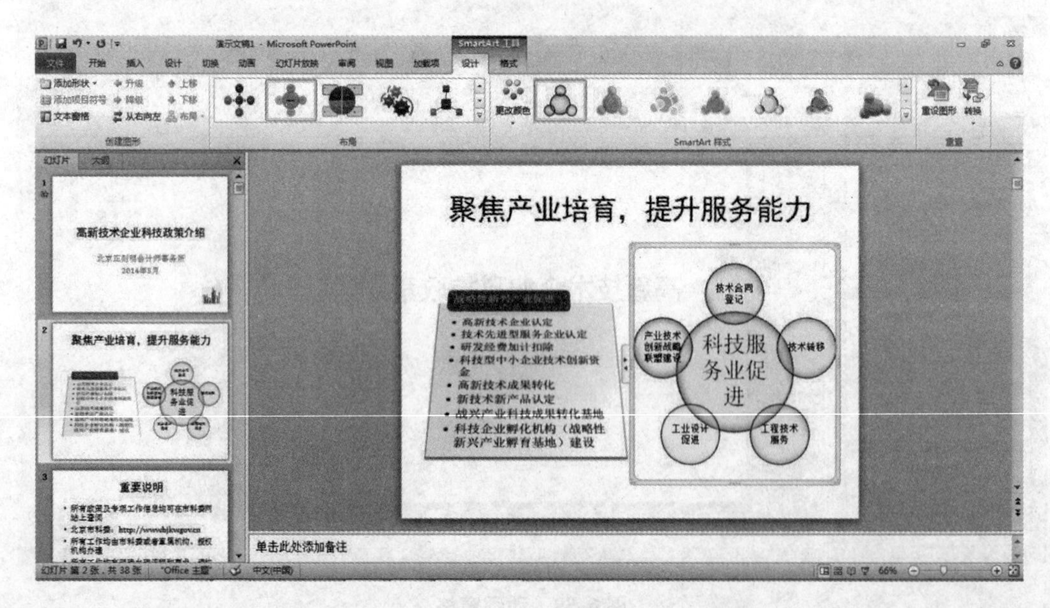

图6.61　图形效果

设置完成后按照前序实验中的方法对相应文字添加超链接，链接到相应的幻灯片。

(3) 将第3张幻灯片中的第2段文本向右缩进一级、用标准红色字体显示，并为其中的网址增加正确的超链接，使其链接到相应的网站，要求超链接颜色未访问前保持为标准红色，访问后变为标准蓝色。为本张幻灯片的标题和文本内容添加不同的动画效果，并令正文文本内容按第二级段落、伴随着“锤打”声逐段显示。

【操作】：

选中第3张幻灯片第二段内容，在页面中选中第2段文本，单击“开始”—“段落”中的“提高列表级别”按钮，将该段落向右缩进一级。单击“字体”功能组中的“字体颜色”按钮，在下拉列表中选择“标准色—红色”。选中网址内容，单击“插入”—“链接”功能组中的“超链接”按钮，弹出“插入超链接”对话框，单击左侧的“现有文件和网页”，在右侧对话框下方的“地址”栏中输入网页地址“http://www.bjkw.gov.cn/”，单击“确定”按钮。

选中标题文本框，单击“动画”—“动画”功能组中的“飞入”，选中内容区的文本框，单击“动画”功能组中的“浮入”。在“高级动画”功能组中单击“动画窗格”按钮，在“效果”选项卡中将“声音”设置为“捶打”，切换到“正文文本动画”选项卡，将“组合文本”设置为“按第二级段落”，单击“确定”按钮，如图6.62所示。

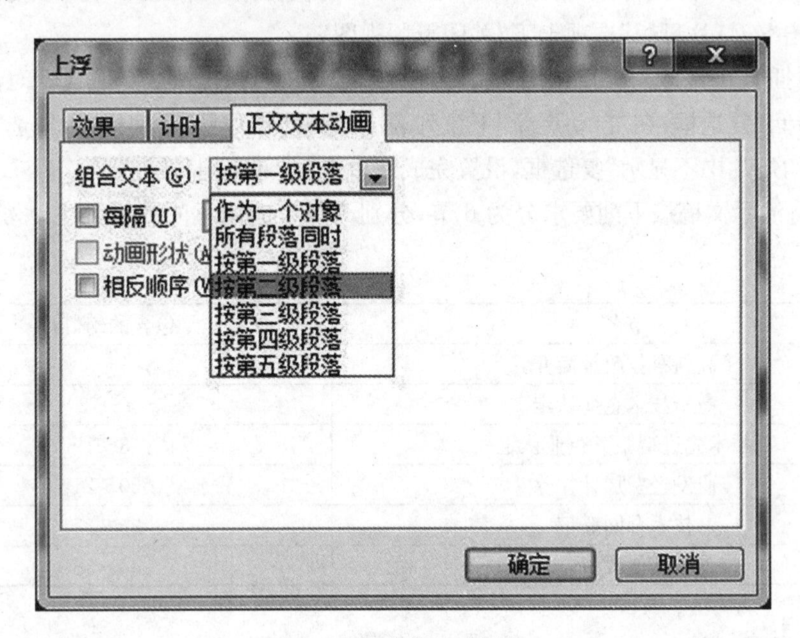

图6.62 按第二季段落

(4) 将第6张幻灯片的版式设为“标题和内容”，参照原Word文档“PPT素材.docx”第6页中的表格样例将相应内容(可适当增删)转换为一个表格，为并该表格添加任一动画效果。将第11张幻灯片的版式设为“内容与标题”，将考生文件夹下的图片文件Pic1.png插入到右侧的内容区中。

【操作】：

选中第6张幻灯片，单击“开始”—“幻灯片”功能组中的“版式”按钮，在下拉列表中选择“标题和内容”。单击“插入”—“表格”功能组中的“表格”按钮，选择“插入表格”，在弹出的“插入表格”对话框中,设置行数为7,列数为2。参考素材文件中的内容,输入标题及复制相关段落文字到表格的相应单元格中,适当调整表格中的字体大小并给表格指定一种合适的表格样式,最后将内容文本框删除。选中表格对象,单击“动画”—“动画”功能组中的“其他”按钮,在下拉列表中选择一种进入动画效果。选中第11张幻灯片,单击“开始”—“幻灯片”功能组中的“版式”按钮,在下拉列表中选择“内容与标题”;单击右侧内容框中的“插入来自文件的图片”按钮,弹出“插入图片”对话框,浏览考生文件夹中的“Pic1.png”图片文件,单击“插入”按钮。

(5) 在每张幻灯片的左上角添加事务所的标志图片Logo.jpg,设置其位于最底层以免遮挡标题文字。除标题幻灯片外,其他幻灯片均包含幻灯片编号、自动更新的日期、日期格式为××××年××月××日。

【操作】:

单击“视图”—“母版视图”功能组中的“幻灯片母版”按钮,切换到“幻灯片母版视图”界面,选中第一个母版视图,单击“插入”—“图像”功能组中的“图片”按钮,浏览素材文件夹下的“Logo.jpg”,单击“插入”按钮,适当调整该图片的位置,使其位于母版页面的左上角。选中插入的图片文件,单击鼠标右键,在弹出的快捷菜单中选择“置于底层”—“置于底层”,单击“幻灯片母版”选项卡下“关闭母版视图”。

单击“插入”—“文本”功能组中的“幻灯片编号”按钮,弹出“页眉和页脚”对话框,勾选“日期和时间”复选框,在“自动更新”下拉列表中,选择“年月日”日期格式,勾选“幻灯片编号”“标题幻灯片中不显示”复选框,设置完成后单击“全部应用”按钮。

(6) 将演示文稿按下列要求分为6节,分别为每节应用不同的设计主题和幻灯片切换方式。

节名	包含的幻灯片
高新科技政策简介	1～3
高新技术企业认定	4～12
技术先进型服务企业认定	13～19
研发经费加计扣除	20～24
技术合同登记	25～32
其他政策	33～38

【操作】:

单击选中第1张幻灯片,单击“开始”—“幻灯片”功能组中的“节”按钮,在下拉列表中选择“新增节”,选中新增的节标题,单击鼠标右键,在弹出的快捷菜单中选择“重命名节”,弹出“重命名节”对话框,在对话框中输入第1节的标题“高新科技政策简介”,单击“重命名”按钮;按照同样的方法,选中第4张幻灯片,单击“幻灯片”功能组中的“节”按钮,在下拉列表中选择“新增节”,设置节标题为“高新技术企业认定”;其他节的设置方法相同。

设置完所有节之后,选中第1节的标题,单击“设计”—“主题”功能组中的一种主题样式,然后单击“切换”—“切换到此幻灯片”功能组中的一种切换效果;按照上述步骤为每一节设置不同的主题和切换方式。设置完成后,单击快速访问工具栏中的“保存”按钮,关闭演示文稿文件。

幻灯片制作好参考效果如图 6.63 所示。

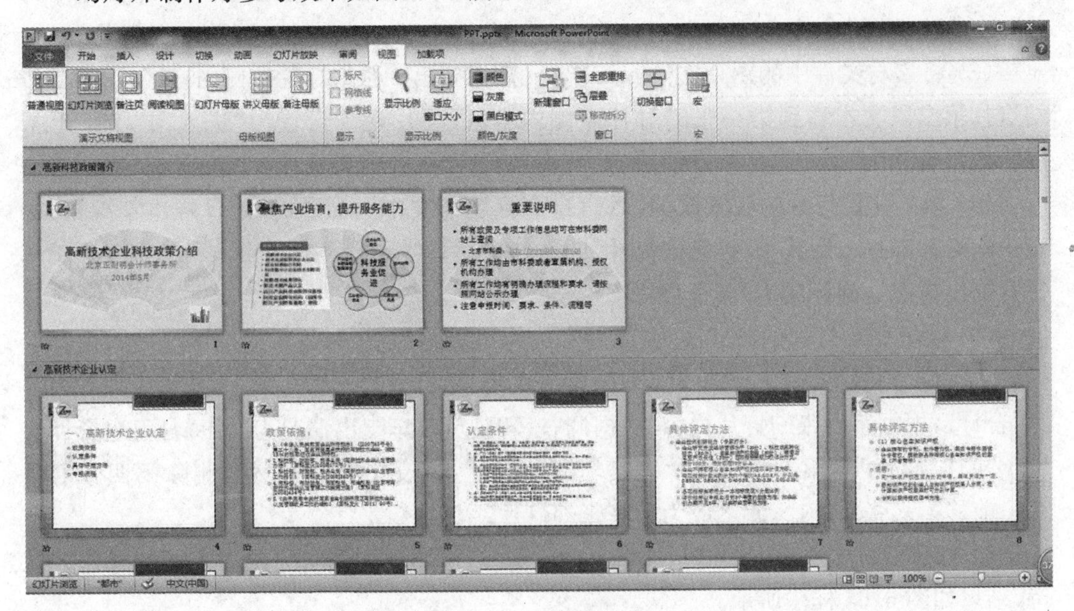

图 6.63　效果图

◆ 课后练习

1. 打开素材文件夹下的演示文稿 yswg. pptx，按照下列要求完成对文稿的操作并保存，结果如图 6.64 样张所示。

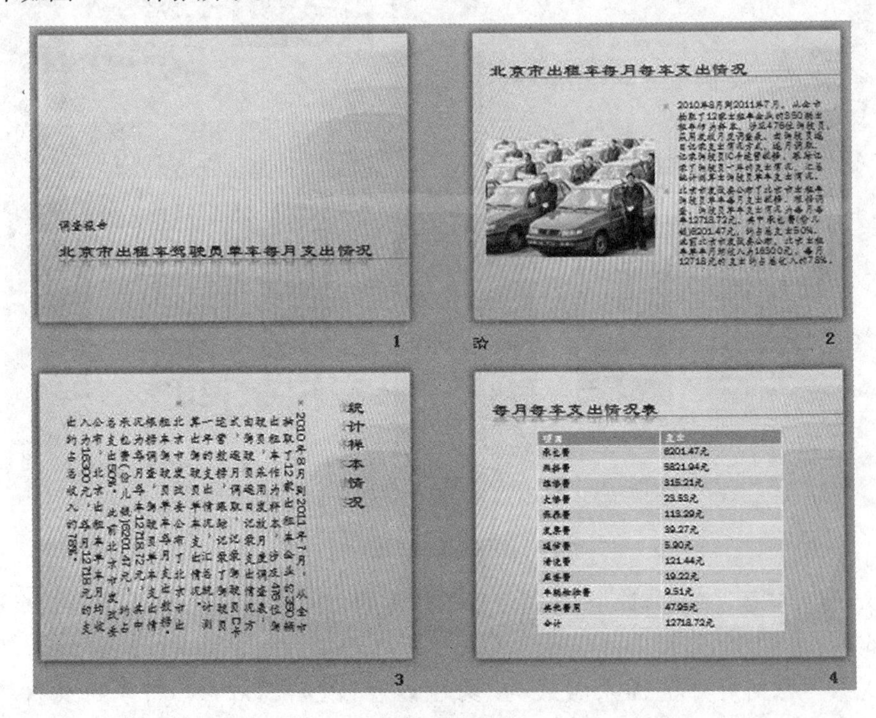

图 6.64　样张

(1) 使用“跋涉”主题修饰全文,放映方式为“观众自行浏览”。

(2) 在第一张幻灯片前插入版式为“两栏内容”的新幻灯片,标题为“北京市出租车每月每车支出情况”。

(3) 将素材文件中的图片文件 ppt1. jpeg 插入到第一张幻灯片右侧内容区,将第二张幻灯片第二段文本移到第一张幻灯片左侧内容区,图片动画设置为“进入”、“十字形扩展”,效果选项为“缩小”,文本动画设置为“进入”、“浮入”,效果选项为“下浮”。

(4) 第二张幻灯片的版式改为“垂直排列标题与文本”,标题为“统计样本情况”。第三张幻灯片前插入版式为“标题幻灯片”的新幻灯片,主标题为“北京市出租车驾驶员单车每月支出情况”,副标题为“调查报告”。

(5) 第五张幻灯片的版式改为“标题和内容”,标题为“每月每车支出情况表”,内容区插入 13 行 2 列表格,第 1 行第 1、2 列内容依次为“项目”和“支出”,第 13 行第 1 列的内容为“合计”,根据第四张幻灯片内容“根据调查,驾驶员单车支出情况为...每月每车合计支出 12 718.72 元”为第五张幻灯片表格填写“项目”与“支出”内容,然后删除第四张幻灯片。前移第三张幻灯片,使之成为第一张幻灯片。

2. 打开素材文件夹下的演示文稿 yswg. pptx,按照下列要求完成对文稿的操作并保持,结果如图 6.65 样张所示。

图 6.65　样张

(1) 使用“华丽”主题修饰全文,将全部幻灯片的切换方案设置成“涡流”,效果选项为“自顶部”。

(2) 第一张幻灯片前插入版式为“两栏内容”的新幻灯片,将素材文件夹中的 ppt1. jpg 的图片放在第一张幻灯片右侧内容区,将第二张幻灯片的文本移入第一张幻灯片左侧内容区，标题键入“畅想无线城市的生活便捷”，文本动画设置为“进入”、“棋盘”、效果选项为“下”，图片动画设置为“进入”、“飞入”、“自右下部”，动画顺序为先图片后文本。

(3) 将第二张幻灯片版式改为“比较”，将第三张幻灯片的第二段文本移入第二张幻灯片左侧内容区，将考生文件夹下 ppt2.jpg 的图片放在第二张幻灯片右侧内容区。

(4) 将第三张幻灯片版式改为“垂直排列标题与文本”。

(5) 将第四张幻灯片的副标题为“福建　无线城市群”，在忽略母板的背景图形的情况下，第四张幻灯片的背景设置为“水滴”纹理，使第四张幻灯片成为第一张幻灯片。

3. 打开素材文件夹下的演示文稿 yswg . pptx，按照下列要求完成对文稿的操作并保持，结果如图 6.66 样张所示。

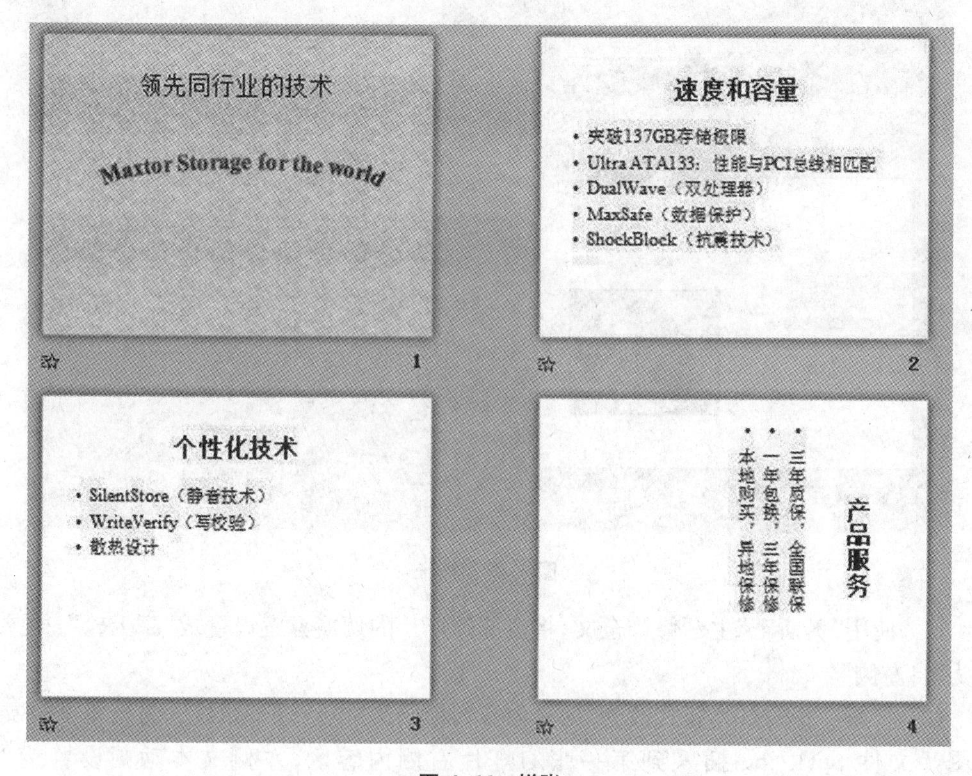

图 6.66　样张

(1) 最后一张幻灯片前插入一张版式为“仅标题”的新幻灯片，标题为“领先同行业的技术”，插入样式为“填充-蓝色，强调文字颜色 2，暖色粗糙棱台”的艺术字“Maxtor Storage for the world”，且文字均居中对齐。将艺术字文字效果为“转换-跟随路径-上弯弧”，艺术字宽度为 18 厘米。将该幻灯片向前移动，作为演示文稿的第一张幻灯片，并删除第五张幻灯片。

(2) 将最后一张幻灯片的版式更换为“垂直排列标题与文本”。

(3) 将第二张幻灯片的内容区文本动画设置为“进入”、“飞入”，效果选项为“自右侧”。

(4) 第一张幻灯片的背景设置为“花束”纹理，且隐藏背景图形。

(5) 全文幻灯片切换方案设置为“棋盘”,效果选项为“自顶部”。放映方式为“观众自行浏览”。

4. 打开素材文件夹下的演示文稿 yswg. pptx,按照下列要求完成对文稿的操作并保持,结果如图 6.67 样张所示。

图 6.67　样张

(1) 使用“奥斯丁”主题修饰全文,将全部幻灯片的切换方案设置成“摩天轮”,效果选项为“自左侧”。

(2) 将第一张幻灯片版式改为“两栏内容”,标题为“电话管理系统”,将素材文件夹中的图片文件 ppt1. jpg 插入到第一张幻灯片右侧内容区,左侧文本动画设置为“进入”、“下拉”。

(3) 第三张幻灯片主标题为“普及天下,运筹帷幄”,主标题设置为“黑体”、字号 60、黄色(RGB 模式:红色 230,绿色 230,蓝色 10),第三张幻灯片移到第一张幻灯片之前。

(4) 第三张幻灯片插入样式为“渐变填充-绿色,强调文字颜色 1”的艺术字“全国公用电话管理系统”,文字效果为“转换-弯曲-正三角”,使第三张幻灯片成为第二张幻灯片。

5. 打开素材文件夹下的演示文稿 yswg. pptx,按照下列要求完成对文稿的操作并保持,结果如图 6.68 样张所示。

(1) 使用“凤舞九天”主题修饰全文,放映方式为“观众自行浏览”。

(2) 将第四张幻灯片版式改为“两栏内容”,将素材文件夹中的图片文件 ppt1. png 插入到第四张幻灯片右侧内容区。

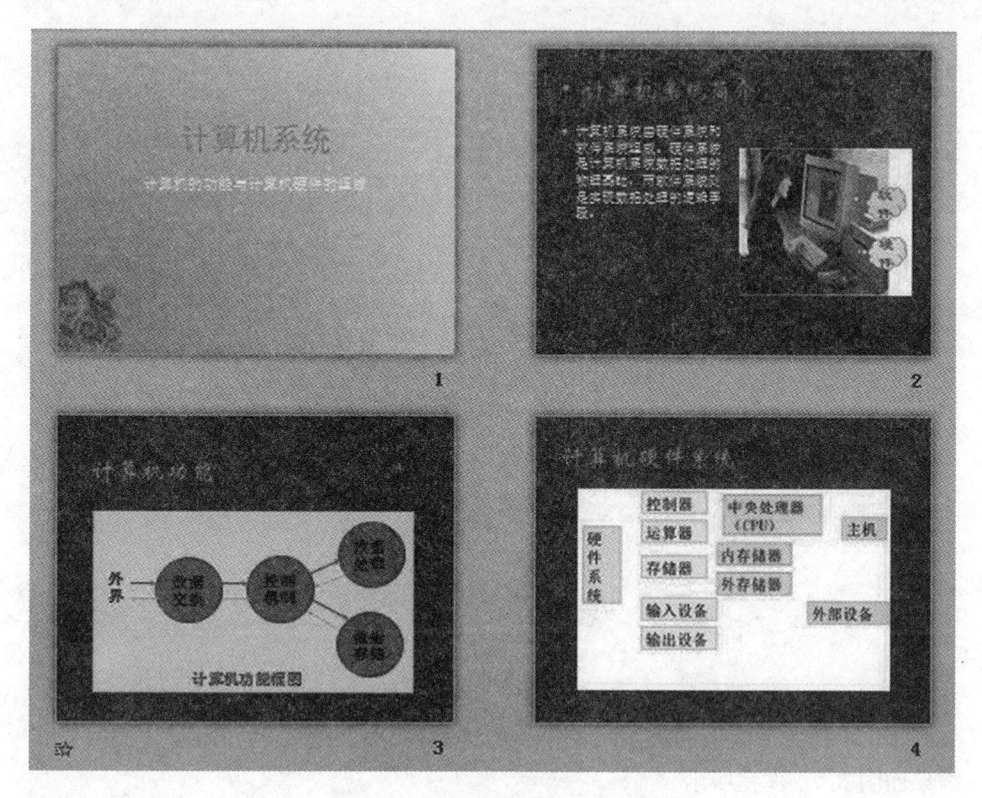

图 6.68　样张

(3) 第一张幻灯片加上标题“计算机功能”，图片动画设置为“强调”、“陀螺旋”，效果选项的方向为“逆时针”、数量为“完全旋转”。

(4) 将第二张幻灯片移到第一张幻灯片之前，幻灯片版式改为“标题幻灯片”，主标题为“计算机系统”，字体为“黑体”，字号为 54，副标题为“计算机的功能与硬件系统组成”，字号 28，背景设置渐变填充预设颜色为“雨后初晴”，类型为“射线”，方向“从左下角”。

(5) 第三张幻灯片的版式改为“标题和内容”，标题为“计算机硬件系统”，将素材文件夹中的图片文件 ppt2. png 插入内容区。使第四张幻灯片成为第二张幻灯片。

6. 打开素材文件夹下的演示文稿 yswg. pptx，按照下列要求完成对文稿的操作并保持，结果如图 6.69 样张所示。

(1) 所有幻灯片应用主题 Moban01. potx，并设置主题中超链接颜色为标准色—蓝色；

(2) 在第一张幻灯片中插入图片 pic01. jpg，设置图片高度为 8 厘米、宽度为 12 厘米，动画效果为单击时自右侧飞入，持续时间为 1 秒；

(3) 为第二张幻灯片中带项目符号的文字创建超链接，分别指向具有相应标题的幻灯片；

(4) 利用幻灯片母版，设置所有“标题和内容”版式幻灯片的标题样式为微软雅黑、40 号字；

(5) 为最后一张幻灯片添加备注，内容为 memo. txt 中的所有文字，并设置最后一张幻灯片的切换效果为水平百叶窗；

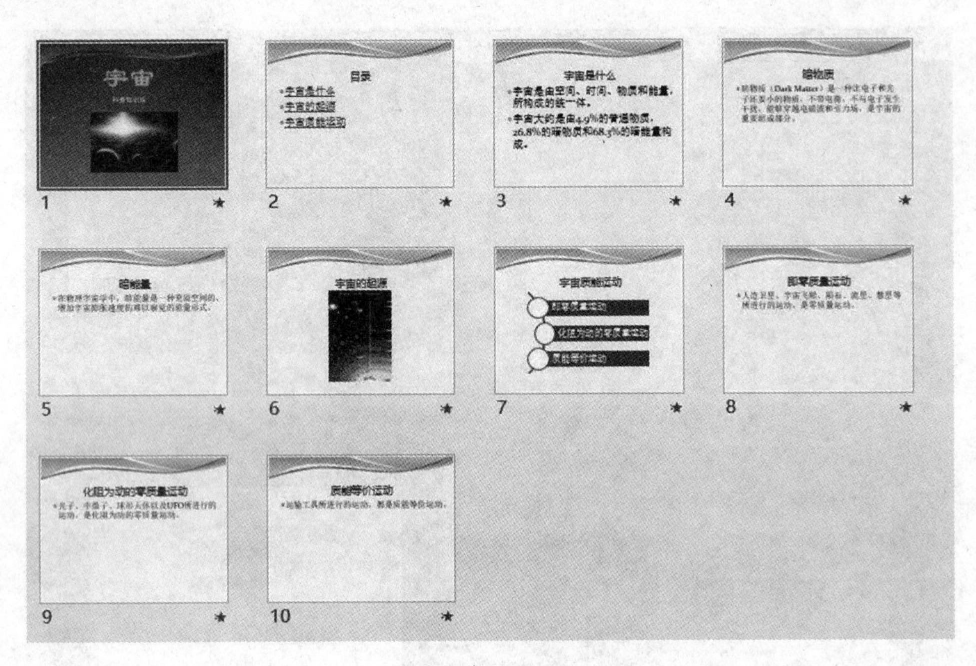

图 6.69　样张

7. 打开素材文件夹下的演示文稿 yswg. pptx,按照下列要求完成对文稿的操作并保持,结果如图 6.70 样张所示。

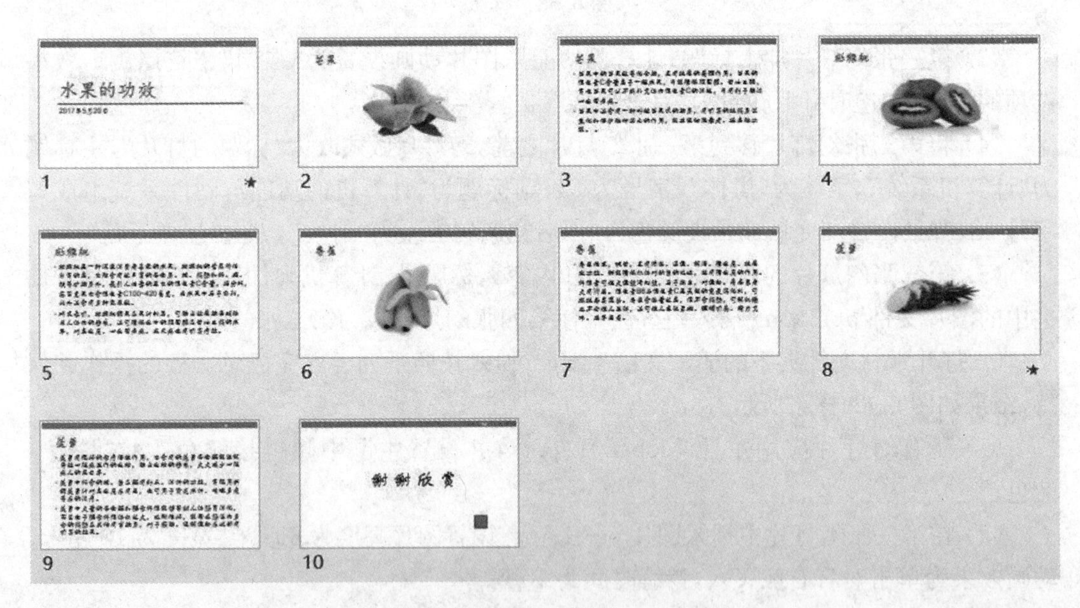

图 6.70　样张

(1) 所有幻灯片应用主题“透明”,所有幻灯片切换效果为立方体;

(2) 在第一张幻灯片的副标题文本框中插入自动更新的日期(样式为“××××年××月××日”);

(3) 在第八张幻灯片中插入图片 boluo. jpg,设置图片高度、宽度的缩放比例均为

120%，图片进入的动画效果为：垂直随机线条，在上一动画之后开始，延迟 1 秒；

(4) 将幻灯片大小设置为全屏显示(16∶9)，并为所有幻灯片添加幻灯片编号；

(5) 在最后一张幻灯片的右下角插入“自定义”动作按钮，单击时超链接到第一张幻灯片，并伴有鼓掌声；

8. 打开素材文件夹下的演示文稿 yswg. pptx，按照下列要求完成对文稿的操作并保持，结果如图 6.71 样张所示。

图 6.71　样张

(1) 所有幻灯片应用主题 Moban03. potx，所有幻灯片切换效果为棋盘；

(2) 为第二张幻灯片中带项目符号的文字创建超链接，分别指向具有相应标题的幻灯片；

(3) 在第三张幻灯片文字下方插入图片 pic03. jpg，设置高度为 5 厘米、宽度为 12 厘米，动画效果为：单击时跷跷板；

(4) 除标题幻灯片外，在其他幻灯片中插入幻灯片编号和页脚，页脚内容为：屋顶花园；

(5) 在最后一张幻灯片中，以图片形式插入 book03. xlsx 中“最受欢迎的屋顶花园”的条形图表，并设置其高度和宽度缩放比例均为 120%；

9. 打开素材文件夹下的演示文稿 yswg. pptx，按照下列要求完成对文稿的操作并保持，结果如图 6.72 样张所示。

(1) 所有幻灯片背景填充新闻纸纹理，除标题幻灯片外，为其他幻灯片添加幻灯片编号；

(2) 交换第一张和第二张幻灯片，并将文件 memo. txt 中的内容作为第三张幻灯片

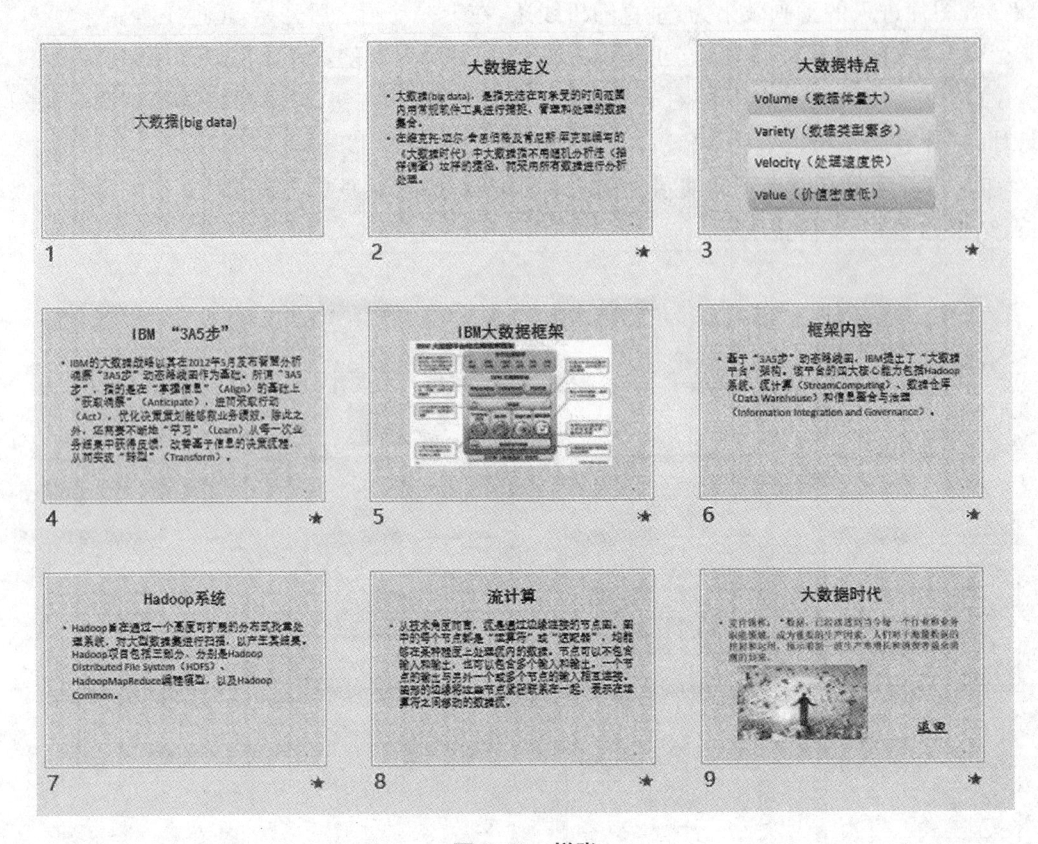

图 6.72　样张

的备注；

(3) 在第五张幻灯片文字下方插入图片 pic04.jpg，设置图片的动画效果为向左弯曲的动作路径；

(4) 利用幻灯片母版，设置所有幻灯片标题字体格式为黑体、48 号字，所有标题的动画效果为单击时自右侧飞入；

(5) 将幻灯片大小设置为 35 毫米幻灯片，并为最后一张幻灯片中的文字“返回”创建超链接，单击指向第一张幻灯片；

10. 打开素材文件夹下的演示文稿 yswg.pptx，按照下列要求完成对文稿的操作并保持，结果如图 6.73 样张所示。

(1) 将第一张幻灯片版式改为“标题幻灯片”，并设置幻灯片放映方式为“循环放映，按 ESC 键终止”；

(2) 在第二张幻灯片文字下方插入图片 pic02.jpg，设置图片水平方向和垂直方向距离左上角均为 9 厘米，图片动画效果为单击时自左侧飞入；

(3) 将所有幻灯片背景设置为水滴纹理，所有幻灯片切换效果为摩天轮；

(4) 隐藏第三张幻灯片，除标题幻灯片外，在其他幻灯片中插入幻灯片编号和页脚，页脚内容为“南京特产”；

(5) 利用幻灯片母版，在所有幻灯片的右上角插入笑脸形状，单击该形状，超链接指向第一张幻灯片。

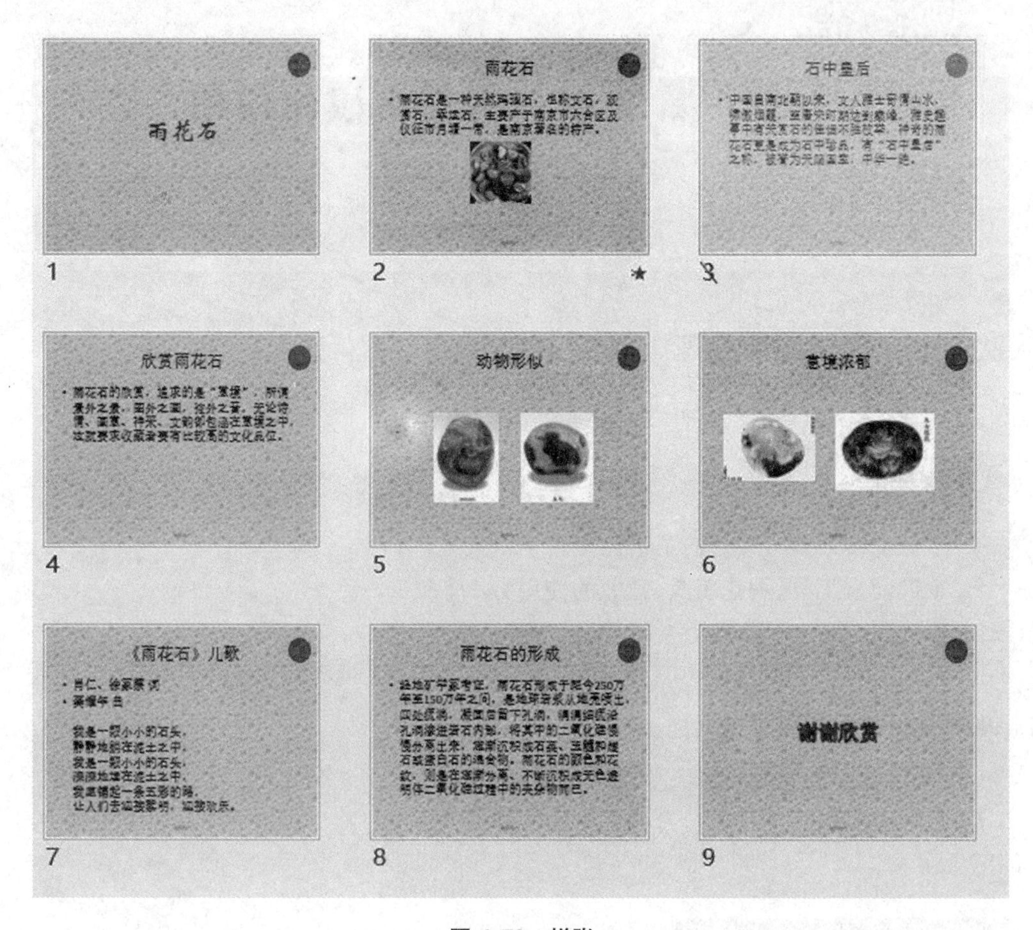

图 6.73　样张

【微信扫码】
习题解答 & 其他资源

【微信扫码】
看视频操作

第 7 章　医学多媒体应用

实验十七　医学图像处理

一、实验目的

1. 掌握 PHOTOSHOP 的基本操作。
2. 掌握套索工具、羽化工具、裁剪的使用方法。

二、实验内容与步骤

1. Photoshop 基本图像处理功能

(1) 实现变脸的特效

启动 Photoshop，打开实验素材文件夹下的变脸 1、变脸 2 两张图片，如图 7.1、7.2 所示。

图 7.1　变脸 1

图 7.2　变脸 2

a) 观察两张图片人物面部的颜色、亮度情况，适当调整“变脸 2”的亮度及高光效果，使之接近于“变脸 1”。

激活图片“变脸 2”，单击“图像”→“调整”→“亮度/对比度”，弹出“亮度/对比度”对话框，如图 7.3 所示。对比“变脸 1”的人物面部的亮度情况，调整“变脸 2”的亮度。

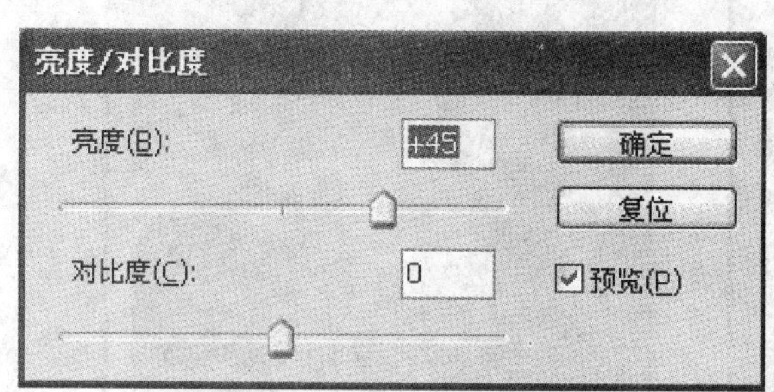
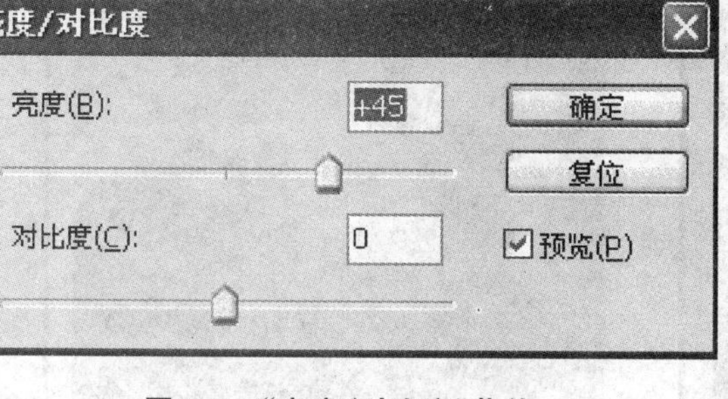

图7.3　“亮度/对比度”菜单

图7.4　“曲线”菜单

单击“图像”→“调整”→“曲线”菜单，弹出“曲线”对话框，如图7.4。调整“变脸2”的高光效果。

b）选取“变脸2”中的人物面部图像。

点击工具箱中的磁性套索工具，沿着人物脸部的轮廓拖动鼠标进行选取，完成后有虚线显示，如图7.5所示。按下【Ctrl+C】键，复制人物脸部图像。

图7.5　选取脸部

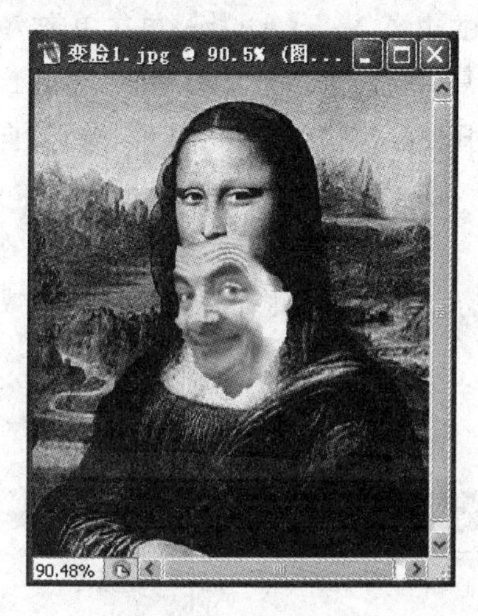

图7.6　粘贴脸部

激活图片“变脸1”，将选中的脸部图像粘贴到“变脸1”中，如图7.6所示。

c）调整脸部图像的位置、大小以及角度。

选中工具箱中的“移动工具”，将脸部图像移动到合适位置。单击菜单“编辑”→“自由变换”，在脸部图像周围出现一个调整框，按下【Shift】键，用鼠标拖拉调整框的端点，将脸部图像调整到合适大小。将鼠标移动到调整框某一角外侧，当光标变成弯曲箭头时，单击鼠标进行角度调整。最后按回车键完成调整，如图7.7所示。

图7.7　调整脸部

图7.8　融合边缘

d) 图像边缘融合。

选择工具箱的“橡皮工具”擦除衔接部位多余的部分。选择工具箱中的“仿制图章”工具,调整画笔主直径到合适大小,按下【Alt】键,当光标变成图章时单击复制过来的脸部图像的边缘,松开【Alt】键,再次单击衔接的边缘,可将衔接边缘部分与脸部图像融合,如此反复进行。选取工具箱中的“模糊工具”,涂擦脸部图像边缘,使之与底图更加融合;右击选择图层窗口中的“图层1”,选择“向下合并”,将新的人脸和背景合并,如图7.8所示。

e) 设置光照效果。

单击“滤镜”→“渲染”→“光照效果”,弹出光照效果对话框,进行适当设置,如图7.9所示。使得脸部图像相对昏暗,以减少脸部融合后边缘的清晰度,如图7.10所示。

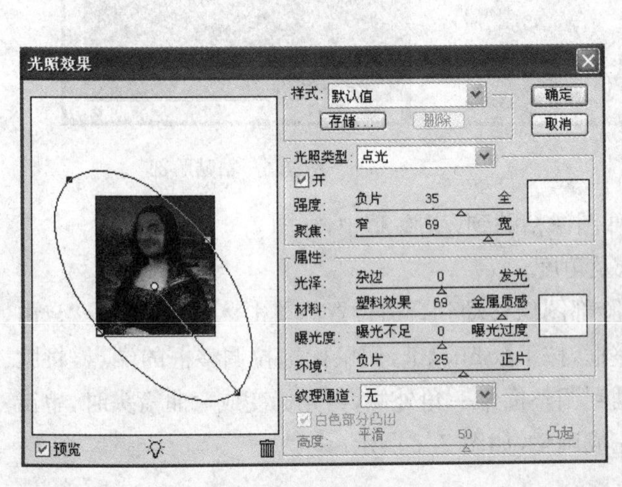

图7.9　渲染滤镜

图7.10　最终效果

f) 将完成的图像保存为“变脸.jpg”。

(2) 制作特效文字:蓝冰文字

a) 将 PhotoShop 工具箱中背景色设置为黑色,前景色设置为白色,单击“文件”→“新建”,新建一个文档,如图 7.11 所示。完成相应设置后单击“确定”按钮关闭对话框。

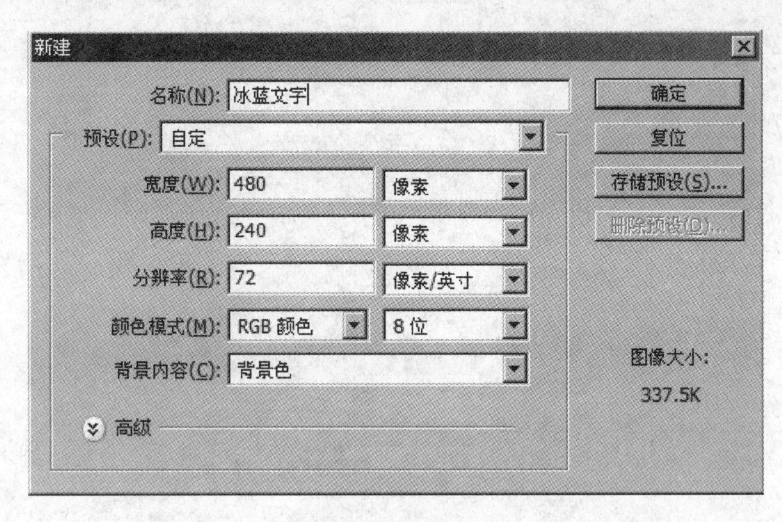

图 7.11　新建文件

b) 单击工具箱中横排文字工具,在背景中拖拽出文本框,输入文字“冰力无极限”。单击“窗口”→“段落”,打开“字符”面板,如图 7.12,设置字体为方正舒体,文字大小为 80 点,垂直缩放 150%,加粗,效果如图 7.13 所示。

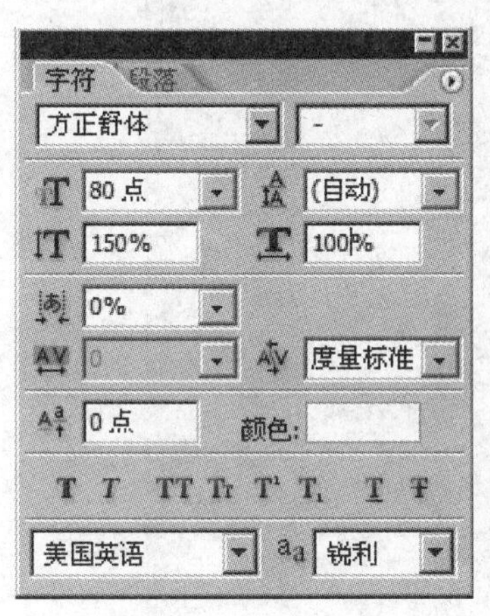

图 7.12　“字符”面板

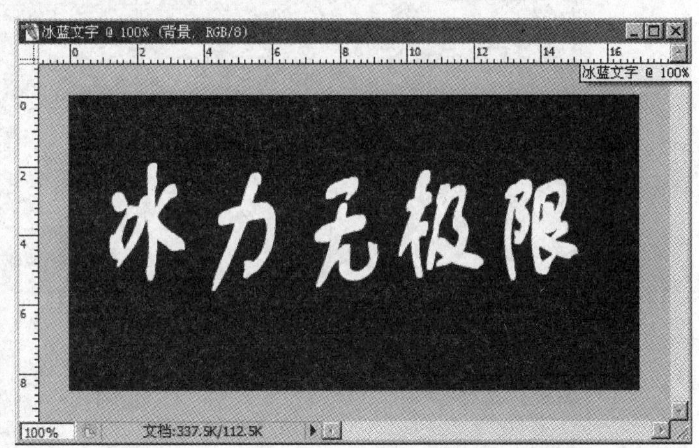

图 7.13　字体效果

c) 单击“图层”→“图层样式”,弹出“图层样式”对话框。单击“斜面和浮雕”,完成相关设置,如图 7.14 所示。单击“渐变叠加”,完成相关设置,如图 7.15 所示。

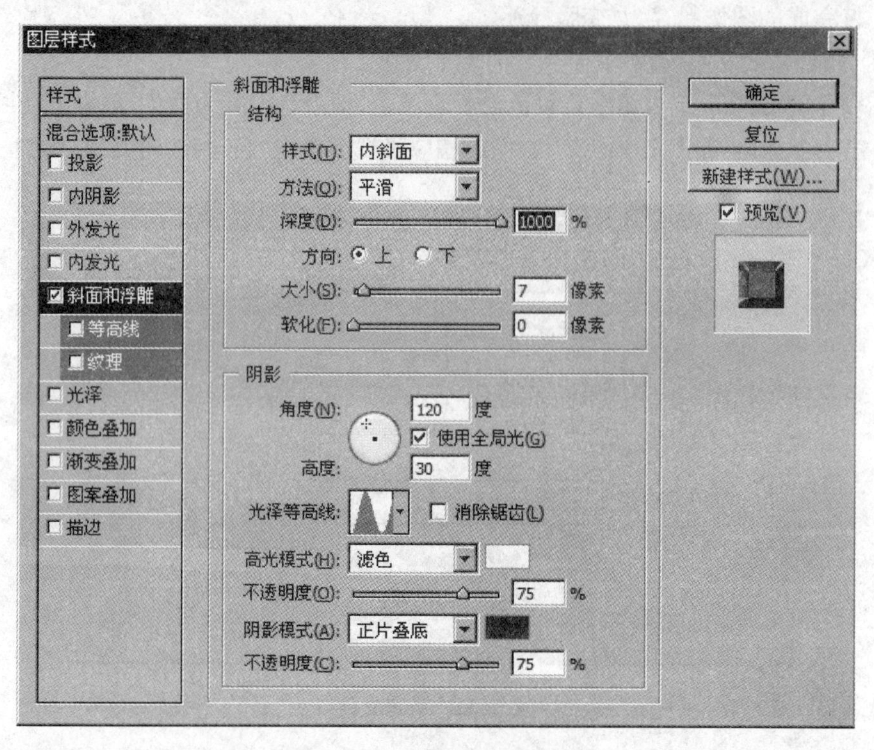

图 7.14 “斜面和浮雕”样式

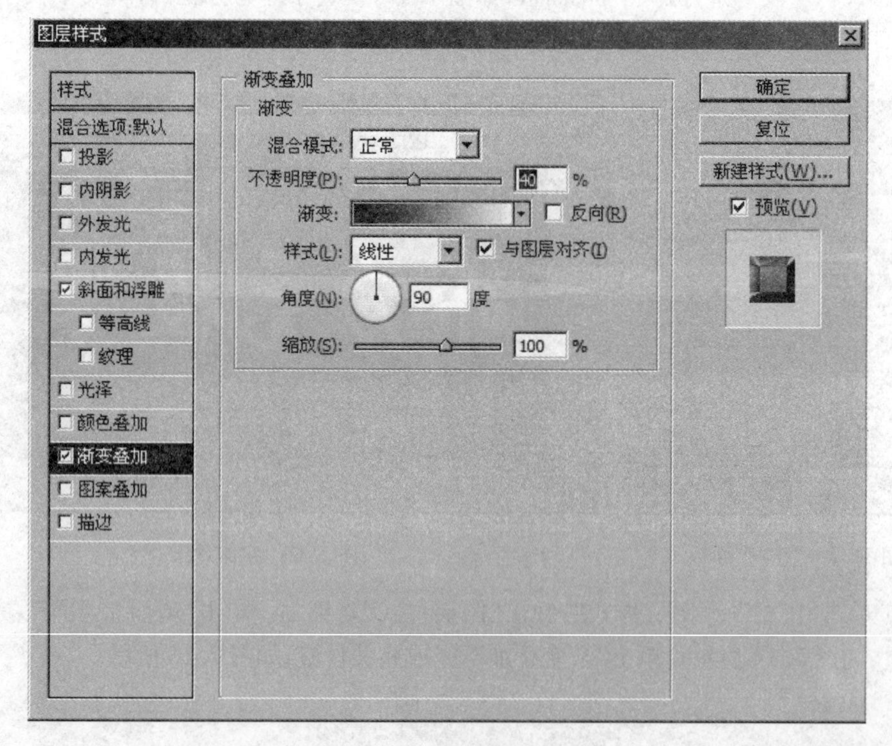

图 7.15 “渐变叠加”样式

d) 在图层窗口中选中文字图层,单击“滤镜”→“艺术效果”→“塑料包装”,应用一次塑料包装滤镜。按下【Ctrl+F】,再此应用塑料包装滤镜。

e) 单击“图层”→“图层样式”→“描边”,设置“描边”样式,如图 7.16 所示。

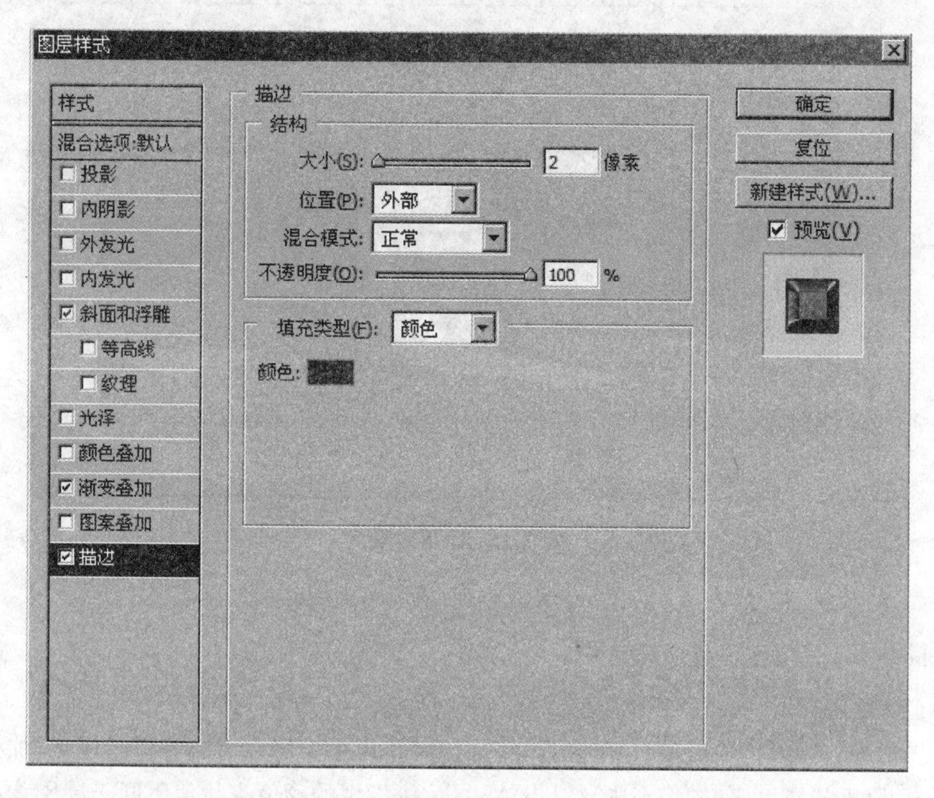

图 7.16　描边

按下【Ctrl+J】键复制一个该图层的副本,将副本图层的颜色模式设为“颜色减淡”,并将不透明度设为 50%,效果如图 7.17 所示。

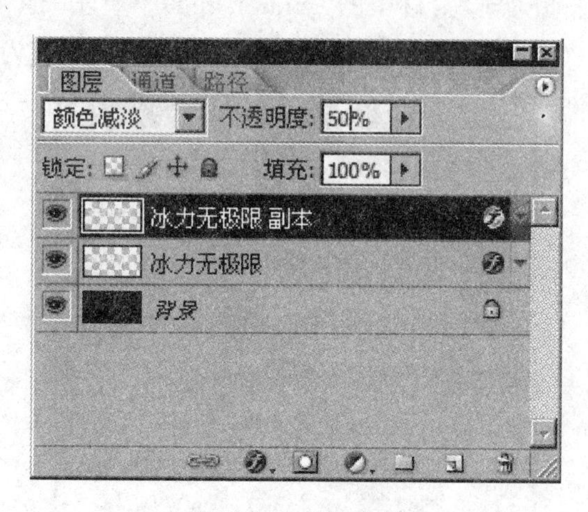

图 7.17　复制图层

使用工具箱中的“涂抹工具”对原始文字图层中的文字进行修饰性的涂抹,最后的效果如图 7.18 所示。将制作好的图片保存为“冰蓝文字.jpg”。

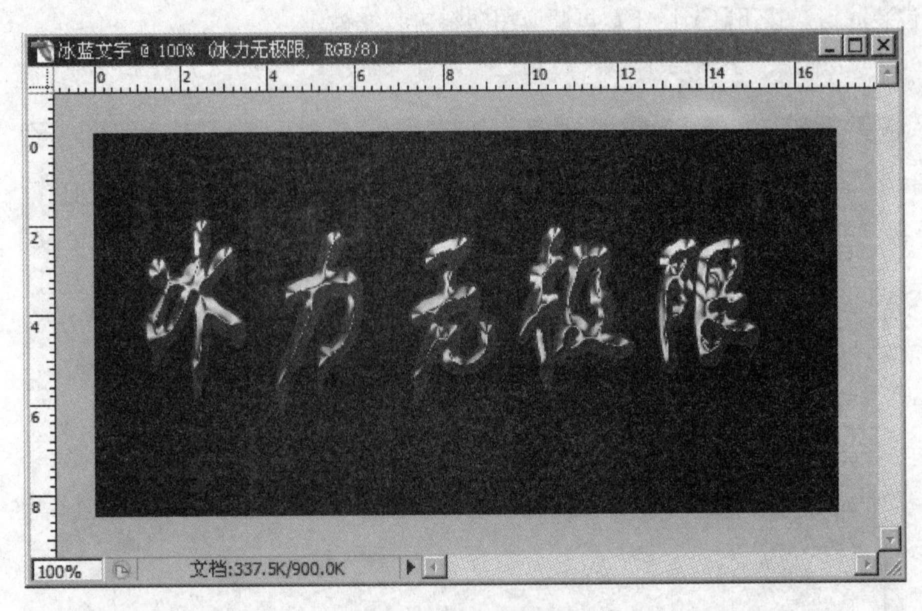

图 7.18　最终效果

2. Photoshop 医学图像处理功能

(1) 锐化处理

图像经转换或传输后,质量可能下降,难免有些模糊。可以对图像进行锐化,加强图像轮廓,降低模糊度,使图像清晰。"USM 锐化"按指定的阈值查找值不同于周围像素的像素,并按指定的数量增加像素的对比度。因此,对于由阈值指定的相邻像素,根据指定的数量,较浅的像素变得更亮,较暗的像素变得更暗。

使用 PhotoShop 打开实验素材中的"yixue1. jpg"。单击"滤镜"→"锐化/USM 锐化",弹出"USM 锐化"对话框,设置数量为 200%,半径为 10,阈值为 3,如图 7.19 所示。

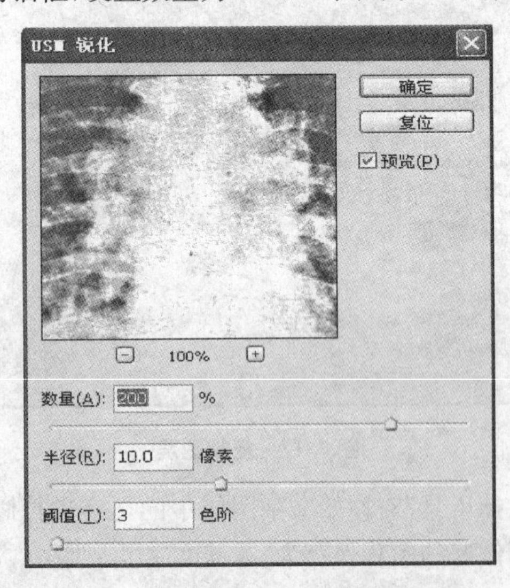

图 7.19　USM 锐化

经过处理后的图片(如图 7.21 所示)与原始图片(如图 7.20 所示)相对比,图像效果更为清晰。

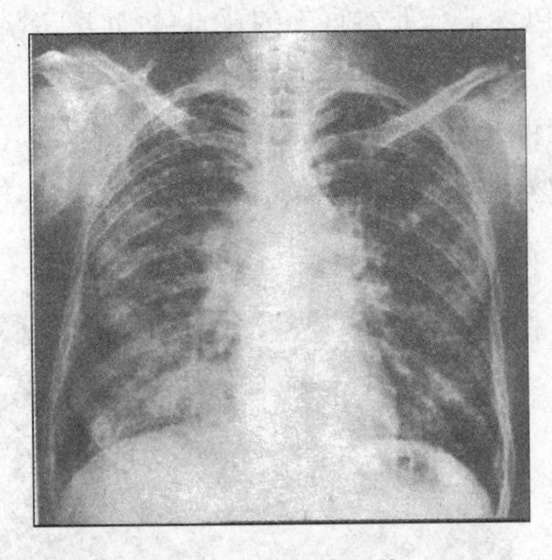

图 7.20　原始图片

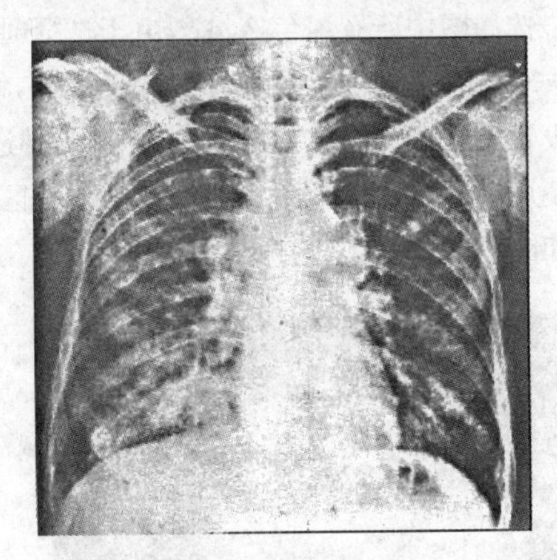

图 7.21　锐化处理

(2) 反相处理

在医学图像的处理过程中还经常通过反相处理来突出所观察的主体。将彩色图像反相后,颜色通道中每个像素的每个分量亮度值会被转换为 256 减去原始值。如某像素点红色分量的亮度值为 255,在反相后该值将变为 0;某像素点红色分量的亮度值为 5,在反相后该值将变为 250。反相后得到的图像类似于该图像的胶片。

在以上锐化的图片基础上,单击“图像”→“调整”→“反相”,即可看到如图 7.22 的反相效果。

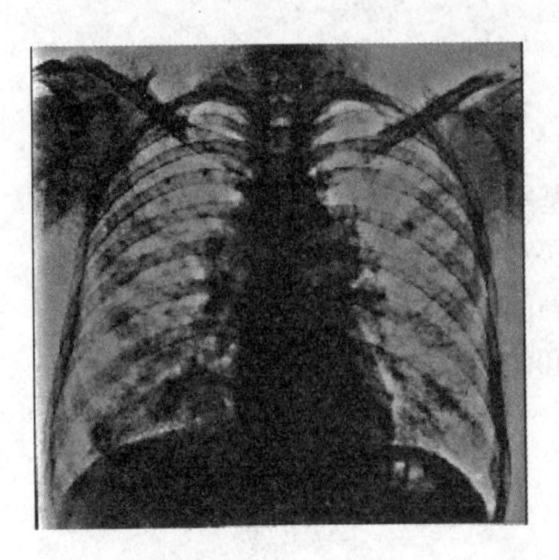

图 7.22　反相处理

(3) 伪彩色处理

人眼只能区分 40 多种不同等级的灰度,却能区分几千种不同色度、不同亮度的色彩。伪彩色处理就是把黑白图像的灰度值映射成相应的彩色,适应人眼对颜色的灵敏度,提高鉴别能力。在处理过程中,应注意人眼对绿色亮度响应最灵敏,可把细小物体映射成绿色。人眼对蓝光的强弱对比灵敏度最大,可把细节丰富的物体映射成深浅与亮度不一的蓝色。

使用PhotoShop中打开实验素材中的“yixue2.jpg”,如图7.23所示。

选择魔术棒工具,设置容差为20,点击图片中深色区域,单击“选择”→“选取相似”,进一步选择图中所有深色区域。由于选择时包含了肺部器官外的背景,因此单击“从选区中减去”按钮,再单击背景部分的深色区域,将背景从当前选区中去掉。

设置前景色为红色,按下【Alt+Del】键进行填充。

使用同样方法选择图片中浅色与灰色区域,分别使用绿色与蓝色进行填充,处理后的图片如图7.24所示。

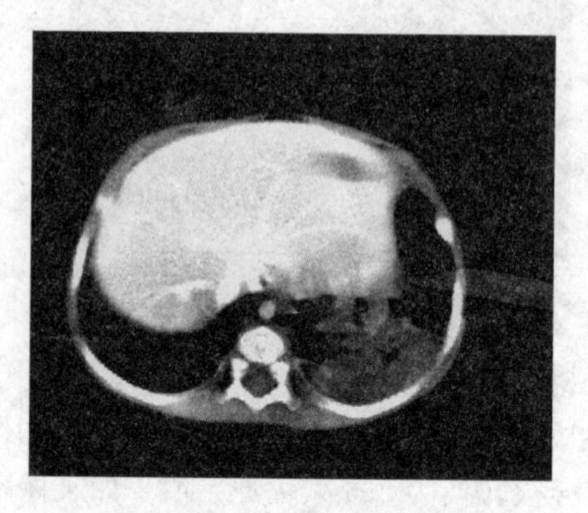

图7.23 原始图片

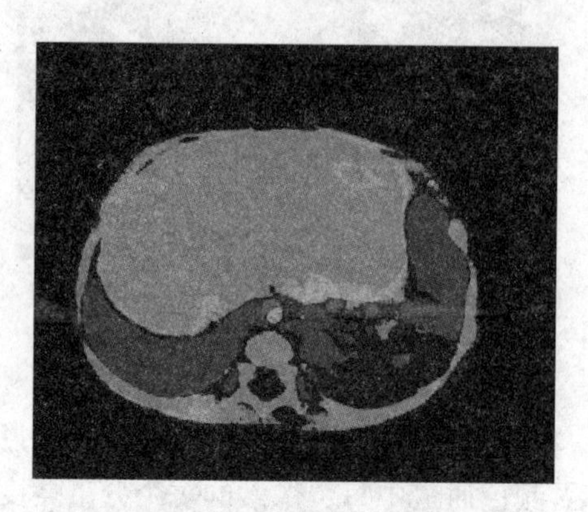

图7.24 伪彩色处理

实验十八 医学动画制作

一、实验目的

1. 掌握FLASH的基本操作。
2. 掌握时间轴上图层和帧的使用。
3. 掌握简单动画和补间动画的制作。
4. 掌握元件的制作和使用。

二、实验内容与步骤

1. Flash基本动画制作

(1) 逐帧动画的建立和播放

逐帧动画是一种常见的动画形式。其原理是在“连续的关键帧”中分解动画动作,也就是在时间轴的每帧上逐帧绘制不同的内容,使其连续播放,形而成动画。逐帧动画的每一帧都是关键帧,所以在制作时要逐个设置关键帧。

单击“文件”→“新建”,新建一个Flash文档。

单击“视图”→“网格”→“显示网格”,给舞台添加网格。右击舞台,在弹出菜单中选择“网格”→“编辑网格”,调整网格的大小为40px。

从工具箱中选择“椭圆工具”，在舞台上绘制一个无边线的蓝色圆球，并放置在一个网格中。

单击时间轴上的第2帧，按【F6】键插入一个新的关键帧。这时第1帧的圆球将被复制到舞台上，切换“椭圆工具”为“选择工具”，将圆球移动到原位置右边的网格中。

以同样步骤在时间轴创建第3至10关键帧，并在各帧上分别将圆球右移一格，整个动画制作完成。

在时间轴下部单击绘图纸“外观”按钮，使各帧以“洋葱皮”方式透明的显示出来，如图7.25所示。

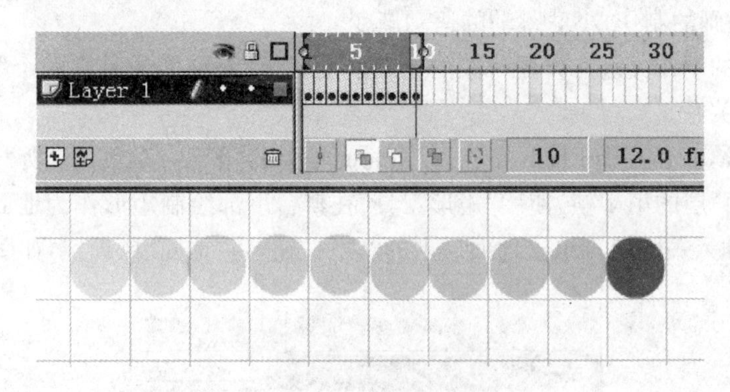

图7.25 逐帧动画

单击“文件”→“保存”，将制作好的动画以文件名“Frame.fla”保存到相应文件夹下。

完成动画制作后，按下回车键可观看动画效果，再次按下回车键则停止播放。

在Flash中还可以将制作好的动画文件编译为使用浏览器播放的swf文件。按下【Ctrl+Enter】键，或单击“控制”→“测试影片”，通过独立播放器播放动画。此时，Flash会自动生成一个名字为“Frame.swf ”的文件，并保存在和“Frame.fla”文件相同的文件夹中。

(2) 补间动画的制作

逐帧动画是一帧一帧地制作，每一帧都是关键帧，这种动画的特点文件大，制作也比较麻烦，比如要制作一个人物走动的动画，就必须在每一帧上去调整人物的形态和动作。为了简化某些动画的制作过程，Flash提供了补间动画的方式。补间动画可以根据起始的状态和最终的状态，由软件完成过渡帧的制作。当然这也就要求从起始状态到最终状态的变化应有一定规律，否则系统无法完成补间动画。

Flash可以创建两种类型的补间：“补间形状”和“补间动画”。

补间形状是指系统自动完成从一种形状变化到另一种形状之间的变化帧。补间动画是指系统根据起始和最终两个关键帧中对象的属性变化来自动制作两帧之间的变化帧。

a) 补间形状的制作，使得圆形变为正方形

打开Flash，创建一个新的Flash文档。在舞台上单击鼠标右键，在弹出菜单中单击“文档属性”。在“文档属性”对话框中设置舞台属性为500 * 300像素，背景为黑色，帧频10。

选定时间轴上图层1的第1帧，从工具箱中选择“椭圆工具”，设置笔触颜色为绿色，

在舞台上绘制一个绿色圆圈。

在时间轴第10帧上右击,在弹出菜单中单击“插入帧”或按【F6】键,插入关键帧。

选中第10帧,将绿色圆圈删除,再从工具箱中选择“矩形工具”,设置笔触颜色为红色,在舞台上绘制一个红色矩形。

任选1到10帧中的某一帧,在舞台下方的“属性”标签页中设置“帧”→“补间”→“形状”,系统将生成1至10帧中间的补间形状变化。

动画制作完成后按【Ctrl+Enter】键观看形状补间动画的效果。

完成后将制作好的动画文件以文件名“Roundshape.fla”保存到相应文件夹中。

b) 补间动画的制作,小球跳动的运动渐变

补间动画的制作关键在设置对象的运动渐变,运动渐变实质是在两个关键帧之间建立对象的变化关系。

打开Flash,新建一个Flash文档,双击时间轴上的“图层1”,重命名为“地面”。

选择“地面”层的第1帧,使用“矩形工具”在舞台下部绘制矩形作为地面。选定第30帧,按【F6】键插入关键帧。单击地面层上的“锁”按钮,将“地面”层锁定,如图7.26所示。

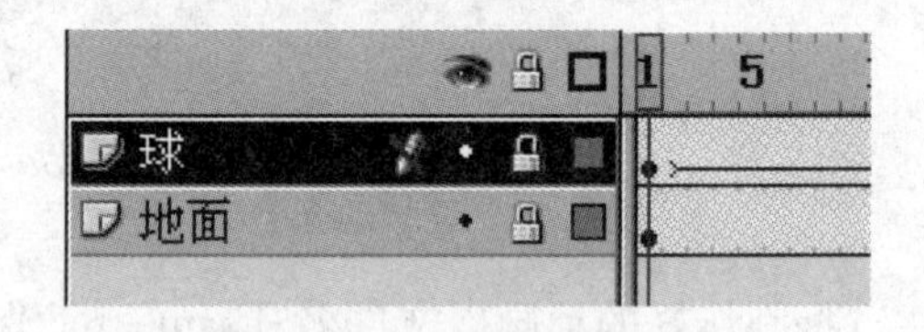

图7.26 时间轴的锁定

新建一个新的层,命名为“球”。选定“球”层的第1帧,选择工具箱中的“椭圆工具”,设置笔触颜色为绿色,设置填充色为绿色,在舞台上绘制一个绿色小球。选定小球,单击菜单“修改”→“转换为元件”,在弹出的对话框中,设置符号名字“ball”,并设置符号的行为为图形。将小球转换成图片符号,如图7.27所示。

转换为符号

名称(N): ball

行为(B): 影片剪辑 按钮 图形

注册:

确定 取消 高级

图7.27 图片符号的设置

将“椭圆工具”切换为“选择工具”,拖动小球至舞台左侧适当的位置,选定“球”层的时间轴第30帧,按【F6】插入一个关键帧。选中第30帧,将第1帧的小球图片拖动至舞台的右侧适当的位置。任选中第1到30帧中的某一帧,在舞台下方的“属性”标签页中设置“帧”→“补间”→“动作”,建立补间动画。

在“球”层的第15帧的位置按【F6】键插入一个关键帧。选中第15帧,按下【Shift】键,将第15帧的小球沿垂直方向拖动到贴近地面的位置。

右击小球，在弹出菜单中单击“任意变形”，分别在第1帧、第15帧和第30帧中调整小球的大小，使其由大变小。

制作完成的动画中小球将落下后弹起，并由大变小，运动形式如图7.28所示。在Flash中按下【Ctrl+Enter】键观看动画效果。

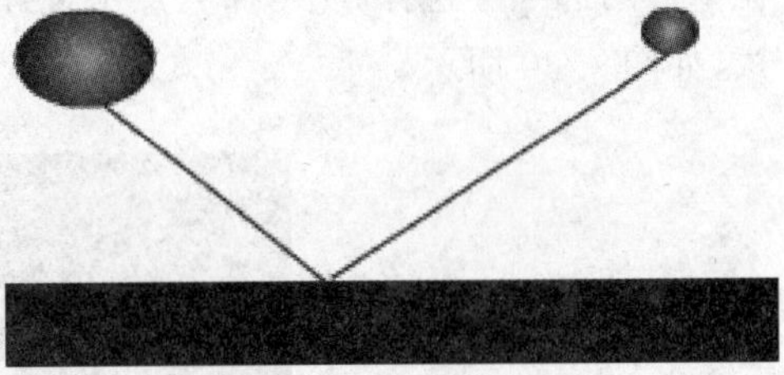

图7.28 小球的运动变化

将制作完成的动画文件以文件名“balljump.fla”保存到相应文件夹下。

(3) 轨迹动画的制作

在之前实验中所设计的几个动画，对象的运动轨迹都是直线，但是在很多动画中物体运动路径并不规则，如月亮绕着地球旋转，鱼儿在大海里遨游等，在Flash中也可以实现这些轨迹动画的效果。

轨迹动画实际上是将一个或多个层链接到一个运动引导层，使一个或多个对象沿同一条路径运动，这种动画形式也被称为“引导路径动画”。轨迹动画可以使一个或多个元件完成曲线或不规则运动。以下实验将制作飞机沿指定路线飞翔的轨迹动画。

启动Flash，新建一个Flash文档。

双击“图层1”将“图层1”重新命名为“背景”，单击“文件”→“导入”→“导入到舞台”，选择素材文件夹下的“天空.jpg”作为动画的背景，如图7.29所示。

图7.29 导入文件

单击“修改”→“转换为元件”，将背景图转换成图形元件“背景”，单击第50帧，按【F6】键插入关键帧。

插入新图层，将图层命名为“飞机”，单击“文件”→“导入”→“导入到舞台”，选择素材文件夹中的“飞机.jpg”。选中导入的“飞机”图像，按下【Ctrl+B】，然后选择“套索工具”，在下方的选项中选择“魔术棒”,点击选择飞机图片中的白色部分,按【Del】键删除白色背景,如图7.30所示。

图7.30　去掉背景的飞机

单击“修改”→“转换为元件”,将飞机图像转换成图形元件“飞机”,然后单击第50帧,按【F6】插入关键帧,将第50帧中的“飞机”拖动到舞台的右侧,通过右键菜单中的“任意变形”将“飞机”变小。

任选中第1到50帧中的某一帧,在舞台下方的属性标签页中设置“帧”→“补间”→“动作”,建立补间动画。这时按回车键,可以看到一个直线飞行且渐行渐远的飞机运动。

选择“飞机”图层,单击“添加运动引导层”按钮,在“飞机”图层上添加一个引导层,“飞机”图层自动缩进,如图7.31所示。

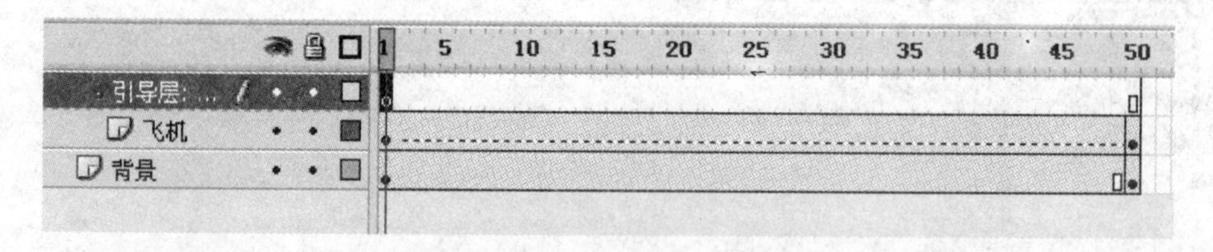

图7.31　添加运动引导层

选择“铅笔工具”,在舞台上画出自由设计的轨迹,如图7.32所示。

图7.32　画出轨迹

切换到“选择工具”,确认“紧贴至对象”按钮处于被按下状态,选择第1帧上的飞机,拖动至路径的起点，再选择第 50 帧上的飞机，拖动至路径的终点。

按下回车键，可以观察到飞机沿着路径在飞行，但是飞机的飞行姿态不符合实际情况，需要进行改进。

选择第 1 帧，在“属性”面板中选择“调整到路径”复选框，完成对飞行姿态的调整，如图 7.33 所示。

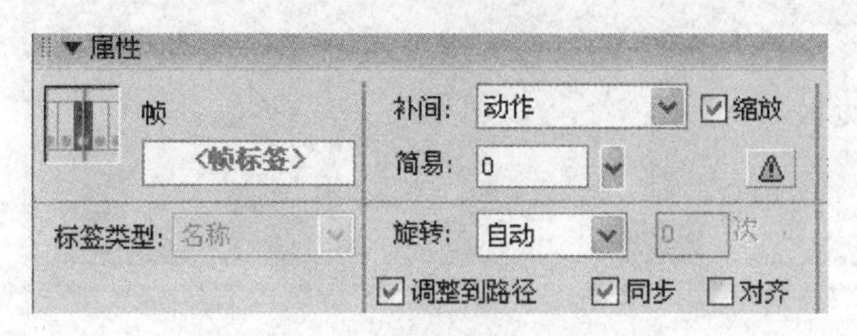

图 7.33　改进飞机姿态

将制作完成的动画文件以文件名“plane.fla”保存到相应文件夹下。

(3) 遮罩动画的制作

遮罩动画的原理是在舞台前增加一个类似于电影镜头的对象，这个对象不仅仅局限于圆形，可以是任意形状。所制作的动画将只显示电影镜头“拍摄”出来的影像，其他不在电影镜头区域内的舞台对象将不会显示。

启动 Flash，新建一个 Flash 文档，保持文档属性的默认设置。

双击“图层 1”重新命名为“背景”，单击“文件”→“导入”→“导入到舞台”，选择素材文件夹中的“夜色.jpg”作为背景，如图 7.34 所示。

图 7.34　遮罩动画的背景

插入新图层，将图层命名为“椭圆”，使用“椭圆工具”绘制一个椭圆，无边框，任意颜色，此椭圆将作为遮罩动画中的电影镜头对象，如图 7.35 所示。

图 7.35 插入椭圆图层

右击“椭圆”图层,在弹出的菜单中单击“遮罩层”,定义遮罩动画效果。定义后,图层结构出现变化。“背景”图层图标改变,从普通图层变成了被遮罩层(被拍摄图层),并且图层缩进,图层被自动加锁。“椭圆”图层图标改变,从普通图层变成了遮罩层(放置拍摄镜头的图层),并且图层也被自动加锁,如图 7.36 所示。

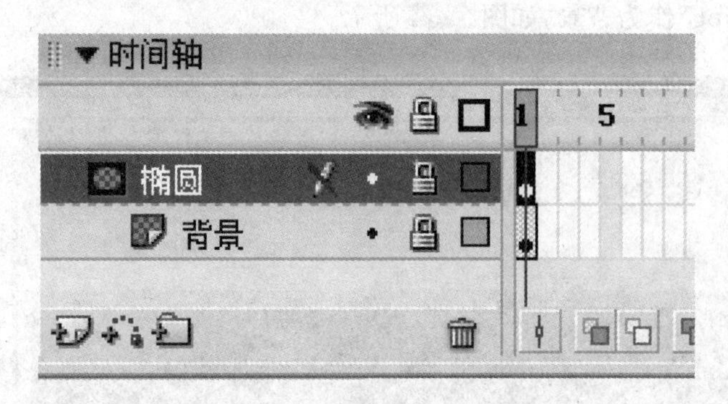

图 7.36 定义遮罩动画效果

舞台也出现变化,舞台上只显示“电影”镜头拍摄出来的图像,其他不在电影镜头区域内的图像不再显示,如图 7.37 所示。

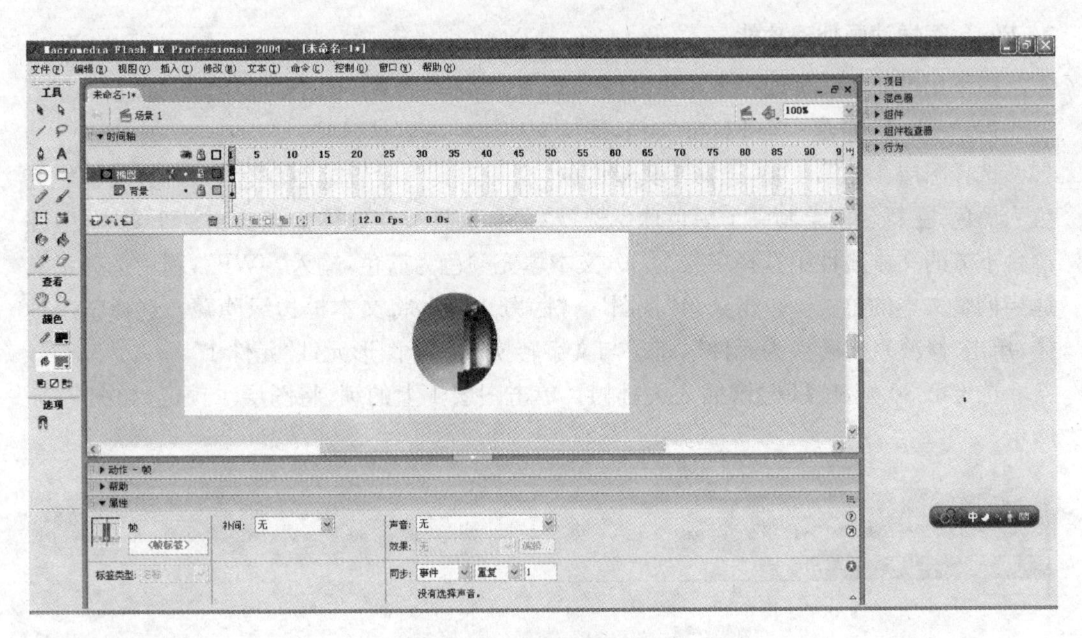

图 7.37　遮罩效果舞台显示

按下【Ctrl＋Enter】组合键测试影片，观察动画效果，可以看到影片中只显示了电影镜头区域内的图像。

在“背景”图层的第 15 帧按【F5】键添加一个普通帧，将“椭圆”图层解锁，在“椭圆”图层的第 15 帧按【F6】键添加一个关键帧，将“椭圆”图层的第 15 帧上的椭圆放大尺寸，定义从第 1 帧到第 15 帧为补间形状，如图 7.38 所示。

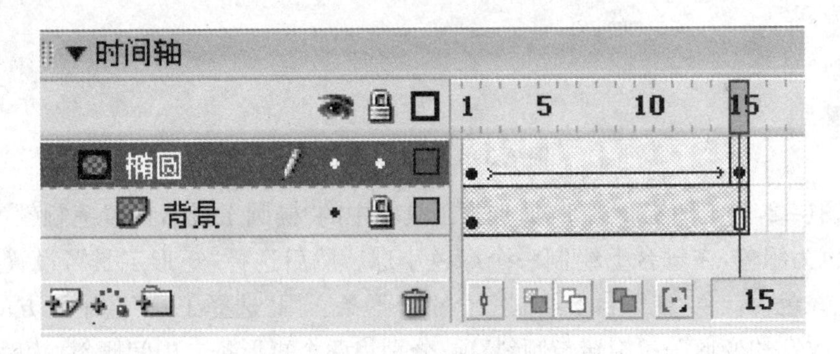

图 7.38　改变镜头形状

按下【Ctrl＋Enter】组合键测试影片，观察动画效果，可以看到影片中只显示了电影镜头区域内的图像，并且随着电影镜头（椭圆）的逐渐变大，显示出来的图像区域也越来越多。

将“背景”图层上的椭圆放置在舞台左侧，将“椭圆”图层的第 15 帧上的椭圆的大小恢复到原来的尺寸，并放置在舞台的右侧。

按下【Ctrl＋Enter】组合键测试影片，观察动画效果，可以看到影片中随着电影镜头（椭圆）的位置移动，显示出来的图像内容也发生变化。

将制作完成的动画以文件名“mask.fla”保存到相应文件夹中。

2. Flash 医学动画处理功能

以下用 Flash 来实现一个简单的医学动画片段——vWF 因子的变化。

启动 Flash,新建一个 Flash 文档,保持文档属性的默认设置。

选择图层 1 的第 1 帧,选择工具箱中的"椭圆工具",设置笔触颜色为黑色,设置填充色为黑色,在舞台上绘制一个黑色球。选择"文本工具",在球体上拖放出一个文本框,在舞台下方的文本属性中选择字号为 30,文本填充颜色为蓝色,输入"vWF",利用选择工具适当调整文本的位置。单击菜单"视图"→"隐藏边缘",将文本框边缘隐藏。选择整个球体,单击"修改"→"转换为元件",将球与文字转换成一个图形元件"元件 1"。

选定第 30 帧,按【F6】键插入关键帧。单击图层 1 上的锁,将图层 1 锁定,如图 7.39 所示。

图 7.39 创建 vWF 因子

新建图层 2,选定图层 2 第 1 帧,选择工具箱中的"椭圆工具",设置笔触颜色为黑色,设置填充色为绿色,在舞台上绘制一个绿色小球。然后选择"矩形工具",设置无笔触颜色,设置填充色为蓝色,在舞台上绘制三个小矩形条。用"选择工具"选中下方的矩形,单击菜单"修改"→"变形"→"旋转与倾斜"项,分别将两个矩形条向中间倾斜,然后移动调整矩形条的位置,如图 7.40 所示。选择小球和三个矩形条,单击菜单"修改"→"转换为元件",将小球与矩形条转换成一个图形元件"元件 2"。

图 7.40 创建抗原抗体 1

复制一个“元件 2”，将“元件 1”和“元件 2”分别拖放到 vwf 分子左下角和右上角，并旋转至相应位置，如图 7.41 所示。

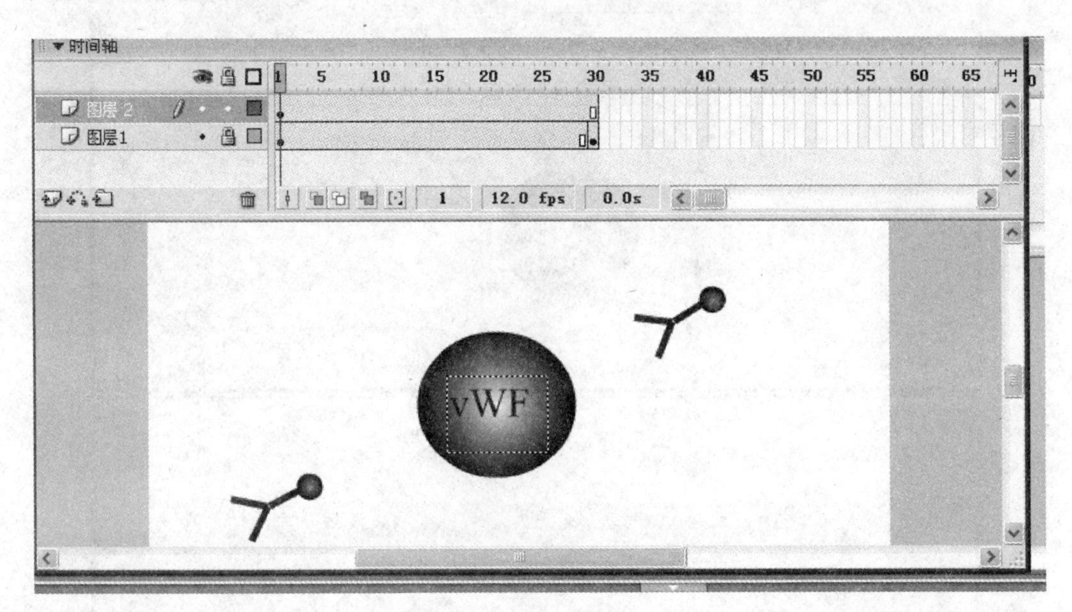

图 7.41　创建抗原抗体 2

分别在图层 2 的第 5 帧、第 10 帧、第 15 帧、第 20 帧、第 25 帧和第 30 帧添加关键帧，并设置渐进的效果，如图 7.42 至 7.47 系列所示。

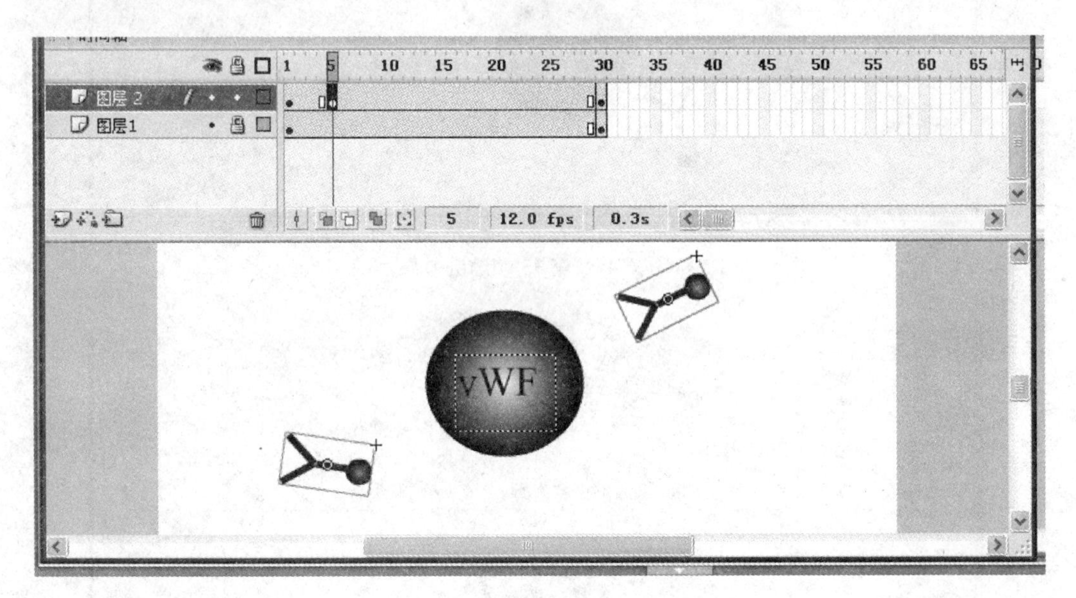

图 7.42　第 5 帧渐进效果

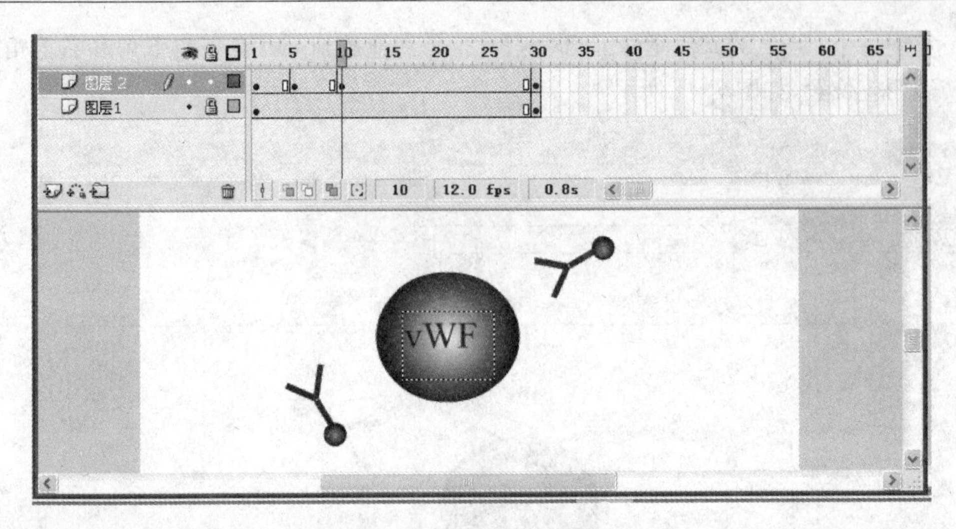

图 7.43 第 10 帧渐进效果

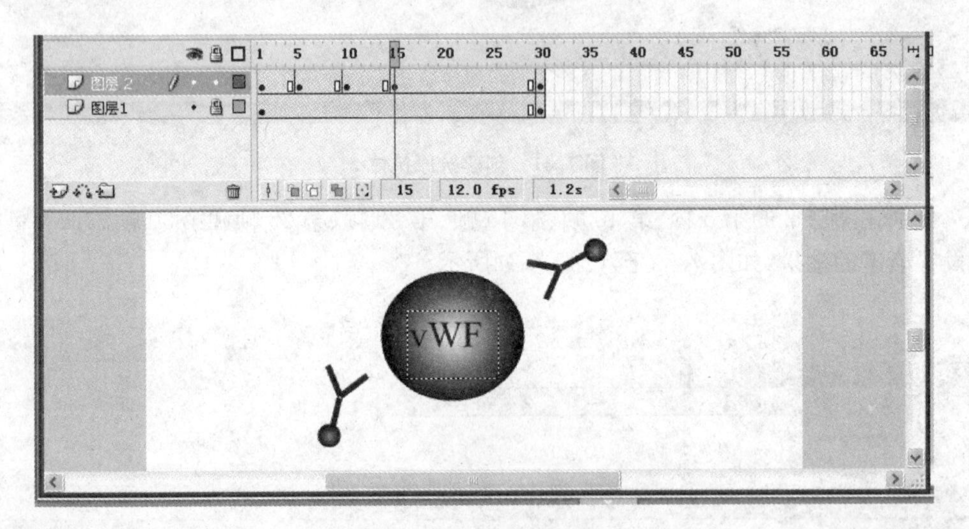

图 7.44 第 15 帧渐进效果

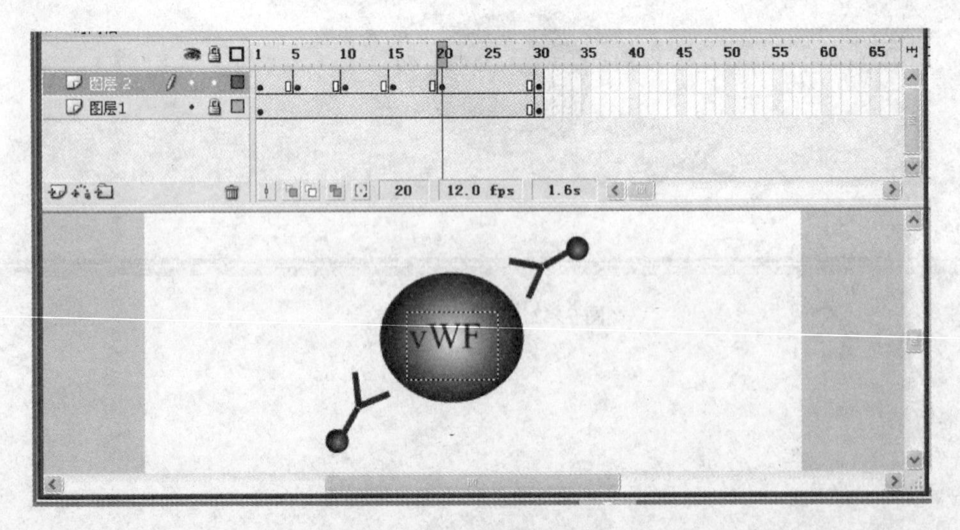

图 7.45 第 20 帧渐进效果

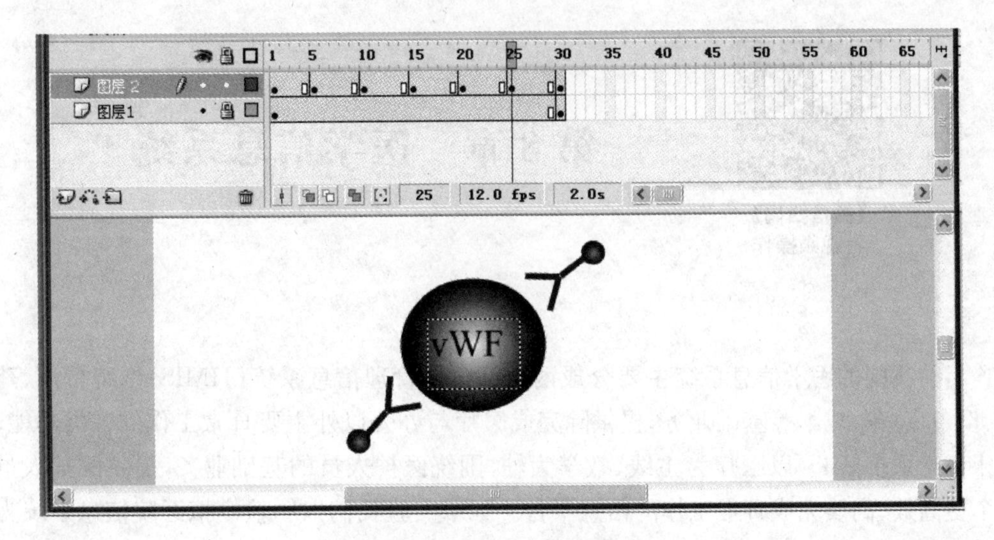

图 7.46　第 25 帧渐进效果

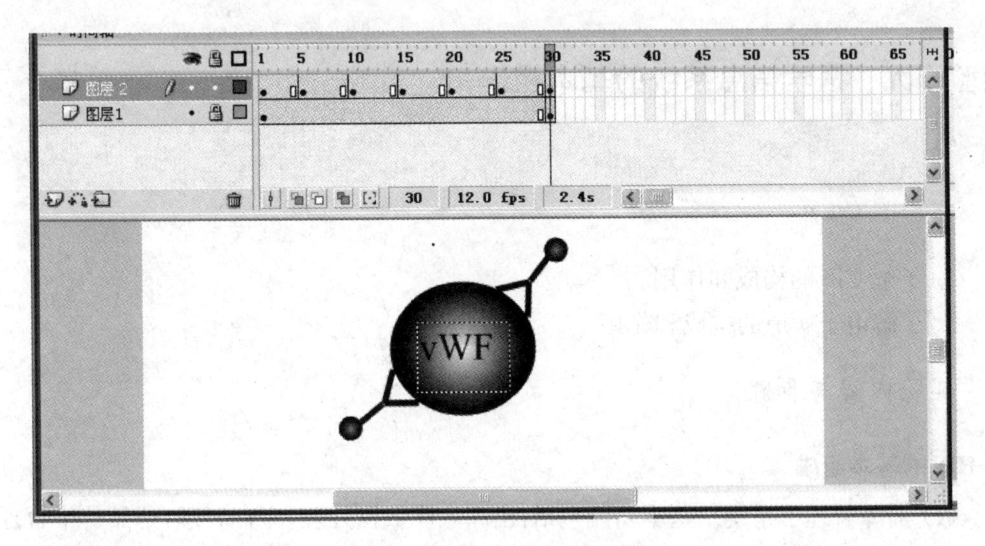

图 7.47　第 30 帧渐进效果

◆ 课后练习

1. 自己命题自由创作一幅 ps 作品。
2. 制作一个介绍自己学校的 FLASH 动画。

【微信扫码】
习题解答 & 其他资源

【微信扫码】
看视频操作

第 8 章　医学信息系统

目前我国的医学信息系统主要分成两个部分。管理信息系统(HMIS)围绕费用、药品、设备、总务、成本等基础业务，提供除完成医疗与办公以外主要日常工作的各类功能；临床信息系统(CIS)以医疗为主线、教学为辅，围绕医护人员的基础业务，提供医护人员一个更高效、高质完成日常工作的信息平台。本章实验我们以一款模拟医院信息系统为例主要介绍 CIS 的主要组成和相关操作。

实验十九　医学信息系统的基本操作

一、实验目的

1. 了解 CIS 的构成和作用。
2. 了解电子病历的构成和作用。

二、实验内容与步骤

1. HIS 的基本组成

(1) 药库管理子系统。基本功能包括：出库入库数据处理，库存管理，药品价格管理，药品目录管理，以及从多角度多层面的对出库/入库/库存数据的查询统计。

(2) 药房管理子系统。基本功能包括：出库入库数据处理，库存管理，以及从多角度多层面的对出库、入库、库存数据的查询统计。

(3) 门诊管理子系统。基本功能包括：挂号、处方、收费、取药。

(4) 住院登记子系统。实现住院处所需的各种功能，包括住院预约、住院登记、空床查询等等。

(5) 病房护士工作站。实现了在病房中病人信息管理所需的各种要求，包括病人信息、医嘱、床位、摆药、出院通知、查询、维护、帮助功能。

(6) 病区住院医生工作站。实现在病房中病人信息管理所需的各种要求，包括病人信息、医嘱、床位、摆药、出院通知、查询、维护、帮助功能。

(7) 电子病历系统。用电子设备保存、管理、传输和重现的数字化的病人医疗记录，取代了手写纸张病历。

(8) 医学影像存储与传输系统。主要有四个主要功能模块:系统管理与配置、DICOM服务、预约分诊模块、报告子系统。

2. 电子病历的基本使用

(1) 双击电子病历工作站图标,启动电子病历子系统。启动后,显示登录画面,使用相应的用户名和密码即可登录系统。

(2) 进入系统后,出现病人选择窗体,如图8.1所示。

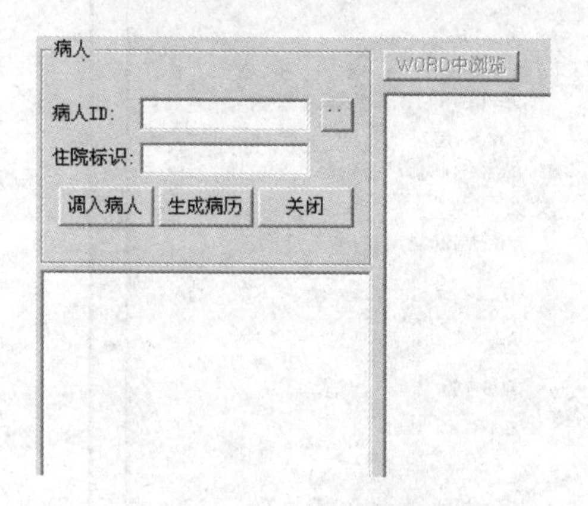

图8.1 病人选择窗口

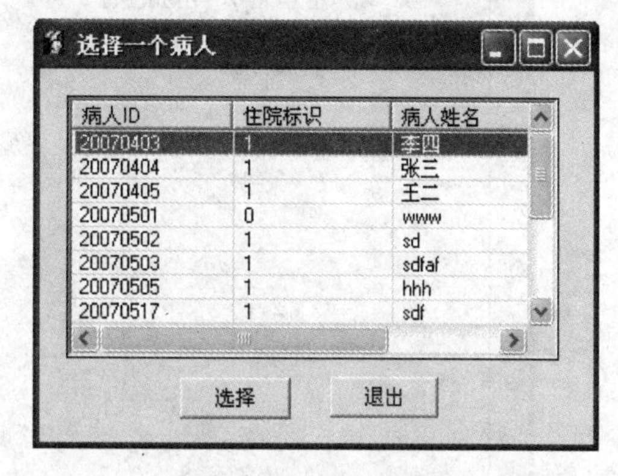

图8.2 病人信息窗口

(3) 单击"病人ID"右侧的按钮,会出现病人名单,如图8.2所示。

(4) 在病人信息窗口中双击需要查看的病人行,完成对病人信息的提取,如图8.3所示。

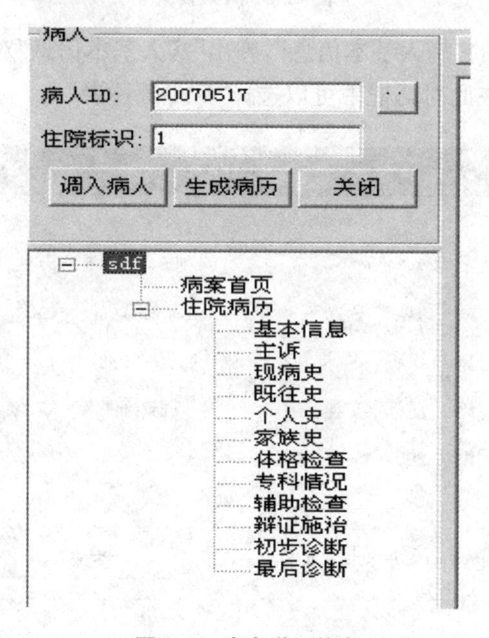

图8.3 病人详细信息

(5) 单击图8.3中的"病案首页",弹出"病案首页"对话框,如图8.4所示。在"病案首页"对话框中的每个页面,反映了该病人入院以来的各个过程的记录,可单击相应标签查看相应信息。

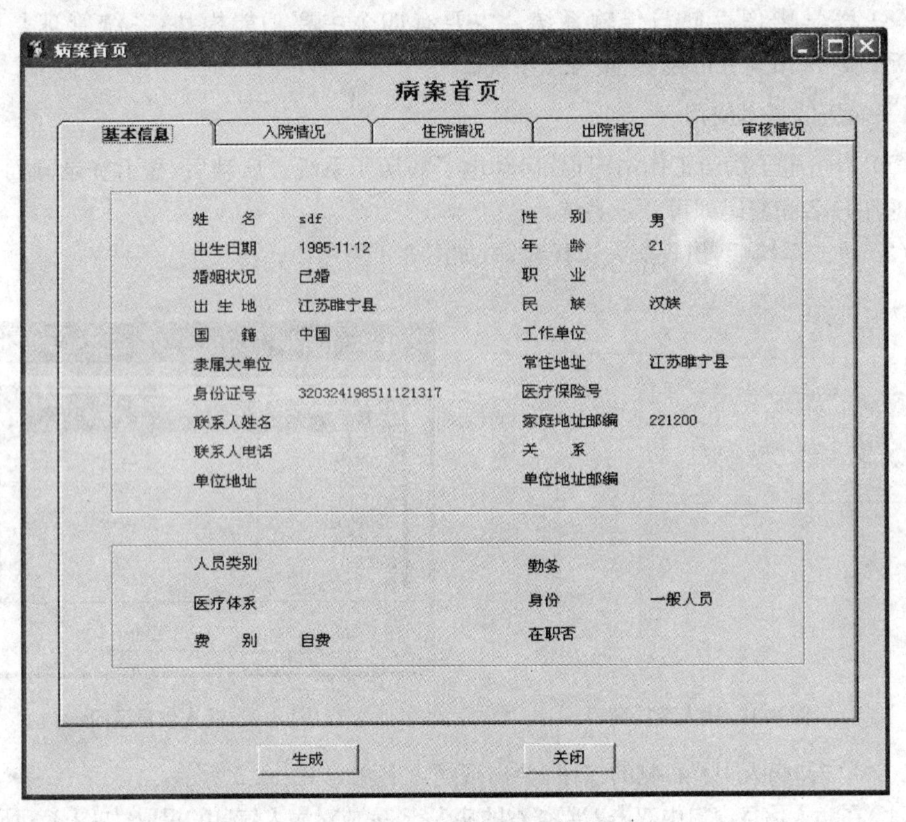

图 8.4 病案首页

(6) 单击图 8.3 中的“病人基本信息”,弹出“病人基本信息”对话框,如显示病人的基本信息,图 8.5 所示。在此对话框中可以选择“病史陈述者”。

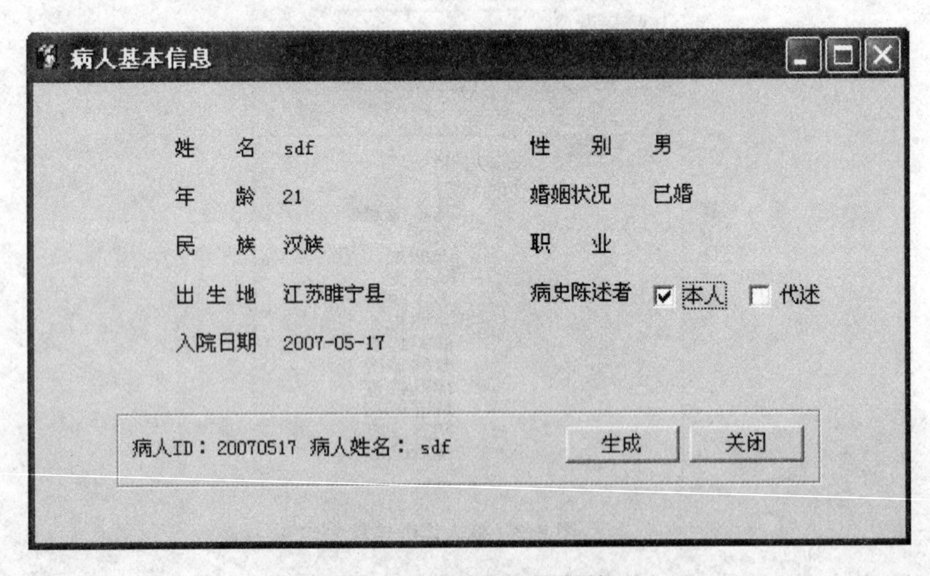

图 8.5 病人基本信息对话框

(7) 单击图 8.3 中的“主诉”,弹出“主诉”对话框,如图 8.6 所示。可以在此页面中输入主诉内容。

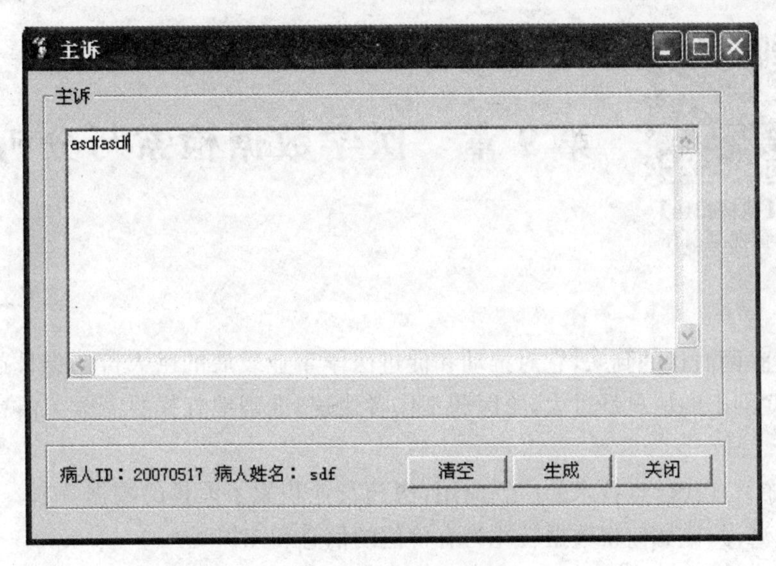

图 8.6　主诉对话框

(8) 单击图 8.3 中的其他项，系统将弹出相应对话框，用户可以查看该病人的现病史、既往史、个人史、家族史等信息。

◆ 课后练习

1. HIS 有哪些基本组成部分？每一部分都起什么作用？
2. 对病人病历的编辑，可以在该病人出院之后进行吗？为什么？

【微信扫码】
习题解答 & 其他资源

【微信扫码】
看视频操作

第 9 章　医学数据检索与分析

随着互联网时代的到来，它对推动和促进医学事业发展的巨大价值也日益体现。但是，由于互联网上的信息量过大，给医药工作者快速、准确地查找所需医学信息带来一定困难。

另外，随着现代信息技术的广泛应用，医药行业积累了大量的数据资料。然而，面对浩瀚的数据海洋，该如何将数据转化为有价值的信息和知识呢？

本单元实验从这两个方面着手，培养各位同学获取信息的能力以及处理数据、分析数据的能力。

实验二十　常用医学数据库的使用

一、实验目的

1. 了解 PubMed 数据库的访问方法。
2. 能够使用 PubMed 搜索相关主题的论文。

二、实验内容与步骤

PubMed 由美国国立医学图书馆(NLM)、国际 MEDLARS 成员(中国为第 16 个成员国)及合作的专业组织共同研制开发，是目前国际上公认的检索生物医学文献最具权威、利用率最高、影响最广的数据库，也是我国卫生部认定的科技查新必须检索的国外医学数据库。

1. 基本检索

(1) 访问 PubMed 主页

启动 IE 浏览器，在地址栏输入网址 http://www.PubMed.com，按回车键访问 PubMed 数据库网页，如图 9.1 所示。

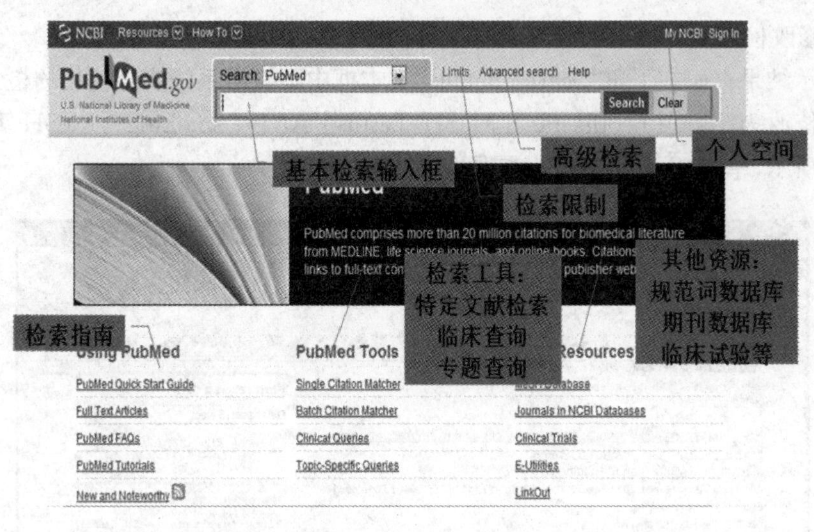

图9.1 PubMed主页

(2) 检索"肺癌与吸烟"相关文献

在首页的基本检索输入框中输入"lung cancer AND smoking"，单击"Search"按钮。网页将显示检索的结果。查看共检索出多少篇文献，其中综述(Review)和带有免费全文(Free Full Text)的各有多少篇。

(3) 改变显示格式

在"Display Settings"的下拉列表中有"Format"、"Items Per Page"、"Sort By"等三种显示设置选项，如图9.2所示。

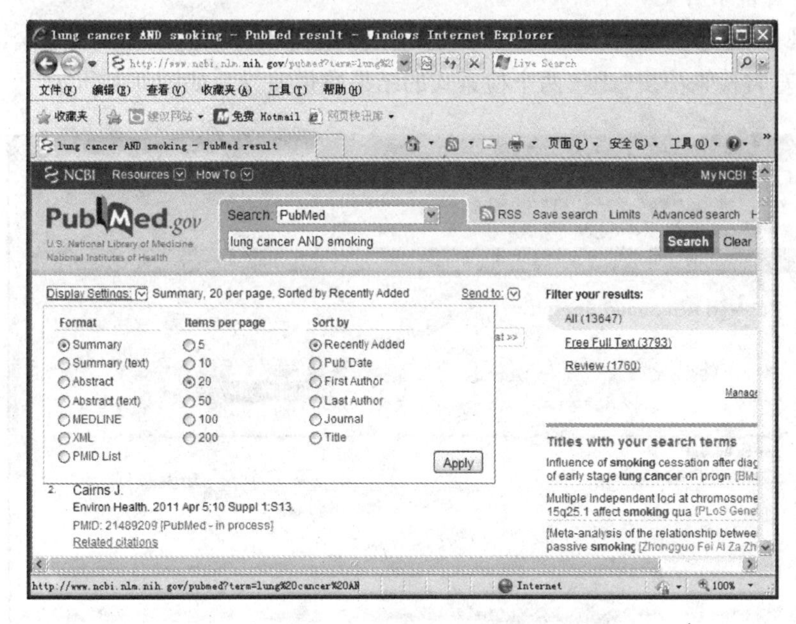

图9.2 检索结果显示设置

根据需要选择相应的选项，单击"Apply"按钮应用显示设置。查看其显示格式、显示结果数量以及检索结果排序的变化。

(4) 修改检索细节

在显示结果页面右下角“Search details”文本框中下查看系统实际使用的检索式。将将检索式修改为“"lung neoplasms"[MeSH Terms] AND "smoking"[MeSH Terms]”,如图 9.3 所示,单击“Search”按钮,查看检索结果的变化。

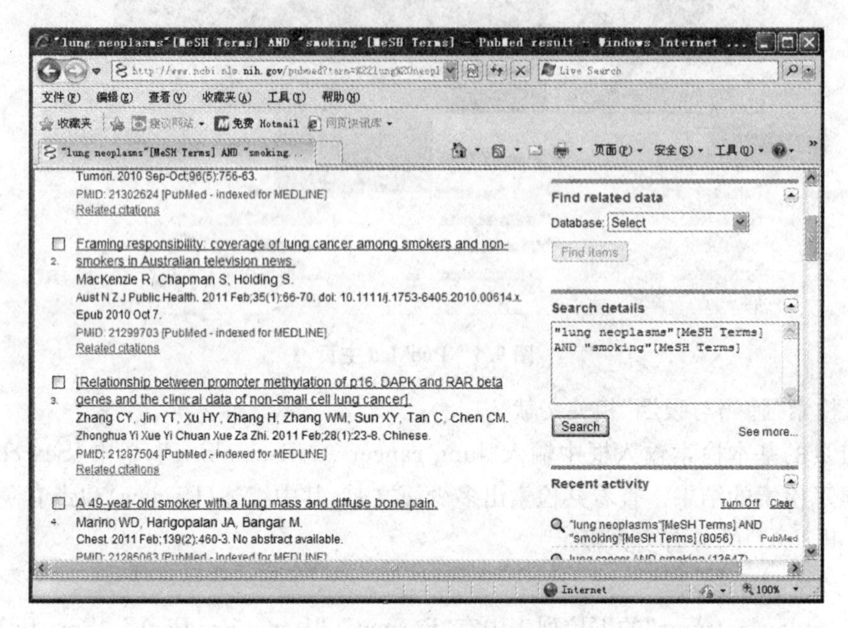

图 9.3 检索表达式的修改

(5) 查看检索历史

点击网页上部“Advanced Search”链接,弹出 Advanced Search 页面。在 Search History 下查看检索历史,比较两个检索式的结果数量差异。如图 9.4 所示

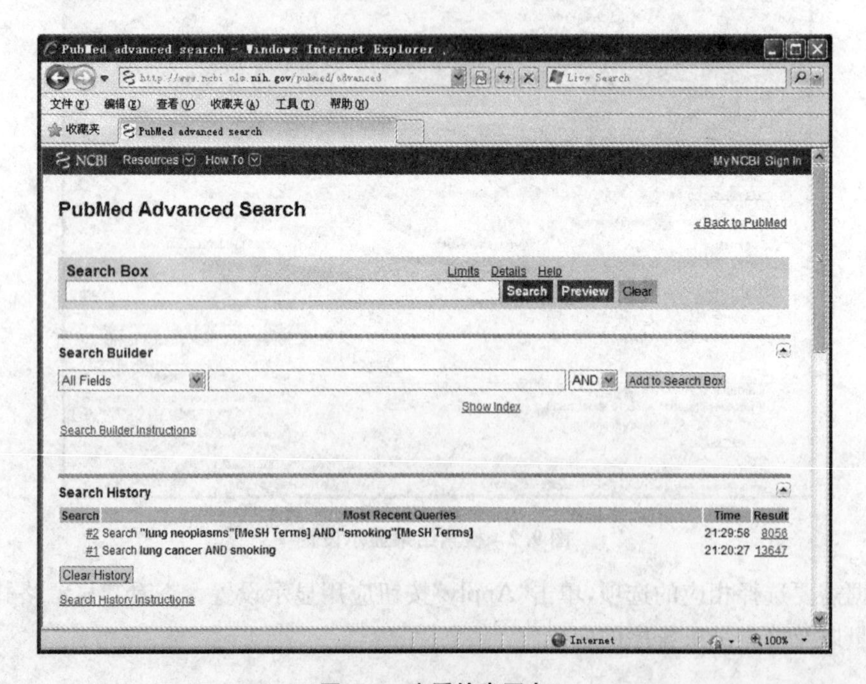

图 9.4 查看检索历史

(6) 输出检索结果

在检索结果中任选几条记录，在记录前的复选框中打勾，单击“Send to”命令，显示如图 9.5 所示的下拉列表，根据需要选择结果输出方式。

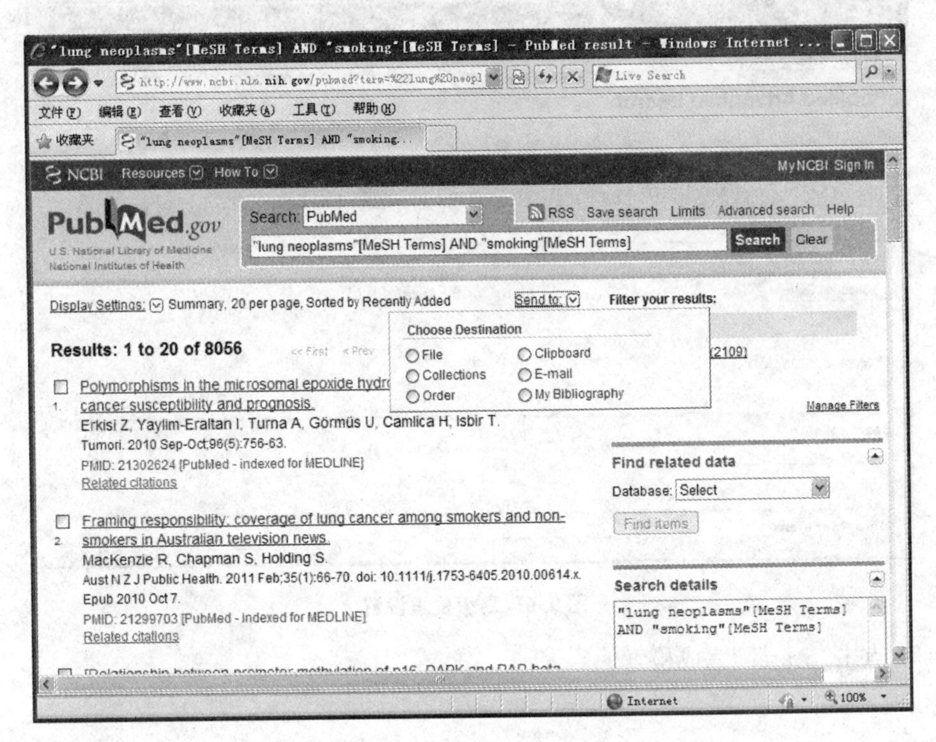

图 9.5　设置结果输出方式

2. 高级检索

利用 Advanced search，检索 2003 年以来，钟南山教授作为第一作者发表的关于 SARS 方面的论文。

(1) 在 PubMed 主页单击“Advanced search”，进入高级检索界面。

(2) 在“Search Builder”中选择“First Author”，检索输入框中输入“zhong ns”，单击“add to search box”。

(3) 在“Search Builder”中选择“Text Word”，检索输入框中输入“SARS”，单击“add to search box”。

(4) 在“Search Builder”中选择“Publication Date”，检索输入框内输入 2003 to Present，单击“add to search box”，如图 9.6 所示。

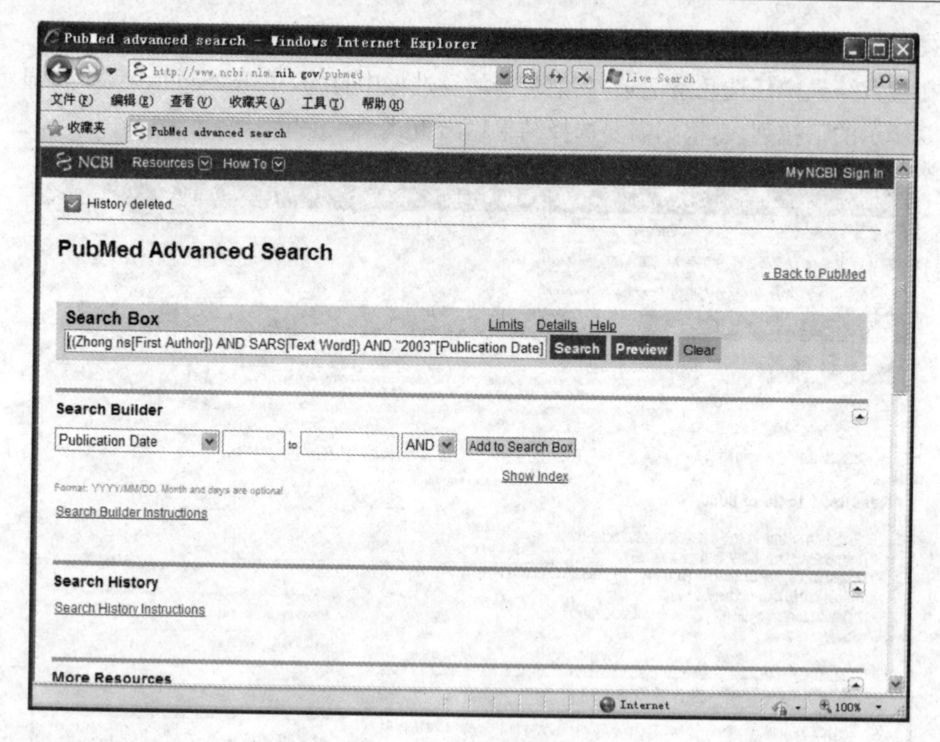

图 9.6　高级检索设置

(5) 点击“Search”完成检索。

实验二十一　常用医学数据处理软件的使用

一、实验目的

1. 熟悉MATLAB的集成开发环境
2. 掌握MATLAB的基本操作
3. 能够使用MATLAB进行简单的医学数据处理

二、实验内容与步骤

MATLAB全称MATrix LABoratory，由Mathworks公司开发，是一种面向科学与工程计算的应用软件。它允许用数学形式的语言来编写程序，用MATLAB编写程序犹如在演算纸上排列出公式与求解问题一样。因此MATLAB语言也可称为“演算纸”式的科学算法语言，编写简单、编程效率高、易学易懂。MATLAB还可以作为实验数据处理及作图工具、科研建模及计算工具。本单元实验使用MATLAB 7.0版本进行演示。

1. 熟悉MATLAB集成开发环境

(1) MATLAB的启动

启动MATLAB的最常用方法是从“开始”菜单的程序选项中单击MATLAB 7.0。

当然用户也可以在桌面上建立 MATLAB 的快捷方式，以方便启动。

(2) MATLAB 的退出

退出 MATLAB 系统，有三种常见方法：

a) 在 MATLAB 主窗口 File 菜单中选择 Exit MATLAB 命令。

b) 在 MATLAB 命令窗口输入 Exit 或 Quit 命令。

c) 单击 MATLAB 主窗口的"关闭"按钮。

(3) MATLAB 界面

启动 MATLAB 后，将进入 MATLAB 集成环境，如图 9.7 所示。

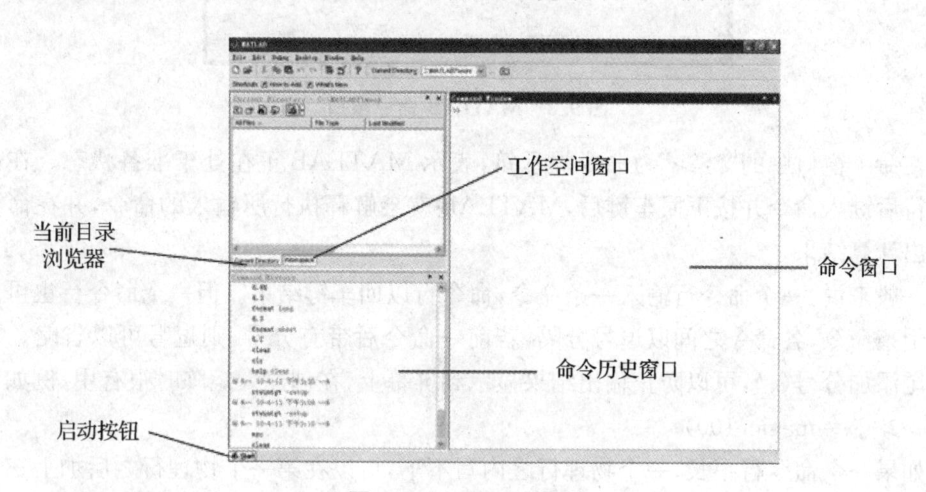

图 9.7　MATLAB 界面

MATLAB 集成环境主窗口包括命令窗口(Command Window)、工作空间窗口(Workspace)、命令历史窗口(Command History)、当前目录窗口(Current Directory)以及菜单栏和工具栏。在默认情况下，还有一些窗口没有显示，如图形窗口、Profiler 窗口等。

(4) MATLAB 菜单栏和工具栏

MATLAB 主窗口的菜单栏包含 File、Edit、Debug、Desktop、Window 和 Help 六个菜单项。

a) File 菜单项：File 菜单项实现有关文件的操作。如：New、Open、Preferences、Page Setup、Print 和 Exit MATLAB。

b) Edit 菜单项：Edit 菜单项用于命令窗口的编辑操作。

c) Debug 菜单项：Debug 菜单项用于 M 文件的调试操作。

d) Desktop 菜单项：Desktop 菜单项用于设置 MATLAB 的桌面环境。

e) Window 菜单项：Window 菜单用于选定桌面上指定的窗口。

f) Help 菜单项：Help 菜单项用于提供帮助信息。

MATLAB 主窗口的工具栏共提供了十个命令按钮。这些命令按钮均有对应的菜单项，但比菜单项使用起来更快捷方便。

(5) 命令窗口

命令窗口是 MATLAB 的主要交互窗口，用于输入命令并显示除图形以外的所有执行结果，命令窗口如图 9.8 所示。

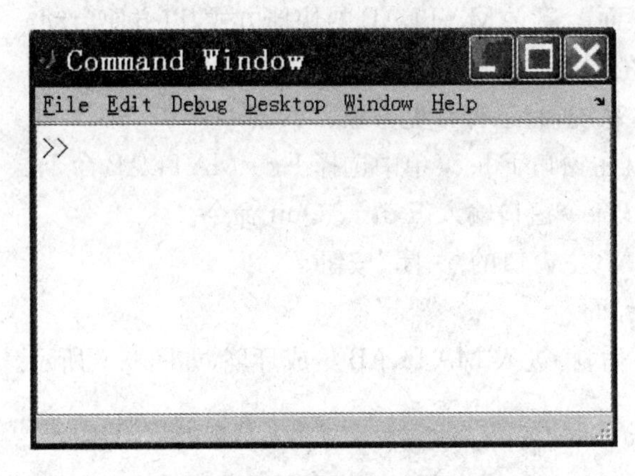

图 9.8 MATLAB 命令窗口

在命令窗口中的“>>”为命令提示符，表示 MATLAB 正在处于准备状态。在命令提示符后键入命令并按下回车键后，MATLAB 就会解释执行所输入的命令，并在命令后面给出计算结果。

一般来说，一个命令行输入一条命令，命令行以回车键结束。但一个命令行也可以输入若干条命令，各命令之间以逗号分隔，若前一命令后带有分号，则逗号可以省略。在语句末尾添加分号(;)，可以防止输出结果显示到屏幕上，在创建大矩阵时很有用，例如：

>> A=magic(100);

如果一个命令行很长，一个物理行之内写不下，可以在第一个物理行之后加上三个小黑点并按下回车键，然后在下一个物理行继续写该命令的其他部分。三个小黑点称为续行符，即把下面的物理行看作该行的逻辑继续。

(6) 工作空间窗口

MATLAB 工作空间由一系列变量组成，可以通过使用函数、运行 M 文件和载入已经存在的工作空间来添加变量。可以通过工作空间窗口查看每个变量的名称、值、数组大小、字节大小和类型。用 who 函数可以列出当前工作空间中的所有变量，用 whos 函数列出变量和它们的大小及类型等信息。

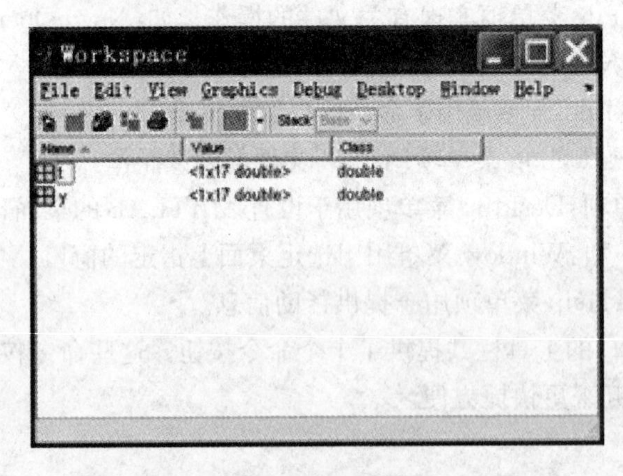

图 9.9 工作空间窗口

退出MATLAB时，工作空间中的内容会随之清除。可以将当前工作空间中的部分或全部变量保存到一个扩展名为“.mat”文件中，便于在以后使用时载入。

按照下面的步骤保存所有变量：

单击菜单“File”→“Save workspace as”，在弹出的对话框中选择保存路径和文件名，单击“Save”按钮完成保存。

按照下面的步骤保存部分变量：

在工作空间浏览器中选择变量，按住【Shift】键的同时单击相应变量名，选择多个变量。单击菜单“File”→“Save workspace as”，在弹出的对话框中选择保存路径和文件名，单击“Save”按钮完成保存。

而将变量载入工作空间可以直接选择File菜单的Import Data，然后根据向导导入变量。在导入过程中可以选择导入其中的部分变量。如果文件中的变量名与已有的变量名相同，则覆盖已有变量。

(7) 命令历史窗口

在默认设置下，命令历史窗口中会自动保留自安装起所有用过的命令的历史记录，并且标明使用时间，从而方便用户查询，如图9.10所示。

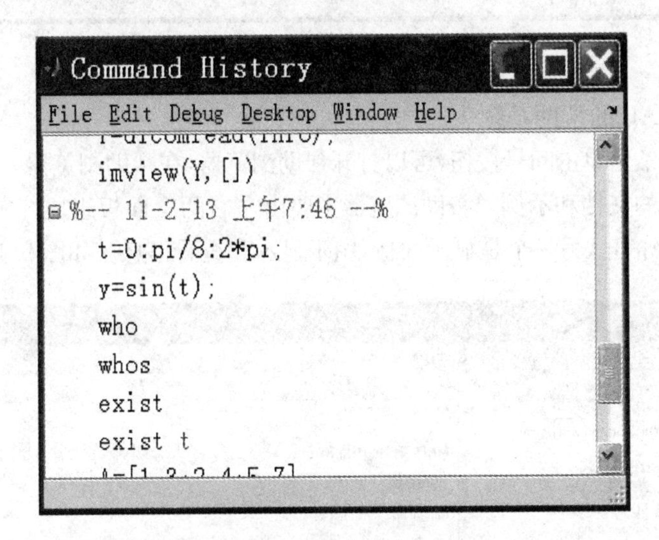

图9.10 命令历史窗口

通过双击命令行可以再次进行此历史命令。可以选择“Edit”菜单中的Clear Command History命令清除这些历史记录。

(8) 当前目录窗口

在当前目录窗口中用户可以浏览、搜索、查看、打开、查找和改变MATLAB工作路径和文件。如图9.11所示。

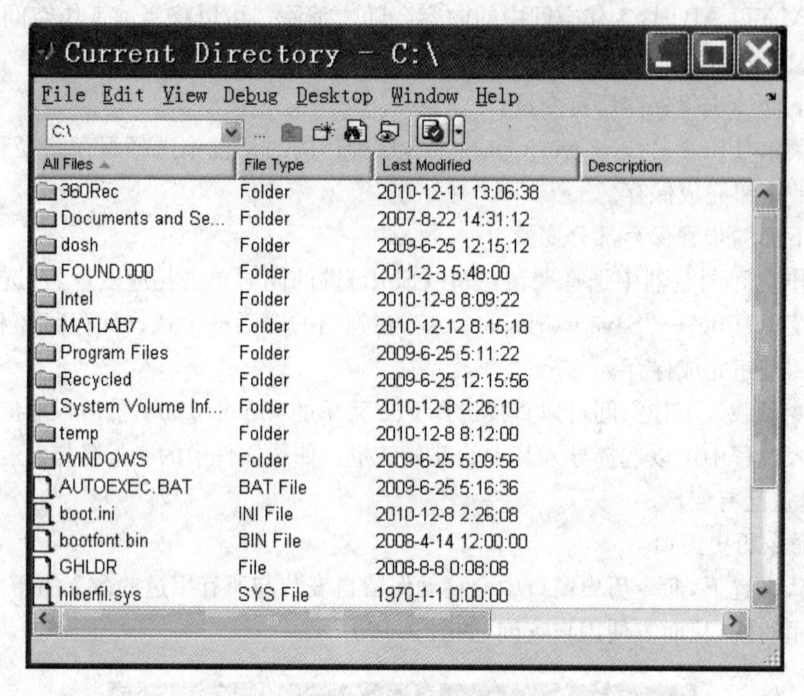

图 9.11　当前目录窗口

(9) MATLAB 的帮助系统

在桌面工具条上单击问号按钮,可以打开帮助浏览器,在帮助浏览器中可以搜索和查看 MathWorks 产品的文档和示例。帮助浏览器主要由左右两个面板组成,一个是树形目录结构面板,用于查找信息,另一个是显示面板,用于显示和查看信息。如图 9.12 所示。

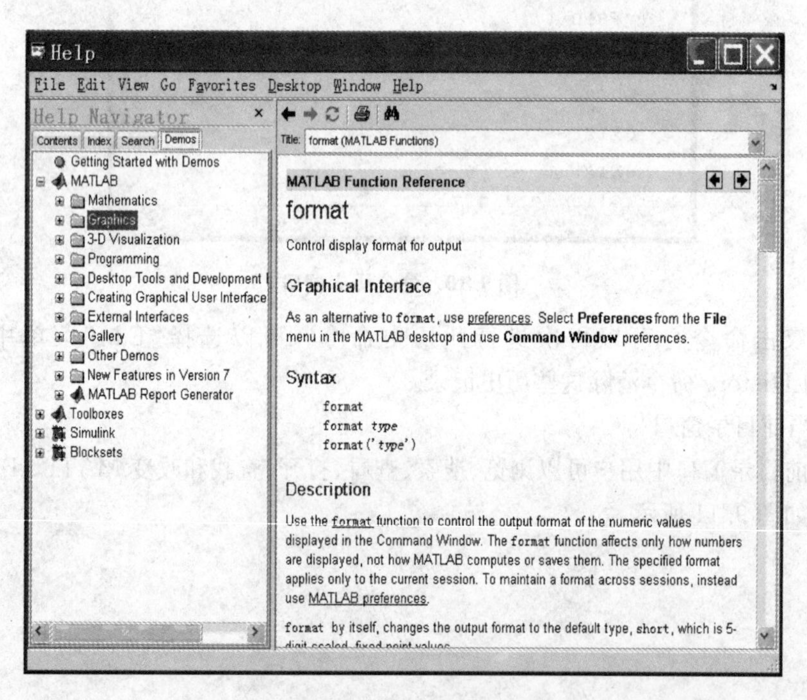

图 9.12　帮助浏览器

树形目录结构面板有四个选项卡，如下：

a) Contents：查看文档内容的标题和目录；

b) Index：根据指定的关键词在文档中进行查找；

c) Search Results：在文档中查找指定的单词；

d) Demos：查看和运行 MathWorks 产品的演示程序。

2. 简单医学数据处理

MATLAB 以数组和矩阵为基础，具有丰富的库函数，这些函数在药动学模型的运算中非常有用。MATLAB 还提供了一系列绘图及图形控制函数（命令），在图形窗口中提供了可视化的图形编辑工具，以完成各种图形对象的编辑处理，可供制作药时曲线、剂量—效应曲线、药物效应—时间曲线以及数据统计图等图表。

(1) 给动物口服 A 药物 1 000 mg，每间隔 1 小时测定血药浓度（g/ml），得如表 9.1 所示的数据，试建立血药浓度（因变量 y）对服药时间（自变量 x）回归方程。

表 9.1　服药时间与血药浓度关系

服药时间 x/h	血药浓度 $y/g\cdot ml^{-1}$	服药时间 x/h	血药浓度 $y/g\cdot ml^{-1}$
1	21.89	6	66.36
2	47.13	7	50.34
3	61.86	8	25.31
4	70.78	9	3.17
5	72.81		

a) 输入数据

x=1:9;

y=[21.89,47.13,61.86,70.78,72.81,66.36,50.34,25.31,3.17];

b) 作散点图，如图 9.13，初步确定拟合函数的性质及多项式的次数。

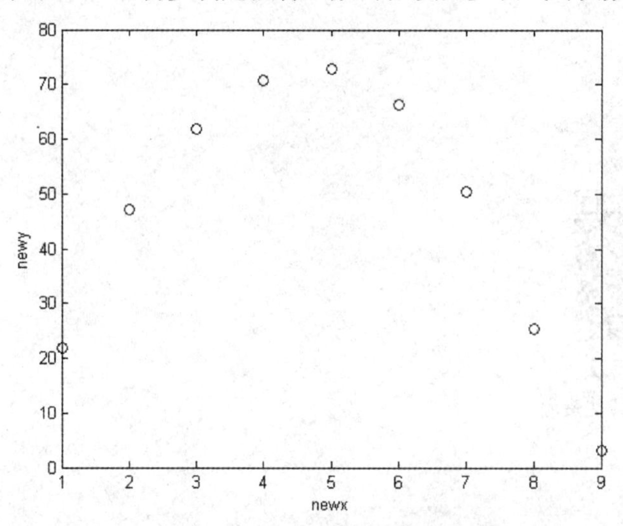

图 9.13　血药浓度散点图

```
newx='服药时间 h';
newy='血药浓度/g·ml-1';
plot(x,y,'o');
xlabel('newx');
ylabel('newy');
```

c) 执行 polyfit 命令

```
[b,s]=polyfit(x,y,2);
```

得结果:

b=-3.7624　　34.8269　　-8.3655

即回归方程为:y=-3.7624x2+34.8269x-8.3655

◆ 课后练习

1. 文献的显示格式 Summary、Brief、Abstract 有何不同?

2. 检索20世纪90年代以来有关学龄前儿童白血病(leukemias)化疗的带文摘并是综述的英文文献。

3. 检索药物治疗(drug therapy)心血管疾病(cardiovascular disease)方面的文献。

4. 检索瘦素(Leptin)与2型糖尿病(Type 2 Diabetes)关系的文献。

5. 已知一室模型快速静脉注射下的血药浓度数据(t=0 注射 300mg),在一定时刻采集血样,测得血药浓度如表9.2所示。建立血药浓度随时间变化的模型。

表 9.2　血药浓度变化表

t (h)	0.25	0.5	1	1.5	2	3	4	6	8
c (μg/ml)	19.21	18.15	15.36	14.10	12.89	9.32	7.45	5.24	3.01

【微信扫码】
习题解答 & 其他资源

参考文献

[1] 郑宇,翟双灿. 信息技术实践教程[M]. 北京:高等教育出版社,2011.

[2] 王海舜,刘师少. 信息技术应用导论[M]. 北京:科学出版社,2012.

[3] 刘瑞新. 大学计算机基础[M]. 北京:机械工业出版社,2014.

[4] 莫海芳,张慧丽. 大学计算机应用基础实验指导(windows7+office2010)[M]. 第2版. 北京:电子工业出版社,2013.

[5] 全国计算机等级考试命题研究中心,未来教育教学与研究中心. 全国计算机等级考试一本通 一级计算机基础及MS Office应用[M]. 北京:人民邮电出版社,2015.